Marion Schreier

Der Einfluss sozialer Austauschbeziehungen und arbeitsbezogener Emotionen auf die individuelle und kollektive Leistungsfähigkeit in Vertriebseinheiten

Inaugural-Dissertation

in der Sozial- und Wirtschaftswissenschaftlichen Fakultät

der Otto-Friedrich-Universität Bamberg

Dekan: Prof. Dr. Thomas Gehring

1. Gutachter: Prof. Dr. Maike Andresen

2. Gutachter: Prof. Dr. Alexander Fliaster

vorgelegt von: Marion Schreier, geb. Bruns

vorgelegt am: 7.12.2017

Tag der mündlichen Prüfung: 25.09.2018

Reihe: Personal, Organisation und Arbeitsbeziehungen · Band 65
Herausgegeben von Prof. Dr. Fred G. Becker, Bielefeld, Prof. Dr. Stefan Süß, Düsseldorf, und Prof. Dr. Maike Andresen, Bamberg

Dr. Marion Schreier

Der Einfluss von Austauschbeziehungen und Emotionen auf die Leistungsfähigkeit in Vertriebseinheiten

Mit einem Geleitwort von Prof. Dr. Maike Andresen,
Otto-Friedrich-Universität Bamberg

EUL VERLAG

Bibliografische Information der Deutschen Nationalbibliothek

Die Deutsche Nationalbibliothek verzeichnet diese Publikation in der Deutschen Nationalbibliografie; detaillierte bibliografische Daten sind im Internet über <http://dnb.d-nb.de> abrufbar.

Dissertation, Otto-Friedrich-Universität Bamberg, 2017, unter dem Titel: Der Einfluss sozialer Austauschbeziehungen und arbeitsbezogener Emotionen auf die individuelle und kollektive Leistungsfähigkeit in Vertriebseinheiten

ISBN 978-3-8441-0585-8
1. Auflage Juni 2019

JOSEF EUL VERLAG GmbH
Zeithstr. 356
53721 Siegburg
Tel.: 0 22 05 / 90 10 6-80
Fax: 0 22 05 / 90 10 6-88
E-Mail: info@eul-verlag.de
https://www.eul-verlag.de

Bei der Herstellung unserer Bücher möchten wir die Umwelt schonen. Dieses Buch ist daher auf säurefreiem, 100% chlorfrei gebleichtem, alterungsbeständigem Papier nach DIN 6738 gedruckt.

Geleitwort

Das Thema der Führung ist für das gesellschaftliche und wirtschaftliche Leben von grundlegender Bedeutung. In Organisationen werden effektive Führungspersonen benötigt, welche in der Lage sind, die Komplexität unserer dynamischen globalen Umwelt zu erfassen, über die Intelligenz verfügen, mit komplexen Problemen umzugehen, und das Feingefühl sowie die Fähigkeit haben, sich in die von ihnen geführten Personen hineinzuversetzen, um sie zum Streben nach bestmöglicher Leistung zu motivieren. Wenngleich in der Führungspraxis die Aufmerksamkeit zumeist den Führenden gilt, ist sich bewusst zu machen, dass Führende nur gemeinsam mit den Geführten etwas bewegen und zum Erfolg in Organisationen beitragen können. Eine der zentralen Fragen in der Führungsforschung ist, warum einige Führungskräfte oder ganze Einheiten erfolgreicher als andere sind. Eben dieser Frage ist Frau Schreier in ihrer Arbeit am Beispiel von Vertriebseinheiten im Einzelhandel und Finanzsektor nachgegangen. In ihrer Tätigkeit als Unternehmenberaterin ist ihr in Flächenorganisationen wie Filialsystemen aufgefallen, dass deutliche Leistungsunterschiede zwischen Filialen trotz weitgehend standardisierter Rahmenbedingungen Produkten, Marketingstrategien, Organisationsstrukturen, Prozessen, Anreizsystemen und Personalauswahl- und –entwicklungsverfahren existieren. Das Ziel des Forschungsprojekts war herauszufinden, welche weiteren Faktoren diese Leistungsunterschiede erklären könnten, wobei sich Frau Schreier auf die Qualität der sozialen Beziehungen und die Stimmung in den Einheiten fokussiert. Um die Rolle der sozialen Beziehungen und emotionalen Faktoren bei der Erklärung von Leistungsunterschieden zwischen Filialen verstehen zu können, zieht Frau Schreier die soziale Austauschtheorie und deren Anwendung in der LMX- und TMX-Forschung heran und verknüpft diese mit der Affective Events Theorie. Damit wird der bestehende Kenntnisstand der LMX- und TMX-Forschung über den Einbezug des Affekts, für den ein Mediationseffekt belegt wird, erweitert. Insgesamt darf man als Leser ein Forschungsprojekt mit hohem Innovationsgrad bei gleichzeitig sehr hoher Relevanz erwarten, das sich einer komplexen Themenstellung widmet, die interdisziplinär zwischen Personalmanagement, Vertrieb, Neurowissenschaft und Organisationspsychologie angelegt ist.

Bamberg im September 2018 — Prof. Dr. Maike Andresen

Vorwort

Dieses Projekt wäre ohne viele Menschen in meinem familiären, beruflichen oder akademischen Umfeld nicht begonnen, durchgeführt, zu dem geworden, was es ist, und erst recht nicht abgeschlossen worden. Deshalb möchte ich mich vorab bei einigen Menschen in chronologischer Reihenfolge bedanken.

Als Antreiber und Motivator, denen ich überhaupt den Start dieses Promotionsprojekts zu verdanken habe, sind meine Oma zu erwähnen, die die Abgabe und Promotion leider nicht mehr erleben darf und so stolz gewesen wäre, einen „Doktor" in der Familie zu haben, und liebevolle, aber ehrgeizweckende geschwisterliche Streitereien mit meinem großen Bruder über den besseren Hochschulabschluss. Besonderer Dank geht auch an meinen Chef, Dr. Robert Becker, der mir nach einem recht früh abgeschlossenen Masterstudium die Möglichkeit zum Berufseinstieg im Bereich einer menschenorientierten Unternehmensberatung mit paralleler Promotionsmöglichkeit gegeben hat. Auch bei der Themenfindung und bei der Suche nach Unternehmen für meine empirische Studie konnte ich immer auf seine Unterstützung und die meiner BBH-Kollegen zählen.

Meiner Doktormutter, Frau Prof. Dr. Andresen, danke ich vor allem für ihre sehr spontane Einladung zum Kennenlerngespräch, ihre zügige Betreuungszusage und die sehr fordernde, aber für meine persönliche und vor allem fachliche Weiterentwicklung sehr hilfreiche Betreuung des Promotionsprojekts. Im gesamten Ablauf des Promotionsprojekts musste mein Mann Martin viele Launen, Fachdiskussionen und Frustmomente beziehungsweise -perioden über sich ergehen lassen und hat mich bei jeder Themenneufindung, in jeder Sackgasse und genereller Verzweiflung wieder aufgebaut. Danke für deine Geduld und dass du mich so liebst!

Wichtig für die mentale Unterstützung und die Machbarkeit des Promotionsprojekts waren auch meine Eltern und Schwiegereltern, die mich immer wieder motiviert und viele Babysitterdienste abgeleistet haben, meine Schwester Marina, die mir vorgelebt hat, dass viel Arbeiten und zwei Kinder irgendwie leistbar sind, meine Trauzeugin Maike, die sowohl inhaltlich als auch psychologisch immer ein offenes Ohr für mich hatte, und mein Kollege, Dr. Christoph Ryser, der viele inhaltliche und organisatorische Diskussionen über sich ergehen lassen und viele Kapitel und Folien lesen und kommentieren musste.

Da ich während der Promotionsdauer zwei Kinder bekommen habe, die im Säuglingsalter sehr pflegeleicht waren und mir dadurch konzentriertes Arbeiten trotz Babymöglich war, bin ich auch diesen zu Dank verpflichtet für ihre Geduld und Genügsamkeit, als sie ganz klein waren – auch wenn dieser Zustand nicht von langer Dauer war.

In den letzten Zügen der Anfertigung der Dissertation habe ich tolle Unterstützung von meinen Kolleginnen, Insa Rogalli und Nicole Leonhard, sowie meinem „Zweit-Papa“, Bernd Müller, bei Formatierungsproblemen und in Form von Lektorentätigkeiten bekommen. Vielen Dank für eure Hilfe und Mühen!

Bensheim im November 2017 Marion Schreier

Inhaltsverzeichnis

Geleitwort V

Vorwort VII

Inhaltsverzeichnis IX

Abbildungsverzeichnis XV

Tabellenverzeichnis XVII

Abkürzungsverzeichnis XXI

Zusammenfassung XXIII

Abstract XXV

1 Machen soziale Beziehungen und Emotionen einen Unterschied? 1

1.1 Hinführung aus Sicht einer Unternehmensberaterin: Leistungsunterschiede in Flächenorganisationen 1

1.2 Soziale Beziehungen als Prädiktor individueller und kollektiver Leistungsfähigkeit: Stand der Forschung 2

1.3 Die Bedeutung von Emotionen für die individuelle und kollektive Leistungsfähigkeit: Stand der Forschung 4

1.4 Forschungslücke und -fragen 4

1.5 Beitrag zur Forschung 6

1.6 Praktische Relevanz 6

1.7 Vorgehen und Aufbau 7

2 Hintergründe zu sozialen Beziehungen und Emotionen in Organisationen 9

2.1 Begriffliche Abgrenzungen 9

2.1.1 Definition und Einordnung des Begriffs soziale Beziehung 9

2.1.2 Begriffliche Einordnung und Definitionen: Emotionen, Affekt, Stimmung 10

2.2 Bedeutung von sozialen Beziehungen und Emotionen für menschliches Verhalten . 11

2.2.1 Ein realistisches Menschenbild: Der Mensch als soziales, emotional-rationales Wesen ... 11

2.2.2 Interdisziplinäre Erkenntnisse zur Bedeutung von sozialen Beziehungen für den Menschen und menschliches Verhalten ... 13

2.2.3 Interdisziplinäre Erkenntnisse zur Bedeutung von Emotionen für menschliches Verhalten ... 19

2.2.4 Die zunehmende Bedeutung von sozialen Beziehungen und Emotionen für Organisationen durch aktuelle Entwicklungen in der Arbeitswelt ... 24

2.3 Anforderungen an eine zeitgemäße und menschenorientierte Organisationsgestaltung ... 28

2.4 Anforderungen an ein zeitgemäßes und menschenorientiertes Führungsverständnis ... 29

3 Soziale Beziehungen in Organisationen ... 31

3.1 Die soziale Austauschtheorie als Rahmenkonzept zur Analyse von sozialen Beziehungen in Organisationen ... 31

3.1.1 Hintergründe und Vertreter ... 31

3.1.2 Definition Austausch und Beziehung ... 32

3.1.3 Grundlagen der sozialen Austauschtheorie: Die soziale Austauschtheorie zur Erklärung von sozialem Verhalten ... 32

3.2 Arten von Sozialen Beziehungen in Unternehmen ... 39

3.3 Literaturrewiew: Auswirkungen von Intra-Gruppenbeziehungen auf die Leistungsfähigkeit von Individuen und Gruppen ... 42

3.3.1 Hierarchische Beziehungen ... 43

3.3.2 Laterale Beziehungen ... 59

3.3.3 Intra-Gruppenbeziehungen: LMX und TMX in Teams ... 66

4 Emotionen in Organisationen ... 71

4.1 Emotionen auf verschiedenen Ebenen in Organisationen ... 71

4.1.1 Personelle Ebenen ... 71

4.1.2 Zeitliche Ebenen ... 72

4.2 Die Rolle von individuellen Emotionen im Arbeitskontext ... 75

4.2.1 Affective Events Theorie ... 75

4.2.2 Empirische Erkenntnisse und aktueller Forschungsstand: Emotionen als Prädiktor individueller Leistungsfähigkeit ... 78

4.3 Die Rolle von Emotionen in Arbeitsgruppen ... 79

4.3.1 Ein Input-Process-Status-Output-Modell zum Gruppenaffekt ... 79

4.3.2 Inputs zur Entstehung von kollektiven Emotionen in Arbeitsgruppen ... 80

4.3.3 Prozess der emotionalen Angleichung ... 81

4.3.4 Auswirkungen des Gruppenaffekts auf Teamergebnisse ... 83

4.3.5 Zusammenfassung des aktuellen Forschungsstands: Gruppenaffekt als Prädiktor kollektiver Leistungsfähigkeit ... 87

5 Der Zusammenhang von sozialenBeziehungen und Emotionen ... 89

5.1 Grundlagen:Sozialer Austausch und Emotionen ... 89

5.2 Empirischer Zusammenhang: Sozialer Austausch und Emotionen ... 92

5.3 Forschungsmodell auf individueller Ebene: Sozialer Austausch und Emotionen als Prädiktoren individueller Einstellungen und Verhaltensweisen ... 93

5.3.1 Sozialer Austausch als affektives Event ... 93

5.3.2 Austauschqualität und arbeitsbezogener Affekt als Prädiktor individueller Einstellungen und Verhaltensweisen: Hypothesenformulierung ... 96

5.4 Forschungsmodell auf Gruppenebene: Beziehungsqualität und Stimmung im Team als Prädiktor der Leistungsfähigkeit im Team ... 99

5.4.1 Gemeinsame Austauschbeziehungen als Inputfaktor für den Gruppenaffekt und Grundlage zur emotionalen Angleichung ... 99

5.4.2 Austauschqualität und Gruppenaffekt als Prädiktor der kollektiven Leistungsfähigkeit: Hypothesenformulierung ... 102

6 Empirische Studie ... 107

6.1 Untersuchungsmethodik ... 107

6.2 Stichprobe ... 107

6.2.1 Zusammensetzung ... 107

6.2.2 Umgang mit fehlenden Werten ... 109

6.2.3 Kontexte der teilnehmenden Unternehmen ... 110

6.3 Vorgehen und Durchführung ... 113

6.4 Erhebungsinstrumente ... 113

6.4.1 Messung des LMX ... 113

6.4.2 Messung des TMX ... 114

6.4.3 Messung des individuellen arbeitsbezogenen Affekts ... 116

6.4.4 Messung der individuellen Arbeitseinstellungen und Verhaltensweisen... 117

6.4.5 Messung der Stimmung im Team ... 120

6.4.6 Leistungsmessung der Filiale ... 120

6.5 Pretest des Fragebogens ... 122

6.6 Analysemethoden ... 122

6.6.1 Vorbereitende Analysen ... 122

6.6.2 Strukturgleichungsmodellierung ... 129

6.6.3 Mediationsanalyse ... 138

7 Auswertung und Ergebnisse auf Individualebene ... 141

7.1. Vorgehensweise ... 141

7.2 Ergebnisse der Überprüfung des Messmodells ... 143

7.2.1 Indikatorreliabilität ... 143

7.2.2 Konstruktreliabilität ... 144

7.2.3 Validität ... 144

7.3 Überprüfung der Strukturgleichungsmodelle ... 146

7.3.1 Hypothesenüberprüfung: Pfadkoeffizienten, Effektstärke und indirekte Effekte 146

7.3.2 Bestimmtheitsmaß 152

7.3.3 Prognoserelevanz 153

7.4 Zusätzliche Analysen 153

7.4.1 Zusammenhang LMX-TMX 153

7.4.2 Unternehmensspezifische Auswertung 154

7.5 Gesamtbeurteilung des Modells und Zusammenfassung der Ergebnisse 159

8 Auswertung und Ergebnisse auf Gruppenebene 163

8.1 Vorgehensweise 163

8.2 Überprüfung des Messmodells 165

8.2.1 Indikatorreliabilität 165

8.2.2 Konstruktreliabilität und -validität 165

8.3 Überprüfung desStrukturmodells 166

8.3.1 Hypothesenüberprüfung: Pfadkoeffizienten, Effektstärke und indirekte Effekte 166

8.3.2 Bestimmtheitsmaß 170

8.3.3 Prognoserelevanz 171

8.4 Zusätzliche Analysen 171

8.4.1 Einfluss der LMX-Differenzierung 171

8.4.2 Alternatives Modell auf Gruppenebene 173

8.5 Gesamtbeurteilung des Modells und Zusammenfassung der Ergebnisse 176

9 Diskussion und Implikationen 179

9.1 Diskussion der empirischen Ergebnisse 179

9.1.1 Die Rolle des negativen Affekts 179

9.1.2 Affekt als Mediator für den Zusammenhang zwischen sozialen Beziehungen und individueller und kollektiver Leistungsfähigkeit 182

9.1.3 Der Rankingplatz als objektives Leistungskriterium im Forschungsmodell ... 183

9.2 Limitationen ... 185

9.2.1 Objektive Performance-Kriterien ... 185

9.2.2 Methodik ... 186

9.2.3 Stichprobe und Datenerhebung ... 187

9.3 Beitrag der Studiefür die Forschung ... 189

9.3.1 Konzeptioneller Beitrag ... 189

9.3.2 Empirischer Beitrag ... 190

9.4 Implikationen für die Unternehmenspraxis ... 191

9.4.1 Für Führungskräfte: Bewusste Beziehungs- und Emotionsgestaltung als eine zentrale Führungsaufgabe ... 191

9.4.2 Für die Auswahl und Entwicklung von Führungskräften: Beziehungskompetenz und emotionale Intelligenz als notwendige Voraussetzung für erfolgreiche Führung ... 194

9.4.3 Für die Weiterentwicklung von Vertriebseinheiten: „Weiche“ Faktoren als erstes Mittel der Wahl ... 196

10 Ausblick aus Sicht einer Unternehmensberaterin ... 199

Anhang ... 203

Anhang 1: Stylized Facts – Auswirkungen von TMX ... 203

Anhang 2: Test auf Normalverteilung ... 217

Anhang 3: $rwg(J)$ auf Basis zweier alternativer Nullverteilungs-annahmen je Konstrukt: Häufigkeitsverteilungen ... 220

Anhang 4: Ergänzende Daten (Individualebene) ... 221

Literaturverzeichnis ... 233

Abbildungsverzeichnis

Abbildung 1: Menschenbilder im Laufe der Zeit in Anlehnung an Peters und Ghadiri (2011) .. 12

Abbildung 2: Sechs Ressourcenklassen nach Foa und Foa (1980) ... 36

Abbildung 3: Systematik intraorganisationale Beziehungen ... 41

Abbildung 4: Durchschnittlicher Führungsstil versus dyadisches Führungsmodell ... 45

Abbildung 5: Entwicklungsstufen der LMX-Forschungin Anlehnung an Graen und Uhl-Bien (1995) ... 45

Abbildung 6: Zusammenfassung des Forschungsstands: Auswirkungen von LMX auf Individualebene ... 52

Abbildung 7: Vorgehensweise bei der Stylized Facts Methode ... 61

Abbildung 8: Zusammenfassung des Forschungsstands: Auswirkungen von LMX und TMX auf individuelle Ergebnisse ... 68

Abbildung 9: Fünf Betrachtungsebenen von Emotionen in Organisationen in Anlehnung an Ashkanasy (2003) ... 72

Abbildung 10: Zeitliche Ebenen von Emotionen in Unternehmen (eigene Darstellung) ... 73

Abbildung 11: AET im Überblick in Anlehnung an Weiss und Cropanzano (1996) ... 76

Abbildung 12: IPSO-Modell zum Gruppenaffekt in Anlehnung an Collins et al. (2013) ... 80

Abbildung 13: Integration der AET und SET ... 95

Abbildung 14: Ableitung des Forschungsmodells auf individueller Ebene ... 96

Abbildung 15: Forschungsmodell Individualebene ... 99

Abbildung 16: Integration der SET, AET und des Konzepts der emotionalen Ansteckung in einem IPSO-Modell in Anlehnung an Collins et al. (2013) ... 100

Abbildung 17: Ableitung des Forschungsmodells auf Gruppenebene ... 102

Abbildung 18: Forschungsmodell auf Gruppenebene ... 106

Abbildung 19: Durchschnittliche Konstruktwerte nach Unternehmen 127

Abbildung 20: Strukturgleichungsmodell (Individualebene) 143

Abbildung 21: Pfadkoeffizienten nach Unternehmen (Individualebene) 155

Abbildung 22: Bestimmtheitsmaße je Unternehmen (Individualebene) 158

Abbildung 23: Ergebnisse der Hypothesenüberprüfung (Individualebene) 160

Abbildung 24: Strukturgleichungsmodell schematisch (Gruppenebene) 164

Abbildung 25: Alternatives vereinfachtes Strukturgleichungsmodell (Gruppenebene) 174

Abbildung 26: Ergebnisse der Hypothesenüberprüfung (Gruppenebene) 177

Abbildung 27: Schrittweises Vorgehen bei der Stylized Facts Methode 203

Tabellenverzeichnis

Tabelle 1: Stylized Facts: Konsequenzen von TMX ... 61

Tabelle 2: Stichprobenumfang ... 108

Tabelle 3: Rücklaufquoten ... 108

Tabelle 4: Items zur Messung des LMX ... 114

Tabelle 5: Items zur Messung des TMX ... 115

Tabelle 6: Items zur Messung des individuellen arbeitsbezogenen Affekts ... 116

Tabelle 7: Items zur Messung der Arbeitszufriedenheit ... 117

Tabelle 8: Items zur Messung des organisationalen Commitments ... 118

Tabelle 9: Items zur Messung des OCB ... 119

Tabelle 10: Items zur Messung der Filialperformance ... 121

Tabelle 11: Items zur Messung der Gruppenwirksamkeit ... 122

Tabelle 12: Cronbachs Alpha für relevante Konstrukte ... 123

Tabelle 13: $rwg(J)$ unter Annahme verschiedener Nullverteilungen ... 125

Tabelle 14: Mittelwerte und Varianzen (Individualebene) ... 127

Tabelle 15: Mittelwerte und Varianzen (Gruppenebene) ... 128

Tabelle 16: Entscheidungskriterien für die Wahl zwischen varianzbasierten und kovarianz-basierten Schätzverfahren in Anlehnung an Chin und Newsted (1999), S. 314 ... 132

Tabelle 17: Übersicht Gütemaße Messmodell ... 136

Tabelle 18: Übersicht Gütemaße Strukturmodell ... 138

Tabelle 19: Konstruktreliabilität und Validität (Individualebene) ... 144

Tabelle 20: Fornell-Larcker-Kriterium (Individualebene) ... 145

Tabelle 21: Heterotrait-Monotrait Ratio (Individualebene) ... 146

Tabelle 22: Pfadkoeffizienten (Individualebene) ... 147

Tabelle 23: Pfadkoeffizienten ohne Affektkomponente ... 148

Tabelle 24: Indirekte Effekte (Individualebene) ... 149

Tabelle 25: Effektstärke f^2 (Individualebene) ... 151

Tabelle 26: Bestimmtheitsmaße R^2 der endogenen Variablen (Individualebene) ... 152

Tabelle 27: Prognoserelevanz (Individualebene) ... 153

Tabelle 28: Prognoserelevanz auf Individualebene je Unternehmen ... 157

Tabelle 29: Konstruktreliabilität und -validität (Gruppenebene) ... 165

Tabelle 30: Fornell-Larcker-Kriterium (Gruppenebene) ... 166

Tabelle 31: HTMT-Ratio (Gruppenebene) ... 166

Tabelle 32: Pfadkoeffizienten (Gruppenebene) ... 167

Tabelle 33: Effektstärken f^2 (Gruppenebene) ... 168

Tabelle 34: Pfadkoeffizienten bei Modell ohne Affektkomponente (Gruppenebene) ... 169

Tabelle 35: Indirekte Effekte (Gruppenebene) ... 170

Tabelle 36: BestimmtheitsmaßeR^2 (Gruppenebene) ... 171

Tabelle 37: Prognoserelevanz Q^2 (Gruppenebene) ... 171

Tabelle 38: Pfadkoeffizienten LMX-Differenzierung ... 172

Tabelle 39: Bestimmtheitsmaße R^2 (Gruppenebene unter Einschluss LMX-Differenzierung) .. 172

Tabelle 40: Prognoserelevanz Q^2 (Gruppenebene mit Einschluss LMX-Differenzieung) ... 173

Tabelle 41: Pfadkoeffizienten (Gruppenebene, alternatives Modell) ... 175

Tabelle 42: Effektstärken f^2 (Gruppenebene, alternatives Modell) ... 175

Tabelle 43: ndirekte Effekte (Gruppenebene, alternatives Modell) ... 175

Tabelle 44: BestimmtheitsmaßeR² (Gruppenebene, alternatives Modell) ... 176

Tabelle 45: Prognoserelevanz Q² (Gruppenebene, alternatives Modell) ... 176

Tabelle 46: $rwg(J)$ auf Basis zweier alternativer Nullverteilungsannahmen je Konstrukt: Häufigkeitsverteilungen ... 220

Tabelle 47: Faktorladungen (Individualebene) ... 221

Tabelle 48: Äußere Gewichte (Individualebene) ... 223

Tabelle 49: Kreuzladungen (Individualebene) ... 225

Tabelle 50: PLS-MGA (Pfadkoeffizienten) ... 227

Tabelle 51: MGA Parametrischer Test (Pfadkoeffizienten) ... 229

Tabelle 52: MGA Parametrischer Test (R^2) ... 230

Tabelle 53: Faktorladungen (Gruppenebene) ... 231

Tabelle 54: Kreuzladungen (Gruppenebene) ... 232

Abkürzungsverzeichnis

AET	Affective Events Theorie
ASA	Attraction-Selection-Attrition
AZ	Arbeitszufriedenheit
CB	Covariance Based
CWX	Co-Worker Exchange
DEV	Durchschnittlich erfasste Varianz
GP	Engl. Group Potency, Gruppenwirksamkeit
IPSO	Input-Process-State-Output
LMX	Leader-Member Exchange
MAG	Mehrgruppenanalyse
NA	Negativer Affekt
objPerf	Objektive Leistung
OC	Organisationales Commitment
OCB	Organizational Citizenship Behavior
OCB_CV	Organizational Citizenship Behavior, Dimension: Civic Virtue
OCB_Help	Organizational Citizenship Behavior, Dimension: Helping Behavior
OCB_Sports	Organizational Citizenship Behavior, Dimension: Sportsmanship
PA	Positiver Affekt
PLS	Partial Least Squares
SEM	Structural Equation Modelling, Strukturgleichungsmodellierung
SET	Social Exchange Theory

subjPerf	Subjektive Leistungsbewertung durch den Vorgesetzten
SSE	Sum of squared errors
SSO	Sum of squared observations
TMX	Team-Member Exchange
TNA	Negativer Affekt im Team
TPA	Positiver Affekt im Team

Zusammenfassung

Das Forschungsprojekt greift die Beobachtung auf, dass Vertriebseinheiten in Flächenorganisationen wie beispielsweise Filialsystemen trotz weitgehend standardisierter Rahmenbedingungen oft sehr unterschiedliche Ergebnisse hinsichtlich Mitarbeiterengagement und Vertriebsperformance aufweisen. Im Rahmen der Arbeit wurde untersucht, welche Rolle die „weichen" Faktoren, Beziehungsqualität im Team sowie individueller und kollektiver Affekt, bei der Erklärung dieser Leistungsunterschiede spielen.

Die theoretische Grundlage zur Untersuchung dieser Fragestellung bilden hauptsächlich drei Rahmenkonzepte:Für den Beziehungsaspekt die soziale Austauschtheorie, die im Organisationskontext insbesondere im Rahmen der LMX- und TMX-Forschung Anwendung findet, zur Verknüpfung des Beziehungsaspekts mit den emotionalen Faktoren die „Affective Events Theorie" sowie das Konzept der emotionalen Ansteckung für die erweiterte Perspektive auf Gruppenebene.

Im Rahmen der Studie wurde der Zusammenhang zwischen LMX, TMX, Affekt und Indikatoren der Leistungsfähigkeit in Vertriebseinheiten sowohl auf individueller als auch auf Teamebene im Kontext von dezentralen Vertriebseinheiten (Einzelhandels- und Bankfilialen) untersucht. Auf beiden Ebenen wurden die Zusammenhänge mithilfe einer Strukturgleichungsmodellierung mit der Partial Least Squares-Methode überprüft.

Die Ergebnisse zeigen, dass die LMX- und TMX-Qualität signifikanten Einfluss auf den individuell und kollektiv erlebten Affekt im Team nehmen. Auf individueller Ebene konnte ein signifikanter Einfluss von LMX und TMX auf die Arbeitszufriedenheit, das organisationale Commitment sowie das Organizational Citizenship Behavior belegt werden, der teilweise durch den arbeitsbezogenen Affekt mediiert wird. Auf kollektiver Ebene deuten die Ergebnisse der empirischen Studie darauf hin, dass der Einfluss der durchschnittlichen LMX- und TMX-Qualität im Team auf die Leistungsfähigkeit (Gruppenwirksamkeit und Leistungsbeurteilung durch den Vorgesetzten) vollständig über den positiven Gruppenaffekt mediiert wird.

Aus den Studienergebnissen wurden Implikationen für zukünftige Forschungsprojekte und die Unternehmenspraxis abgeleitet. Daraus resultierende Anforderungen an ein neues zukunftsfähiges Führungsverständnis im Sinne einer zeitgemäßen, menschen- und leistungsorientierten Führung für Organisationen im kontinuierlichen Wandel werden vorgestellt, woraus sich klare Empfehlungen für die Führungspraxis ergeben.

Abstract

In branch organizations, various levels of outcomes between individual stores or branches can be observed with respect to employee engagement and sales performance despite very similar technocratic organizational conditions and working environments. Based on this empirical fact, the present study examines the role of the "soft factors" within-group relationship quality and affect as an explanation for these outcome discrepancies at the individual and group level of analysis.

The investigation is mainly based on three theoretical frameworks: for the relational aspect on social exchange theory, and for the integration of the relational and emotional aspects the Affective Events Theory combined with the concept of emotional contagion for the group level of analysis.

The study examines the relationships between LMX, TMX, affect and performance indicators of sales units at the individual and the group level of analysis in the context of local sales units, e.g. retail stores and bank branches. At both levels of analysis, the correlations are tested by structural equation modelling using the partial least squares approach.

Empirical results reveal, that LMX and TMX quality significantly influence individual and group affect. At the individual level of analysis, LMX and TMX are significantly related to job satisfaction, organizational commitment and organizational citizenship behavior, partially mediated by work affect, mainly positive work affect. At the group level of analysis, empirical results indicate that the LMX/TMX-performance relationship is fully mediated by the positive group affect.

Implications for future research projects and practical implications are derived. Requirements for sustainable, contemporary and people-oriented leadership in organizations dealing with continuous change are presentedbringing on clear recommendations for practical leadership.

1 Machen soziale Beziehungen und Emotionen einen Unterschied?

1.1 Hinführung aus Sicht einer Unternehmensberaterin: Leistungsunterschiede in Flächenorganisationen

Wenn man berufsbegleitend an einer Dissertation arbeitet, ist man ständig versucht, die Theorien und Ansätze aus der Forschung direkt im Arbeitsalltag anzuwenden, zu überprüfen und Lücken darin zu suchen, oder andersherum, Probleme und Phänomene in der Praxis mit Theorien zu erklären. Ein Schwerpunkt meiner Tätigkeit als Beraterin ist es, Unternehmen dabei zu unterstützen, die Leistungsfähigkeit von Vertriebseinheiten zu steigern. Die in der Praxis üblichen Ansatzpunkte für eine Steigerung des Vertriebserfolgs sind das Produkt und das Marketing zu prüfen und ggf. zu verbessern sowie Strukturen, Prozesse und Anreizsysteme im Vertrieb oder im zentral-dezentralen Zusammenspiel des Vertriebs mit Zentralfunktionen zu optimieren. Dies sind erfolgsversprechende Hebel, wenn tatsächlich erfolgsverhindernde Rahmenbedingungen gegeben sind. Das heißt, dass es keiner Einheit möglich ist, gute Ergebnisse zu erzielen. Üblicherweise trifft man in Vertriebsorganisationen jedoch auf ein anderes Bild, das an Flächenorganisationen, wie dem stationären Einzelhandel oder den Filial- und Geschäftsstellensystemen von Versicherungen und Banken, besonders deutlich wird. Diese Flächenorganisationen zeichnen sich in der Regel dadurch aus, dass sie eine breite Ergebnisstreuung aufweisen, es also Filialen mit einer relativ hohen Zielübererfüllung und Filialen mit einer schwachen Zielerreichungsquote oder auch beispielsweise Filialen mit sehr hoher und sehr niedriger Mitarbeiter- und Kundenzufriedenheit gibt. Dies ist insofern verwunderlich, dass alle Filialen weitgehend über gleiche Rahmenbedingungen verfügen. Produkte, Marketingstrategien, Organisationsstrukturen, Prozesse, Anreizsysteme und Personalauswahl- und -entwicklungsverfahren sind in der Regel unternehmensweit standardisiert. Die unterschiedlichen Marktbedingungen aufgrund von Lage oder regionalen Unterschieden werden hinreichend in den Zielvorgaben berücksichtigt, sodass auch damit die enormen Ergebnisunterschiede innerhalb von Vertriebsorganisationen nicht zu erklären sind. Vor dem Hintergrund der Annahme, dass alle Vertriebseinheiten innerhalb einer Vertriebsorganisation über weitgehend gleiche Voraussetzungen verfügen, stellt sich die Frage, welche weiteren Faktoren diese enormen Leistungsunterschiede erklären könnten.

Wenn man als Außenstehender, wie in meinem Fall als Beraterin (aber auch als Kunde), einzelne Einheiten einer solchen Flächenorganisation besucht, nimmt man unbewusst oder bewusst, sofern man dafür sensibilisiert ist, deutliche Unterschiede zwischen verschiedenen Filialen eines Unternehmens, aber auch zwischen Unternehmen wahr, die sich insbesondere auf die folgenden Faktoren beziehen:

- Wie wird in der Filiale miteinander, aber auch mit dem Kunden umgegangen?
- Wie stark ist der Zusammenhalt in der Filiale?
- Welche Stimmung herrscht bei den Mitarbeitern vor und wird dem Kunden entgegengebracht?
- Mit welcher Leidenschaft und Begeisterung sind die Mitarbeiter bei der Arbeit?

Die Hypothese dieser Forschungsarbeit lautet, dass eben diese zwischenmenschlichen und emotionalen Faktoren, also die Qualität der sozialen Beziehungen und die Stimmung in der Einheit, eine Erklärung für beobachtbare oder spürbare Leistungsunterschiede darstellen. Auf Basis von Theorien und Erkenntnissen aus der Organisations- und Führungsforschung sowie der Sozialpsychologie und Neurowissenschaftsoll ein interdisziplinärer Erklärungsansatz aufgezeigt werden. Dabei wird untersucht, inwiefern soziale Beziehungen und emotionale Faktoren die Einstellungen und Verhaltensweisen von Vertriebsmitarbeitern (Individualebene) sowie die Leistungsfähigkeit der Filiale als Kollektiv (Filialebene) erklären können.

Die Ergebnisse der theoretischen und empirischen Untersuchung zu diesem Phänomen bilden die Grundlage zur Ableitung von Ansätzen, wie die Leistungsfähigkeit von schwächeren Vertriebseinheiten zu steigern ist, ohne strukturelle Veränderungen und dramatische Change-Initiativen einzuleiten, sondern durch die Weiterentwicklung der sozialen und emotionalen Faktoren in diesen Einheiten.

1.2 Soziale Beziehungen als Prädiktor individueller und kollektiver Leistungsfähigkeit: Stand der Forschung

Die Überlegung, dass die Qualität von sozialen Beziehungen Einfluss auf die Leistung von Individuen, Teams und Organisationen nimmt, ist in der Organisations- und Führungsforschung nicht neu, in der betriebswirtschaftlichen Forschung und insbesondere in der Unternehmenspraxis jedoch noch nicht so etabliert wie die „harten“ rationalen Faktoren wie Strategie, Organisation und Prozesse (siehe zum Beispiel Cropanzano und Mitchell 2005, Cole et al. 2002,Uhl-Bien 2006, Settoon et al. 1996, Sparrowe und Liden 2005). Durch neue Erkenntnisse der Neurowissenschaft und damit verbundenen Hinweisen auf ein modifiziertes Menschenbild sowie aktuelle Entwicklungen in der Arbeitswelt und einer damit einhergehenden zunehmenden Komplexität von Organisationen gewinnen diese beziehungs- oder interaktionsorientierten Ansätze sogar noch mehr an Bedeutung. Dieses von der Neurowissenschaft modifizierte Menschenbild betont die Bedeutung von sozialen Beziehungen für die menschliche Entwicklung und insbesondere die Motivation von Menschen (Bauer 2008, Peters und Ghadiri 2011). Die aktuellen Entwicklungen in der Arbeitswelt hingegen machen soziale Beziehungen zu einem immer bedeutsameren Faktor für das Funktionieren von Organisationen (Ferris et al. 2009, Settoon et al. 1996).

Inzwischen existieren zahlreiche interdisziplinäre Studien, die auf Basis der sozialen Austauschtheorie den Zusammenhang zwischen der Qualität von sozialen Beziehungen und (in der Regel individuellem) Erfolg untersuchen (Settoon et al. 1996, Liao et al. 2010, Graen und Uhl-Bien 1995).

Dabei sind Führungsbeziehungen die wohl am besten untersuchten Austauschbeziehungen (Cole et al. 2002, Brandes et al. 2004,Uhl-Bien 2006). Auf Basis der Leader-Member-Exchange-(LMX-) Theorie als einer interaktionsorientierten oder beziehungsbasierten Führungstheorie beschäftigen sich heutzutage zahlreiche Forscher mit der Beziehungsqualität in Führungsdyaden und deren Implikationen (Dansereau et al. 1975, Schriesheim et al. 1999, Uhl-Bien 2006,Ilies et al. 2007, Tse et al 2008, Duhlebohn et al. 2012). Aufgrund der vielversprechenden Forschungsergebnisse, die einen eindeutigen Zusammenhang zwischen der Qualität von Führungsbeziehungen und Ergebnissen, wie zum Beispiel Mitarbeiterzufriedenheit, Verhalten, Bindung und subjektiver sowie objektiver Performance, belegen, ist die LMX-Theorie eine der Führungstheorien, der in der aktuellen Forschung am meisten Aufmerksamkeit geschenkt wird (mehr als 580 Trefferunter dem Suchbegriff „Leader-Member Exchange“ bei Business Source Ultimatein wissenschaftlichen Zeitschriften seit 2010 (Stand Oktober 2017); Henderson et al. 2009, Duhlebohn et al. 2012, Gerstner und Day 1997, Kamdar und Van Dyne 2007).

In der heutigen Arbeitswelt, die von Team-, Projekt- und Matrixstrukturen geprägt ist und von der situativen Zusammenarbeit der handelnden Personen abhängt, spielen jedoch auch laterale Beziehungen eine immer bedeutendere Rolle (Jordan et al. 2002, Ford and Seers 2006, Liao et al. 2010). Dass nicht nur die Qualität von Führungsbeziehungen Einfluss auf relevante Ergebnisse nehmen kann, sondern auch die Beziehungsqualität zwischen Kollegen, konnte im Rahmen der (etwas neueren und unbekannteren) Team-Member-Exchange-(TMX-)Forschung belegt werden (Seers 1989, 1995, Banks et al. 2013). Diese entwickelte sich aus der LMX-Forschung heraus und beschäftigt sich im Gegensatz zu dieser nicht mit hierarchischen, sondern mit Beziehungen zwischen Kollegen innerhalb einer Einheit (Seers 1989).

1.3 Die Bedeutung von Emotionen für die individuelle und kollektive Leistungsfähigkeit: Stand der Forschung

Neben sozialen Beziehungen erhalten auch emotionale Faktoren in den letzten 20 Jahren immer mehr Aufmerksamkeit in der Organizational Behavior Forschung (siehe zum Beispiel Ashkanasy und Cooper 2008,Fisher und Ashkanasy 2000, Urban 2008) undAkzeptanz bezüglich ihrer Relevanz für den Unternehmenserfolg in der betrieblichen Praxis.Dabei wird auchmit Blick auf verschiedene Analyseebenen in Organisationen verstärkt betont, dass Emotionen nicht nur auf individueller, sondern auch auf kollektiver Ebene wirken (Ashkanasy 2003).

Die Forschung rund um die Affective Events Theorie betont die Bedeutung von Emotionen als maßgeblichen Einflussfaktor für individuelle Einstellungen und Verhaltensweisen im Arbeitskontext (Weiss und Cropanzano 1996). Entsprechend der Affective Events Theorie können soziale Austausche mit dem Vorgesetzten oder mit Kollegen affektive Ereignisse darstellen, die emotionale Emotionen hervorrufen, die wiederum die Einstellungen und Verhaltensweisen von Mitarbeitern beeinflussen. Demnach könnten Führungskräfte durch die bewusste Gestaltung von Beziehungen in ihrem Team die Einstellungen und Verhaltensweisen ihrer Mitarbeiter via emotionale Reaktionen beeinflussen. Eine ausführliche, theoretische Integration der sozialen Austauschtheorie und der Affective Events Theorie wurde in der Literatur bislang aber noch nicht vorgenommen und dementsprechend auch nicht empirisch untersucht.

Auf kollektiver Ebene beschäftigt sich die Forschung insbesondere mit dem Zustandekommen des Gruppenaffekts durch emotionale Angleichung (Barsade und Knight 2015, Collins et al. 2013). Dabei sind sich die Forscher einig, dass eine emotionale Angleichung in einer Gruppe in der Regel stattfindet und zwar durch soziale Interaktion (Barsade und Knight 2015). Trotz der Anerkennung dieses Zusammenhangs ist die naheliegende Verknüpfung der sozialen Austauschtheorie mit dem Rahmenkonzept des Gruppenaffekts über die Affective Events Theorie und vor allem die emotionale Angleichung, bisher nicht vorgenommen worden, um das Zusammenspiel von Beziehungsqualität und Emotionen als Prädiktor von Teamergebnissen zu verstehen.

1.4 Forschungslücke und -fragen

Trotz der offensichtlichen Tatsache, dass in Unternehmen und Unternehmenseinheiten immer sowohl hierarchische als auch laterale Beziehungen bestehen, existieren bislang wenige Studien, in denen untersucht wurde, wie sich LMX- und TMX-Qualität auf Ergebnisse im Kontext von Organisationseinheiten oder Teams auswirken. Die wenigen bestehenden empirischen Studien der Führungs-, Organisations- und sozialpsychologischen Forschung dazu weisen jedoch darauf hin, dass beide Konstrukte sowohl auf Individual- als auch auf aggregierterTeamebene Beiträge zu Ergebnisvariablen wie Individualleistung oder Mitarbeiterzufriedenheit beziehungsweise Gruppenleistung oder Zusammenhalt liefern (Liden et al. 2000, Wech et al. 2009, Tse et al. 2008, Banks et al. 2013). Während auf individueller Ebene zumindest einige Studien existieren, die den Zusammenhang von LMX und TMX mit individuellen Ergebnisfaktoren untersuchen, existieren auf Gruppenebene kaum Studien, die sowohl die durchschnittliche LMX- als auch TMX-Qualität im Team als Prädiktor für die Leistungsfähigkeit von Teams untersuchen. Studien im Kontext von dezentralen Vertriebseinheiten in Deutschland existieren nach Wissen der Autorin nicht.

Der Einfluss von Emotionen auf individuelle und kollektive Ergebnisfaktoren zieht zwar rund um das Forschungsfeld der Affective Events Theorie und des Gruppenaffekts mehr und mehr das Interesse der Forscher auf sich, ist aber trotzdem noch wenig empirisch erforscht. Die Forschungsergebnisse, inwieweit sich positiver oder negativer Affekt auf individuelle und kollektive Zielgrößen im Sinne von Einstellungen, Verhaltensweisen und Leistung auswirken, sind gemischt bis widersprüchlich. Insbesondere die Rolle des negativen Gruppenaffekts ist unklar (Knight und Eisenkraft 2015).

Obwohl Emotionen als Reaktion auf zwischenmenschlichen Austausch für jedermann nachvollziehbar sind, mangelt es bereits der LMX- und TMX-Forschung an einer konzeptionell ausgereiften theoretischen Fundierung mit einer expliziten Integration von emotionalen Faktoren in das Konzept der sozialen Austauschtheorie. Empirische Studien, die den Zusammenhang von Austauschbeziehungen mit individuellen und kollektiven Emotionen sowie mit Indikatoren der individuellen und kollektiven Leistungsfähigkeit untersuchen, sind in der Literatur ebenfallskaum zu finden.

Vor diesem praktischen wie auch theoretischen Hintergrund werden in dieser Arbeit folgende Fragestellungen beleuchtet:

1. Welche (gemeinsame) Rolle spielen Beziehungen und Emotionen für die Einstellungen und Verhaltensweisen von Vertriebsmitarbeitern?
2. Wie nehmen soziale Beziehungen und Emotionen in Vertriebseinheiten Einfluss auf deren Leistungsfähigkeit und tatsächliche Leistung?
3. Wie können Führungskräfte und Unternehmen soziale Beziehungen und Emotionen im Sinne der unternehmerischen Ziele und Entwicklung nutzen?

1.5 Beitrag zur Forschung

Diese Arbeit verknüpft die Erkenntnisse der bestehenden LMX- und TMX-Forschung mit Theorien der Emotionsforschung und entwickelt daraus ein theoretisches Modell zur Erklärung von Einstellungen und Verhaltensweisen von Vertriebsmitarbeitern sowie ein Modell zur Erklärung von Leistungsunterschieden zwischen vergleichbaren Organisationseinheiten, das im Kontext von Vertriebsorganisationen empirisch überprüft wird.

Damit wird ein Beitrag zur Weiterentwicklung der Modelle, die auf der sozialen Austauschtheorie basieren, geleistet: Einerseits wird der explizite Zusammenhang mit Emotionen sowie andererseits neben der individuellen Ebene auch die Wirkung von Beziehungen und Emotionen auf kollektiver Ebene untersucht. So kann ein tiefergehendes Verständnis geschaffen werden, wie sich spezifische soziale Beziehungen auf Individuen und Gruppen und deren Erfolg auswirken und welche Rolle dabei affektive Komponenten spielen.

Durch die empirische Überprüfung des theoretischen Modells im Kontext von deutschen Vertriebseinheiten wird darüber hinaus ein Unternehmensbereich erschlossen, für den bislang nur wenige Studien sowohl in der LMX- und TMX- als auch in der Emotionsforschung vorliegen. Daraus können einerseits wertvolle Erkenntnisse für die Weiterentwicklung der Sales-Literatur gewonnen werden, andererseits wird die LMX- und TMX-Forschung durch die Anwendung in anderen Kontexten als den bestehenden verbreitert.

1.6 Praktische Relevanz

Durch die zunehmende Komplexität und Veränderungsgeschwindigkeit in Organisationen und deren Marktumfeldern verlieren starre Prozesse und Strukturen an Bedeutung. Das Funktionieren einer Organisation ist heute und zukünftig immer mehr von guten Interaktionen und Beziehungen inner- und außerhalb des Unternehmens abhängig, die ein flexibles und agiles Arbeiten und Agieren am Markt ermöglichen (Weymes 2003).

Der gesellschaftliche Werte- und demografische Wandel zwingen Arbeitgeber darüber hinaus, ein attraktives Arbeitsumfeld anzubieten, um Talente für ihr Unternehmen gewinnen und halten zu können (Picot et al. 2010, Rump 2005). Eine entscheidende Facette des Arbeitsumfeldes ist dabei, dass sich die Mitarbeiter im Unternehmen wohl fühlen. Das heißt unter anderem, dass ihre sozialen und emotionalen Bedürfnisse erfüllt werden. Dies gelingt, vereinfacht gesagt, indem sie gute Beziehungen zu Kollegen und Führungskräften unterhalten können und gerne zur Arbeit gehen, also positive Emotionen mit ihrer Arbeit und ihrem Arbeitsplatz verknüpfen. Neben dem externen Druck des Arbeitsmarkts ist außerdem inzwischen neurowissenschaftlich belegt, dass soziale Bedürfnisse und Emotionen sehr großen Einfluss auf das menschliche Verhalten und somit auf den Beitrag von Mitarbeitern zum Unternehmen nehmen (Peters und Ghadiri 2011).

Die Arbeit überprüft, ob die Beziehungsqualität und Stimmung in Vertriebseinheiten tatsächlichen Einfluss auf die individuelle und kollektive Leistungsfähigkeit nehmen. Daraus lassen sich Rückschlüsse ziehen, inwieweit Beziehungen und Emotionen leistungssteigernd im Sinne des Unternehmens beeinflusst werden können.

Mit der Beantwortung der Forschungsfragen können Hinweise geliefert werden, inwiefern eine Führungskraft in der individuellen Eins-zu-Eins-Führung durch die Gestaltung ihrer Führungsbeziehungen direkt und indirekt über emotionale Reaktionen Einfluss auf Einstellungen und Verhaltensweisen ihrer Mitarbeiter sowie die Leistung in ihrer Einheit nehmen kann.Die Untersuchung des Zusammenhangs von hierarchischen und lateralen Beziehungen trägt darüber hinaus zu einem tiefgreifenden Verständnis bei, ob und wie Führungskräfte die Beziehungen im Team beeinflussen können. Daraus lassen sich wiederum Rückschlüsse für die Führungskräfte und Organisationsentwicklung ableiten.

Insbesondere im Kontext von Vertriebseinheiten sind die zwischenmenschlichen und emotionalen Aspekte von großer Bedeutung, da die Vertriebsmitarbeiter und -einheiten den unmittelbaren Kontaktpunkt für den Kunden darstellen. Außerdem sind es genau diese Einheiten, die die ordentlichen Einnahmen eines Unternehmens direkt beeinflussen und damit über den Erfolg oder das Scheitern am Markt entscheiden können.

Natürlich sind diese Fragestellungen aber nicht nur für den Vertrieb relevant, könnten aber insbesondere für Vertriebsorganisationen sehr vielversprechend sein, um große Leistungsunterschiede zu erklären – gibt es doch kaum einen anderen Unternehmensbereich, der so emotionsgetrieben und von zwischenmenschlichen Beziehungen derart abhängig ist, wie der Vertrieb und worin Leistungsdifferenzen von ganzen Einheiten so deutlich werden wie an den Vertriebsergebnissen.

1.7 Vorgehen und Aufbau

Im Folgenden wird zunächst erläutert, welche Bedeutung soziale Beziehungen und Emotionen sowohl für die Organisation als auch für den Mitarbeiter im heutigen Arbeitsalltag haben (siehe Kapitel 2). Danach wird der aktuelle Forschungsstand zu sozialen Beziehungen in Unternehmen mit Fokus auf Intragruppen-Beziehungen dargestellt (siehe Kapitel 3).

In Kapitel 4 wird erläutert, welche Rolle Emotionen für die individuelle und kollektive Leistungsfähigkeit von Mitarbeitern und Teams spielen können. Darauf aufbauend werden im fünften Kapitel die Ansätze der sozialen Austauschtheorie mit denen der Emotionsforschung verknüpft und daraus jeweils ein Forschungsmodell auf individueller und kollektiver Ebene abgeleitet. Diese wurden im Rahmen einer empirischen Studie überprüft, deren Inhalt, Vorgehensweise und Methodik im Kapitel 6vorgestellt werden. Die Ergebnisse dieser empirischen Untersuchung werden für die individuelle Ebene in Kapitel 7und für die Gruppenebene in Kapitel 8 dargestellt. In Kapitel 9 werden die Ergebnisse abschließend diskutiert, Limitationen der Studie aufgezeigt und Implikationen für Forschung und Unternehmenspraxis abgeleitet. Ein abschließendes Fazit und ein Ausblick finden sich in Kapitel 10.

2 Hintergründe zu sozialen Beziehungen und Emotionen in Organisationen

2.1 Begriffliche Abgrenzungen

Ziel dieses Abschnitts ist es nicht, exakte Definitionen vorzunehmen, sondern lediglich die Begrifflichkeiten, die im Folgenden verwendet werden, zu erläutern und abzugrenzen.

2.1.1 Definition und Einordnung des Begriffs soziale Beziehung

Der Begriff der sozialen Beziehung wurde ursprünglich in der Soziologie von Max Weber geprägt, der ihn folgendermaßen definierte: „Soziale Beziehung soll ein seinem Sinngehalt nach aufeinander gegenseitig eingestelltes und dadurch orientiertes Sichverhalten mehrerer heißen.“ (Weber 1922, S. 29)

Um diese sehr abstrakte Definition etwas greifbarer machen zu können, bietet es sich an, den Begriff soziale Beziehung in seine beiden Bestandteile zu zerlegen.

Der Begriff „Beziehung“ bezieht sich generell auf eine Verbindung zwischen zwei miteinander interagierenden Partnern. Dabei können diese Partner Individuen oder Institutionen sein (Cropanzano and Mitchell 2005).Damit stellt eine Beziehung also eine Interaktionskette dar. Interaktion bezeichnet wiederum das wechselseitige aufeinander Einwirken von Akteuren und Systemen (o.A. o.J. „Interaktion“). Der Begriff „sozial“ wird in diesem Zusammenhang in seinem Sinn auf „die menschliche Gemeinschaft“ (o.A. o.J., „sozial“) bezogen, das heißt das menschliche Miteinander betreffend, verwandt und beschränkt die Partner einer Beziehung auf Personen oder Gruppen von Personen (soziale Systeme).

Im Rahmen dieser Arbeit wird soziale Beziehung dementsprechend folgendermaßen verwandt:Der Begriff der sozialen Beziehung bezeichnet ein längerfristiges, wechselseitiges aufeinander Einwirken von Personen oder sozialen Systemen. Dabei können soziale Beziehungen ebenso zwischen Personen als auch zwischen Systemen sowie zwischen Personen und Systemen bestehen.

Die Begriffe Beziehung, zwischenmenschliche oder soziale Beziehung werden im Folgenden synonym verwendet.

2.1.2 Begriffliche Einordnung und Definitionen: Emotionen, Affekt, Stimmung

Trotz (oder wegen) des langen, interdisziplinären Forschungsinteresses an Emotionen, existiert keine einheitliche Definition des Begriffs Emotion (Elfenbein 2007, Fehr und Russell 1984). Dies liegt nicht zuletzt daran, dass intuitiv jeder Mensch weiß, was Emotion ist und den Begriff auch in der Alltagssprache einsetzt. Gleichzeitig sind aber Emotionen so hochkomplexe Phänomene und intraindividuelle Prozesse, sodass sich nur schwer eine eindeutige und allgemeingültige Definition formulieren lässt (Urban 2008). Deshalb wird hier auf eine sehr grundlegende Definition zurückgegriffen, welche Emotion beschreibt als„innere Empfindung, die angenehm oder unangenehm empfunden und mehr oder weniger bewusst erlebt wird, z.B. Freude, Angst, Kummer, Überraschung.“ (Springer Gabler Verlag o.J.). Die meisten Definitionen stimmen dahingehend überein, dass zusätzlich zu dieser inneren Empfindung eine Emotion mit physiologischer Erregung, kognitiven Prozessen und beobachtbaren Verhaltensweisen (wie zum Beispiel Lachen, Weinen oder andere Mimikveränderungen) sowie einer erhöhten Handlungsbereitschaft einhergeht (Frijda 1993, Weiss und Cropanzano 1996, Elfenbein 2007).

Die Abgrenzung der Begriffe Affekt, Emotion und Stimmung wird allerdings sehr unterschiedlich gehandhabt (Frijda 1993). Dabei werden die Begriffe teilweise synonym verwandt und teilweise wird versucht, die Begriffe klar gegeneinander abzugrenzen.

Eine Abgrenzung zwischen Emotion und Stimmung wird in der Literatur – trotz fließendem Übergang – in der Regel vorgenommen (Frijda 1993, Weiss und Cropanzano 1996). Dabei werden Stimmungen als weniger intensiv und diffuser, aber dauerhafter angesehen und beziehen sich nicht auf ein spezifisches Objekt oder eine bestimmte Person, das heißt die Ursache einer Stimmung ist im Gegensatz zu der einer Emotion nicht offensichtlich für den Erlebenden. Jedoch kann eine Emotion in eine Stimmung übergehen und umgekehrt. Ebenso existieren Emotionen, die sehr lange andauern und eher schwächer ausgeprägt sind, und Stimmungen, die eine hohe Intensität aufweisen (Frijda 1993, Weiss und Cropanzano 1996). Dementsprechend werden auch im Folgenden die Begriffe Emotion und Stimmung unterschiedlich verwandt, der fließende Übergang wird jedoch explizit akzeptiert. Für die vorliegende Fragestellung stehen allerdings länger andauernde affektive Zustände, also Stimmungen im Vordergrund. Darüber hinaus wird „Emotion“ in der Wissenschaft aber auch als Überbegriff für alle „nicht-kognitiven“, also emotionalen Phänomene verwandt, sprich als Gegensatz zur Kognition (Dreisbach 2008).

Die Verwendung des Begriffs „Affekt“ in der Literatur und im Sprachgebrauch ist sehr unterschiedlich. Auffällig ist, dass im englischsprachigen Raum „affect“ oder „affective states“ als Überbegriff für Emotionen und Stimmungen verwandt wird. Im Deutschen hingegen bezeichnet „Affekt“ im alltäglichen Sprachgebrauch eine kurzfristige, sehr spontane Emotion (Otto et al. 2000). In der Emotionspsychologie werden „Affekte" häufig gleichgesetzt mit Stimmungen (Dreisbach 2008). Im Folgenden wird Affekt synonym mit Stimmung verwandt.

Eine tiefergehende Begriffsabgrenzung für verschiedene emotionale Phänomene im Organisationskontext wird in Kapitel 4 vorgenommen.

2.2 Bedeutung von sozialen Beziehungen und Emotionen für menschliches Verhalten

2.2.1 Ein realistisches Menschenbild: Der Mensch als soziales, emotional-rationales Wesen

Das der betriebswirtschaftlichen Theorie (und teilweise auch Praxis) klassischerweise immer noch zugrundeliegende Menschenbild eines rational handelnden Wesens, im Extremfall mit lediglich ökonomischen Interessen („Economic Man", siehe Abbildung 1), liefert nur einen sehr begrenzten Beitrag zur Erklärung und Prognose des Denkens, Fühlens und Verhaltens von Menschen – auch im reinen Arbeitskontext. Die aktuelle Neurowissenschaft zeigt vielmehr, dass menschliches Verhalten ein Ergebnis komplexer Motivstrukturen und Handlungsprozesse ist (Peters und Ghadiri 2011). Aufgrund der Abweichung von der üblichen betriebswirtschaftlichen Sichtweise von rational handelnden Individuen werden im Folgenden wesentliche Grundlagen eines neurowissenschaftlich fundierten Menschenbildes dargestellt, das maßgeblich für die Wahl der Forschungsfragen und den Aufbau des Forschungsmodells war.

Dabei soll im Rahmen dieser Arbeit keine ausführliche Darstellung eines neurowissenschaftlichen Menschenbildes erfolgen. Eine Erläuterung der für diese Arbeit relevanten Eckpfeiler des hier zu Grunde liegenden Menschenbildes ist jedoch für die Fundierung der Hypothesen und die Ableitung der Implikationen durchaus hilfreich.

Im letzten Jahrhundert wurden auf Basis unterschiedlicher Forschungen und Theorien verschiedene Menschenbilder postuliert, in deren Zentrum jeweils eine bestimmte Motivationsquelle oder ein spezifisches Bedürfnis steht (siehe zum Beispiel Peters und Ghadiri 2011). Abbildung 1 zeigt einen Überblick über diese verschiedenen Menschenbilder (in Anlehnung an Peters und Ghadiri 2011).

Menschenbild	Economic Man	Social Man	Self-Actualising Man	Complex Man	Brain-Directed Man
Entstehungsjahr	1900	1930	1950	1960	2000
Grundtyp des Menschen	Maschinen-ähnliches Wesen	Soziales Wesen	Entwicklungs-durstiges Wesen	Facetten-reiches Wesen	Black-box-getriggertes/ gehirngesteuertes Wesen
Handlungs- und Entscheidungs-prozesse	Kontrollierte und kognitiv ablaufende Prozesse bestimmen die Handlungs- und Entscheidungsprozesse				Emotionen und Affekte überlagern kognitive Prozesse
Wichtigste Motivations-quelle	Finanzielle Anreize	Soziales „Angenommen-sein"	Unbefriedigte Bedürfnisse in der Bedürfnis-hierarchie	Vielschichtige, situationsab-hängige Bedürfnis-struktur	Komplexe, neuronal gebahnte Motivationsstruktur
Konsequenz für die Gestaltung der Arbeitswelt	Arbeitsprozess optimieren	Soziale Bedingungen verbessern	Handlungs-spielraum und Autonomie einräumen	Komplexe Anreiz-systeme; individuelle, situative Führung	Individuelle Anreize im Sinne der Befriedigung neuro-wissenschaftlicher Grundbedürfnisse; Aktivierung eines individuell abgestimmten Belohnungssystems durch individuelle, situative und empathische Führung

Abbildung 1: Menschenbilder im Laufe der Zeit in Anlehnung an Peters und Ghadiri (2011)

Dem rein materiell denkenden und handelnden „Economic Man" (Peters und Ghadiri 2011, S. 15), der in erster Linie auf die Werke von Taylor (1856-1915) zurückzuführen ist, folgte zunächst unter anderem auch aufgrund der Hawthorne Studien der „Social Man", dessen Hauptmotivation und Ziel ist, sozial anerkannt und eingebunden zu sein (Peters und Ghadiri 2011, S. 16). Maslows Bedürfnishierarchie führte zu einem Menschenbild eines nach Entwicklung strebenden Wesens, das mit seinem Verhalten stets danach strebt, seine Bedürfnisse entlang der Bedürfnishierarchie zu befriedigen („Self-Actualizing Man", Peters und Ghadiri 2011, S. 17). Da alle drei Paradigmen durchaus relevante und intuitiv nachvollziehbare Facetten menschlichen Verhaltens beschreiben, war die nächste Weiterentwicklung des Menschenbildes die zu einem facettenreichen Wesen mit einer vielschichtigen, situationsabhängigen und komplexen Bedürfnis- und Motivationsstruktur („Complex Man", Peters und Ghadiri 2011, S. 18). Allen diesen Paradigmen liegt die Annahme zugrunde, dass menschliches Verhalten das Ergebnis aus kontrollierten kognitiven Prozessen ist. Bei den ersten drei Paradigmen wird jeweils auf einen Hauptmotivator abgestellt, der diese Prozesse federführend lenkt. Das Menschenbild des „Complex Man" vereint die ersten Ansätze hingegen in einer komplexen und vielschichtigen Bedürfnis- und Motivationsstruktur. Auf dieser Annahme baut auch das Menschenbild des „Brain-Directed Man" auf, das vor allem durch Erkenntnisse der Neurowissenschaft geprägt wurde (Peters und Ghadiri 2011, S. 19). Dieses Paradigma entwickelt den „Complex Man“ insofern weiter, dass die Motivstruktur und die Handlungs- und Entscheidungsprozesse von Menschen mit durch neurowissenschaftliche Methoden beobachtbaren Prozessen im Gehirn erklärt werden (Peters und Ghadiri 2011). Im Zuge dessen findet einerseits eine Abkehr vom rein rational handelnden Menschen statt, da Untersuchungen eindeutig belegen, dass Emotionen und Affekte das Verhalten von Menschen stark beeinflussen und prägen. Das bedeutet jedoch nicht, dass Menschen als rein affektgetrieben betrachtet werden. Menschen sind dennoch vernunftbegabte Menschen, wobei rationale und kognitive Prozesse aber eher ein Vetorecht haben, um affektgetriebene Impulse zu bremsen und zu unterdrücken. Andererseits wird die Bedürfnisstruktur durch die Entdeckung verschiedener neuronaler Schaltkreise greifbarer und nachvollziehbarer (Grawe 2004). Dabei wurden vier Grundbedürfnisse identifiziert, die jeweils in unterschiedlichen Gehirnregionen aktiviert werden (Grawe 2004):

- Das Bindungsbedürfnis
- Das Bedürfnis nach Orientierung und Kontrolle
- Das Bedürfnis nach Selbstwerterhöhung und Selbstwertschutz
- Das Bedürfnis nach Lustgewinn und Unlustvermeidung

Diese Grundbedürfnisse sind allgemeingültig, haben jedoch für jedes Individuum unterschiedliche Priorität und Gewichtung, wobei hierfür insbesondere der frühkindliche Sozialisationsprozess ausschlaggebend ist (Peters und Ghadiri 2011, Hüther 2006).

Entscheidend für die hier vorliegende Fragestellung ist dabei die grundlegende Erkenntnis, dass Menschen zwar rational begabt, aber emotional beeinflusste Wesen sind, die ein Grundbedürfnis nach sozialer Bindung und damit gelingenden sozialen Beziehungen haben sowie ein Bedürfnis nach Lustgewinn und Unlustvermeidung, was mit dem Streben nach positiven Emotionen und der Vermeidung negativer Emotionen gleichzusetzen ist (Peters und Ghadiri 2011, Grawe 2004). Dementsprechend steht im Zentrum dieser Forschungsarbeit die Bedeutung von sozialen Beziehungen und Emotionen für die individuelle und kollektive Leistungsfähigkeit von Vertriebseinheiten.

2.2.2 Interdisziplinäre Erkenntnisse zur Bedeutung von sozialen Beziehungen für den Menschen und menschliches Verhalten

Dass soziale Faktoren eine große Rolle für das menschliche Wohlbefinden und die Motivation von Mitarbeitern eine entscheidende Rolle spielen können, legten bereits die viel zitierten und kritisierten Hawthorne Studien nahe. Die grundlegende Bedeutung von sozialen Beziehungen für den Menschen wird aber von aktuellen Erkenntnissen der sozialen Neurowissenschaft bestätigt.

Die Neurowissenschaft setzt sich im Allgemeinen mit der Anatomie, Physiologie, Biochemie und der Molekularbiologie des Nervensystems und des Gehirns und insbesondere mit deren Zusammenhang mit Verhalten und Lernen auseinander (Merriam-Webster.com. 2017). Die soziale Neurowissenschaft kombiniert diese Ansätze mit denen der Sozialpsychologie und untersucht, welche Rolle neurologische Prozesse in soziokulturellenProzessen spielen und umgekehrt (Cacioppo und Berntson 2002, Harmon-Jones und Winkielman 2007). Weitere Bezeichnungen, die in der Literatur für diese Forschungsrichtung zu finden sind, sind soziale Psychophysiologie, soziale Neuropsychologie, soziale kognitive Neurowissenschaft. In Anlehnung an Cacioppo und Berntson (2002) wird in dieser Arbeit aber der diese Differenzierungen umfassende Begriff der sozialen Neurowissenschaften verwandt.

Der aktuelle Vormarsch der sozialen Neurowissenschaft ist vor allem darin begründet, dass die Sozialpsychologie ebenso wie die Neurowissenschaft in vielerlei Hinsicht davon profitieren kann (Harmon-Jones und Winkielman 2007, Dovidio et al. 2008). Durch die Verknüpfung der theoretischen und methodischen Ansätze beider Disziplinen eröffnet sich eine neue Perspektive auf sozialpsychologische Prozesse, die es ermöglicht, neue theoretische Hypothesen zu entwickeln und mit interdisziplinären Methoden zu überprüfen (Harmon-Jones und Winkielman 2007). Insbesondere diese methodische Bereicherung durch die Neurowissenschaft ist einzigartig, da die üblichen sozialpsychologischen Ansätze wie Selbsteinschätzungen oder Verhaltensbeobachtungen bei vielen Fragestellungen nur unzureichende Indikatoren liefern, während die hochtechnologischen Methoden der Neurowissenschaft, wie funktionelle Magnetresonanztomografie (fMRT), Positronen-Emissions-Tomografie (PET) oder quantitative Elektroenzephalografie (QEEG) kombiniert mit modernen computergestützten Analysemethoden, ganz andere Möglichkeiten aufzeigen (Rock und Schwartz 2007). Aber auch die Neurowissenschaft profitiert von der neurowissenschaftlichen Betrachtung sozialer Prozesse. Durch diese Verknüpfung werden die Rolle und Bedeutung von sozialen und kulturellen Kontextfaktoren für die Neurowissenschaft erschlossen (Harmon-Jones und Winkielman 2007).

Trotz des enormen Potenzials der sozialen Neurowissenschaften und ihren Beiträgen für die Sozialpsychologie sowie deren Subdisziplinen, wie beispielsweise die Organisationspsychologie, Change-Management, Führung oder Pädagogik, steckt sie hinsichtlich der breiten Übertragung auf diese Subdisziplinen noch in den Kinderschuhen. Um die Erkenntnisse und Methoden der Neurowissenschaften für die Sozialwissenschaften zu nutzen, gilt es, in den nächsten Jahren die Berührungspunkte und Verknüpfungen stetig auszuweiten. Diese Arbeit liefert dazu einen Beitrag, indem neurowissenschaftliche Erkenntnisse bei der Auswahl des Forschungsgegenstands und bei der Ableitung von Implikationen aus den Forschungsergebnissen einbezogen werden.

Aus neurobiologischer Sicht sind Menschen „auf soziale Resonanz und Kooperation angelegte Wesen“ (Bauer 2006, S.23). In der Literatur findet man noch deutlichere Formulierungen:

- *„Humans are fundamentally social animals.“* (Grist 2009, S. 44)
- *„Humans are fundamentally social creatures.“*(Norris und Cacioppo 2007, S. 87)

Diese Aussagen beruhen auf verschiedenen Erkenntnissen der Neurowissenschaft, die einerseits die Entwicklung und Funktionsweise des Gehirns und andererseits die (neuro-)biologische Wirkung von sozialen Beziehungen betreffen.

Eine grundlegende These, die sich aus der sozialen Neurowissenschaft ergibt und die für eine enorme Bedeutung von sozialen Beziehungen für den Menschen spricht, ist also, dass das menschliche Gehirn scheinbar für soziale Beziehungen „konstruiert“ wurde (Bauer 2006).

Folgende neurowissenschaftliche Erkenntnisse und Theorien zur Entwicklung (siehe 2.2.2.1) und Funktionsweise des Gehirns (siehe 2.2.2.2-4) stützen diese These:

2.2.2.1 Entwicklung des menschlichen Gehirns

Cacioppo (2006) fasst die Besonderheit der Entwicklung des menschlichen Gehirns folgendermaßen zusammen: *“[T]he human brain has evolved to promote social coordination, communication, interactions, relationships, and collective enterprises.”* (S. 664)

Die Frage, wie beziehungsweise warum sich das menschliche Gehirn im Laufe der Evolution so – insbesondere die Größe betreffend - entwickelt hat, wie es heute aufgebaut ist, wurde von der Neurowissenschaft mit der „Social Brain Hypothese“ beantwortet (Dunbar 1998). Diese besagt, dass die Größe des menschlichen Gehirns die Anforderungen widerspiegelt, die in komplexen sozialen Systemen gestellt werden (Barton und Dunbar 1997, Whiten und Byrne 1997, Dunbar 1998, Brothers 1990, Dunbar und Shultz 2007). Es konnte in zahlreichen Studien belegt werden, dass die Komplexität der sozialen Umgebung von Arten (üblicherweise gemessen an der durchschnittlichen Gruppengröße oder aber zum Beispiel an der Anzahl an Frauen beziehungsweise Weibchen in der Gruppe, der männlichen Paarungsstrategien sowie der Häufigkeit des sozialen Lernens) mit der Größe des Gehirns (gemessen an der relativen Größe des Neocortex, der den Teil des Gehirns darstellt, der sich bei Primaten unproportional ausgeweitet hat) positiv korreliert (Dunbar 1998, Dunbar und Shultz 2007). Dies wird folgendermaßen interpretiert: Unser menschliches Gehirn ist deshalb so groß und leistungsfähig, damit wir in der Lage sind, unsere sozialen Beziehungen zu reflektieren und zu managen, da es für das Zusammenleben in größeren Gruppen notwendig ist, über die Erfüllung der eigenen Bedürfnisse hinaus auch das Verhalten mit anderen in der Gruppe zu koordinieren

(Grist 2009). Dass wir als einzige Spezies ein Sprachzentrum entwickelt haben und Sprache gebrauchen, um unser Zusammenleben besser koordinieren und miteinander kommunizieren zu können, ist einer der offensichtlichsten Hinweise darauf, dass sich unser Gehirn auf menschliche Gemeinschaft ausgerichtet entwickelt hat (Tomasello 2010).

Die Art, wie sich das menschliche Gehirn im Laufe eines Lebens entwickelt, kann ebenfalls als Indikator für ein auf das soziale Umfeld ausgerichtetes und angewiesenes System hinweisen und steht im Einklang mit der Social Brain Hypothese von Dunbar (1998). Während beispielsweise das Gehirn eines neugeborenen Schimpansen 50% und eines Makaken-Affen 70% der Größe des erwachsenen Gehirns entspricht, ist das Gehirn eines neugeborenen Menschen lediglich ein Viertel so groß wie das eines Erwachsenen (Adolphs 2009). Diese Unterschiede in der Gehirnentwicklung spiegeln die Unterschiede der Entwicklungsdauer, aber vor allem auch die Abhängigkeit von sozialer Unterstützung der jeweiligen Spezies wider: Dreiviertel der Gehirnentwicklung sind abhängig vom sozialen Umfeld eines neugeborenen Menschen. Dies hat zur Folge, dass ein negatives soziales Umfeld in der frühkindlichen Entwicklung dramatische Folgen haben kann (siehe hierzu auch 2.2.2.4; Cozolino 2006).

Damit noch nicht genug: Diese postnatal entwickelten Bereiche unseres Gehirns sind zeitlebens in der Lage sich weiterzuentwickeln und sich in seinen Strukturen, also den neuronalen Verbindungen, zu verändern, um sich sozialen und kulturellen Anforderungen stetig anzupassen. Diese Entwicklungsfähigkeit unseres Gehirns wird als die Plastizität des Gehirns bezeichnet (Hüther 2006).

2.2.2.2 Sozial ausgerichtete Mechanismen unseres Gehirns: Die Fähigkeit zu Empathie

Die Neurowissenschaft, ebenso wie andere Disziplinen, ist sich sicher: der Mensch ist, weil er ein soziales Wesen ist, fähig, andere Menschen zu verstehen (Hickok 2015, Becker 2016). Zwar existieren unterschiedliche Theorien dazu, worauf die Fähigkeit zu Empathie neurowissenschaftlich basiert – ob auf Spiegelneuronen oder durch ein ausgefeiltes Zusammenspiel verschiedener Gehirnregionen; das Ergebnis ist jedoch einheitlich: Das menschliche Gehirn liefert die Voraussetzungen dafür, zu verstehen und nachzuempfinden, was andere denken, fühlen und tun. Unterschiedliche Erklärungsansätze finden sich in Hickok (2015) als dem bekanntesten Kritiker der Spiegelneuronen, und in Di Pellegrino et al. (1992) sowie Rizzolatti und Fabbri-Destro (2010), den Entdeckern und Verfechtern der Spiegelneuronen.

Diese Empathiefähigkeit unseres Gehirns lässt sich an folgendem Phänomen beobachten, das für die soziale Interaktion bedeutsam sind: Interaktionen lösen häufig eine physische Angleichung der Interaktionspartner aus, was als Resonanzverhalten bezeichnet wird. Resonanzverhalten heißt, dass sich Interaktionspartner physisch bezüglich ihrer Mimik, Gesten und Verhaltensweisen anpassen (Cozolino 2006, Boyatzis et al. 2012). Es wird vermutet, dass sich dieses zwischenmenschliche Phänomen entwickelt hat, um das Überleben durch Koordination und Kooperation zu sichern (Cozolino 2006). Dies zeigt sich zum Beispiel an Herden, die in der Lage sind, als Kollektiv sofort zu reagieren, sobald einzelne aus der Gruppe eine Gefahr erkennen: Eine rennende Herde verändert sofort die Richtung, sobald einzelne Herdentiere eine Gefahr erkennen und die Richtung ändern. Aber auch bei Menschen lässt sich dies im Rahmen der „Mob-Mentalität", die auch Herdenmentalität genannt wird, beobachten. Diese Resonanz ist dafür verantwortlich, (auch unbewusst) wichtige Informationen zu transportieren und fördert den sozialen Zusammenhalt sowie die Identifikation mit der Gruppe. Diese rein physische Synchronisierung kann schließlich auch zu einer emotionalen Angleichung führen (Cozolino 2006). Wenn Menschen unabsichtlich und unbewusst eine Vielzahl von Signalen durch ihr Verhalten und ihre Körpersprache an ein Gegenüber aussenden, die ihren emotionalen Zustand widerspiegeln, sorgtdas Gehirn des Interaktionspartners dafür, dass dieser automatisch synchronisiert und nachempfunden wird (Cozolino 2006, Hatfield et al. 1994). Dieses Phänomen ist in der Sozialpsychologie bekannt als emotionale Ansteckung („emotional contagion"; Hatfield et al. 1994). Dadurch wird es Menschen ermöglicht, sich in den Interaktionspartner „einzufühlen".

2.2.2.3 Soziale Beziehungen als Motivator

Unser menschliches Motivationssystem sitzt zentral im Mittelhirn und ist über Nervenbahnen mit vielen anderen Gehirnregionen verbunden, von denen Informationen eintreffen oder an die Impulse weitergegeben werden (Bauer 2006). Das Motivationssystem fungiert als Belohnungssystem und schüttet Dopamin aus, was wiederum auch mit der Freisetzung von körpereigenen Opioiden und Oxytocin einhergehen kann. Die Aussicht auf eine Dopaminausschüttung motiviert den Menschen. Das Belohnungssystem wurde neurowissenschaftlich vor allem im Zusammenhang mit Drogenabhängigkeit erforscht, da Kokain und Heroin das Belohnungssystem aktivieren und die Ausschüttung von Dopamin verursachen (Insel 2003, Koob und Le Moal 1997). Die neurobiologischen Mechanismen des Belohnungssystems sind demnach ursächlich für die Entstehung einer Drogenabhängigkeit (Insel 2003, Bauer 2006).

Ausgehend von der Überlegung, dass die biologischen Belohnungssysteme, die beim Drogenmissbrauch angesprochen werden, sich unwahrscheinlich evolutionsbedingt für den Drogenkonsum entwickelt haben, wurde von Paul MacLean (1990) die These aufgestellt, dass Kokain und Heroin ein Nervensystem „zweckentfremden", das eigentlich dafür bestimmt ist, Verhaltensweisen, die dem Überleben und der Reproduktion dienen, zu stimulieren (MacLean 1990). Demnach müssten einerseits motivationale Zustände, die mit sozialer Bindung einhergehen, wie beispielsweise mütterliche Fürsorge oder Liebe in Paarbeziehungen, die gleichen neurologischen Mechanismen in Gang setzen wie der Konsum von Drogen, und andererseits müssten Drogen wie Kokain oder Opiate diese Verhaltensmotivation reduzieren (Bauer 2006). In Versuchen mit Ratten und Wühlmäusen konnte beides belegt werden (Insel 2003, Bauer 2006).

Dementsprechend werden im Gehirn von Abhängigen beim Drogenkonsum die Motivationssysteme in ähnlicher Weise in Gang gesetzt wie bei positiven Interaktionen in Mutter-Kind- oder Paarbeziehungen. Genauer gesagt gehen gelingende Beziehungen – ebenso wie Drogenkonsum - mit der Ausschüttung von Dopamin, Oxytozin und Opioiden einher, das heißt sie aktivieren unser Belohnungssystem und setzen „Wohlfühlbotenstoffe“ frei (Bauer 2006). Dies gilt für jede Art der menschlichen Gemeinschaft, sowohl für Liebesbeziehungen, Mutter-Kind-Beziehungen, aber auch für jede Art des sozialen Zusammenwirkens. Die Ausrichtung eines Drogenabhängigen auf den erneuten Konsum von Drogen ist also neurowissenschaftlich und motivational vergleichbar mit der Ausrichtung eines gesunden Menschen, positive soziale Beziehungen erfahren zu wollen (Cozolino 2006). Bauer (2006) interpretiert diese Erkenntnisse folgendermaßen: *„Kern aller Motivation ist es, zwischenmenschliche Anerkennung, Wertschätzung, Zuwendung oder Zuneigung zu finden und zu geben.“* (S. 36.)

2.2.2.4 Der Einfluss sozialer Beziehungen auf die körperliche und psychische Gesundheit und Leistungsfähigkeit

„Humans are fundamentally social creatures whose mental and physical health depends on their social position and relationships”(Cacioppo 2006, S. 664). Diese These wird inzwischen von zahlreichen Studien gestützt. Folgende Beispiele zeigen diesen Zusammenhang auf:

- In Bezug auf die Entwicklung unseres Gehirns im Laufe des Lebens wurde bereits unter a) aufgezeigt, dass 75% der Entwicklung unseres Gehirns nach der Geburt stattfinden (Adolphs 2009). Die gesunde Entwicklung hängt dabei entscheidend von zwischenmenschlicher Interaktion und emotionalen Beziehungen, insbesondere in den ersten beiden Lebensjahren, ab (Hüther 2006). Todesfälle von eigentlich gesunden Kindern in Waisenhäusern, die soziale Vernachlässigung erfahren haben, wurden durch den Mangel an zwischenmenschlicher Zuwendung erklärt (Cozolino 2006). Ebenso konnte nachgewiesen werden, dass sich eine Wochenbettdepression der Mutter langfristig auf die Entwicklung des Kindes auswirkt und zu psychopathologischen Verhaltensmerkmalen beim Kind führen kann (Goodman et al. 2011).

- Da, wie unter 2.2.2.3 beschrieben, gelingende Beziehungen mit der Ausschüttung von Oxytozin verbunden sind, haben Beziehungen nicht nur einen „Suchteffekt“, sondern auch positive gesundheitliche, stressreduzierende Auswirkungen, wie zum Beispiel eine Senkung des Blutdrucks oder des Cortisolspiegels, eine Erhöhung der Schmerzgrenze und eine Dämpfung von Angst- und Spannungszuständen (Uvnäs-Moberg 1998, Uvnäs-Moberg und Petersson 2005, Friedman et al. 2005). Heaphy und Dutton (2008) konnten sogar explizit den positiven Zusammenhang von gelingenden sozialen Interaktionen am Arbeitsplatz und gesundheitlichen Faktoren von Mitarbeitern nachweisen.

- Umgekehrt konnten aber auch negative gesundheitliche Effekte von „schlechten“ Beziehungen, dem Verlust enger sozialer Bindungen, zwischenmenschlichen Konflikten oder sozialer Ausgrenzung belegt werden (MacDonald und Leary 2005,Uchino et al. 2007, Hawkley et al. 2005, House et al. 1988). Dies ist neurobiologisch einerseits mit dem Wegfall oder zumindest der Reduktion der beruhigenden, stressmindernden Oxytozin-Ausschüttung und einer veränderten Hirnaktivität im Motivationszentrum zu erklären (Bauer 2006). Andererseits geht sozialer Stress auch mit der Ausschüttung von Stresshormonen einher, die bei langfristig andauernder Belastung die mentale und körperliche Gesundheit beeinträchtigen (Cacioppo und Cacioppo 2014).

2.2.2.5 Zwischenfazit

Interdisziplinäre Erkenntnisse liefern eine Vielzahl an Hinweisen darauf, dass positive soziale Beziehungen notwendige Voraussetzung für unser individuelles und kollektives Wohlbefinden sind ebenso wie für unsere individuelle und kollektive Leistungsfähigkeit (Norris und Cacioppo 2007, Baumeister und Leary 1995).

2.2.3 Interdisziplinäre Erkenntnisse zur Bedeutung von Emotionen für menschliches Verhalten

Während sich die wissenschaftliche Forschung der Naturwissenschaften, Psychologie und Philosophie seit Charles Darwin, William James und Wilhelm Wundt bereits in der zweiten Hälfte des 19. Jahrhunderts mit Emotionen auseinandersetzte, ist das Forschungsfeld um emotionale Faktoren in Organisationen noch sehr jung (Weiss und Cropanzano 1996). Dies liegt insbesondere darin begründet, dass die Betriebswirtschaftslehre sehr lange Zeit vom Menschenbild des „Economic Man“ ausging. Demnach existieren trotz des sehr hohen Forschungsinteresses in den letzten Jahren noch viele „weiße Flecken“ in der Forschungslandschaft zum Einfluss von Emotionen auf das Organizational Behavior. In der Unternehmenspraxis ist bislang wenig von der Bedeutung von Emotionen für den Unternehmenserfolg angekommen. Auch wenn vielen Führungskräften bekannt ist, dass

Emotionen und Stimmungen entscheidend zum Erfolg oder Misserfolg von Mitarbeitern, Teams, Einheiten und ganzen Organisationen beitragen können, werden sie im Unternehmensalltag meist ignoriert oder sogar unterdrückt. Dass der Harvard Business Review von Januar 2016 (Barsade et al. 2016) mit dem Titelthema „The Emotional Organization“ aufwartet und in den Beiträgen banale Feststellungen liefert, welche Rolle Emotionen in der Unternehmenskultur spielen und wie diese beeinflusst werden können, zeigt den enormen Nachholbedarf bezüglich des Themas in Unternehmen. Diesem Nachholbedarf soll im Rahmen dieser Arbeit Sorge getragen werden, indem einerseits interdisziplinäre Erkenntnisse zur Bedeutung von Emotionen für Menschen und Organisationen dargestellt werden und andererseits empirisch untersucht wird, welche Rolle Emotionen in Vertriebseinheiten spielen und welche Implikationen sich daraus für Führungskräfte und Organisationen ergeben.

Ebenso wie zur Bedeutung von sozialen Faktoren sind auch zum vollständigen Verständnis der Bedeutung von Emotionen für Menschen und Organisationen grundlegende Erkenntnisse anderer Wissenschaftsdisziplinen wie der Sozialpsychologie und der Neurowissenschaft hilfreich. Dabei ist das interdisziplinäre Forschungsfeld um Emotionen so komplex und vielschichtig, dass nur ein Ausschnitt daraus beleuchtet werden kann. Dementsprechend geht es bei den folgenden Ausführungen nicht um eine vollständige Darstellung der psychologischen und neurowissenschaftlichen Erkenntnisse, sondern vielmehr um einen Einblick, der das Bewusstsein und das Verständnis für die Bedeutung von Emotionen für die vorliegende Fragestellung erweitern soll.

Bereits im Kapitel 2.2.1 zum zugrundeliegenden Menschenbild wurde angesprochen, dass menschliches Verhalten nicht ausschließlich von kognitiven Prozessen gesteuert, sondern stark von Affekten und Emotionen beeinflusst wird (Peters und Ghadiri 2011). Wie der Zusammenhang zwischen Kognition, Emotion und Verhalten konkret (neurobiologisch) aussieht, ist in der Wissenschaft noch nicht abschließend geklärt. Die Forscher sind sich allerdings in einigen Punkten einig, die im Folgenden kurz dargestellt werden sollen, um einen Einblick zu geben, welche Rolle Emotionen für das menschliche Verhalten spielen.

2.2.3.1 Emotion und Kognition sind nicht voneinander trennbar

In der Philosophie und der Psychologie wurde bis vor einigen Jahren eine strikte Trennung von Kognition und Emotion vorgenommen. Dabei wurde auch angenommen, dass Emotionen vernünftige Entscheidungen und rationales Denken behindern und deshalb im Sinne von vernünftigem Handeln ausgeblendet werden sollten (Damasio 2014). Die neuere Neurowissenschaft und Sozialpsychologie kommen jedoch zu dem Schluss, dass Emotion und Kognition nicht voneinander trennbar sind, sondern vielmehr ein komplexes, eng miteinander verwobenes, noch nicht von der Wissenschaft durchdrungenes Zusammenspiel aus neuronalen Prozessen darstellen (Ciompi 2016, Damasio 2014). Durch Fälle von Patienten, die durch Schädigungen im Gehirn nicht mehr in der Lage waren, Gefühle zu empfinden, konnte die Hypothese abgeleitet werden, dass die wirksame Anwendung von Vernunft und Logik im Alltag von der grundsätzlichen Fähigkeit, Gefühle zu empfinden, abhängt (Damasio 2014). Damasio (2014) geht davon aus, dass Emotionen *„keine Eindringlinge im Reich der Vernunft sind, sondern, zu unserem Nach- und Vorteil, in ihre Netze verwoben sein könnten"* (Damasio 2014, o.S. Einleitung).

2.2.3.2 Emotionen beeinflussen unser Denken

Auch wenn der genaue Zusammenhang zwischen Emotion und Kognition noch nicht abschließend wissenschaftlich geklärt ist, konnten Studien zeigen, dass bestimmte Stimmungen bestimmte kognitive „Programme" oder Strategien in Gang setzen. Beispielsweise haben experimentelle Studien gezeigt, dass gut gelaunte Menschen dazu tendieren, eher automatische kognitive Prozesse anzuwenden, was dazu führt, dass sie schneller reagieren, Risiken unterschätzen und positive Erklärungen beziehungsweise optimistische Einschätzungen bei Entscheidungen oder Bewertungen bevorzugen. Menschen in einer schlechten Stimmung hingegen neigen zu aufwendigen kognitiven Prozessen, die mit einer langsameren Reaktion, Überschätzung von Risiken und negativen Einschätzungen bei Entscheidungen und Bewertungen einhergehen (Beer 2007, Forgas 1995, Isen und Geva 1987).

Bestimmte Stimmungen fördern also bestimmte Muster der Informationsverarbeitung und führen zu unterschiedlichen Verhaltensimpulsen. Beispielsweise konnte in einer experimentellen Studie gezeigt werden, dass milder positiver Affekt zu flexiblerem und kreativerem (Problemlöse-)Verhalten führt (Berkowitz 1987, Isen et al. 1987). Andererseits kann positiver Affekt auch zu einer stärkeren Ablenkbarkeit und geringeren Fokussierung führen (Dreisbach und Goschke 2004). Neurowissenschaftlich ist dies mit einer erhöhten Dopaminaktivität, die durch den positiven Affekt in Gang gesetzt wird, zu begründen (Ashby und Isen 1999).

2.2.3.3 Emotionen beeinflussen das Gedächtnis

Als anschauliches Beispiel für diese Erkenntnis wird sehr häufig die Frage gestellt, ob man sich erinnere, was man genau getan habe, als man am 11. September 2001 von den Anschlägen gehört hatte. Fast jeder Mensch hat an diesen Moment eine noch sehr genaue und bildhafte Erinnerung. Zahlreiche Befunde weisen einerseits darauf hin, dass emotional aufgeladene Ereignisse oder Inhalte *„elaborierter (tiefer) verarbeitet und deshalb später auch wieder besser abgerufen werden können"* (Dreisbach 2008, S. 291). Dies ist hirnphysiologisch damit zu begründen, dass die emotionale Erregung mit einer höheren Aktivierung des Mandelkerns (Amygdala) einhergeht und diese wiederum zu einer höheren Erinnerungsleistung führt (Cahill et al. 1996, 1995). Andererseits können Emotionen das Gedächtnis auch blockieren, wie es beispielsweise unter hohem Stress im Zuge von Prüfungsangst geschieht. Auch hier spielt nach aktuellem Wissensstand der Mandelkern eine zentrale Rolle:

> *„Wird ein Stressor wahrgenommen, aktiviert der Mandelkern den Hypothalamus, der wiederum über die Hypophyse schließlich in der Nebennierenrinde die Ausschüttung des Stresshormons Cortisol bewirkt. Bei niedrigem bis mittlerem Stresslevel werden über den erhöhten Cortisolspiegel zunächst Hippocampus und Amygdala aktiviert, was auf der Verhaltensebene zu den beobachtbaren verbesserten Gedächtnisleistungen führt. Der Hippocampus hemmt dann über eine Feedbackschleife die weitere Ausschüttung von Cortisol und die damit verbundene Stressreaktion. Steigt aber das Stresslevel über ein gewisses Maß, scheitert dieser Regulationsmechanismus, was zu entsprechenden funktionellen Ausfällen im Hippocampus und in der Folge zu messbaren Gedächtniseinbußen führen kann.“ (Dreisbach 2008, S. 291)*

Ein bestimmtes, begrenztes Stresslevel hingegen kann durchaus auch zu einer erhöhten Konzentrationsfähigkeit beitragen und so förderlich wirken – es scheint also ein umgekehrt u-förmiger Zusammenhang zwischen Cortisolspiegel und Gedächtnisleistung vorzuliegen (Kim und Diamond 2002).

Ein weiterer Einfluss, den Emotionen auf das Gedächtnis haben können, sind sogenannte Stimmungskongruenzeffekte, die ursprünglich von Bower (1981) in den wissenschaftlichen Diskurs eingebracht wurden. Unter Stimmungskongruenzeffekt versteht man, dass Menschen in einer positiven Stimmung sich an mehr positive Erlebnisse und Menschen in einer negativen Stimmung sich mehr an negative Erlebnisse erinnern (Snyder und White 1982). Ein solcher Stimmungskongruenzeffekt hat insbesondere auch für Lernprozesse Relevanz: In negativer Stimmung fällt es Menschen leichter, Lernmaterial zu verarbeiten, das auch inhaltlich negativ empfunden wird (Dreisbach 2008).

Zusammenfassend lässt sich sagen, dass sowohl die Verankerung von Erlebnissen oder Informationen im Gedächtnis als auch der Abruf von bestimmten Erinnerungen von der aktuellen Gestimmtheit abhängig sind.

2.2.3.4 Emotionen ermöglichen rationale Entscheidungen

Das Ideal des rational handelnden und stets rational entscheidenden Menschen, das verschiedenste Disziplinen, von der Philosophie bis zur Betriebswirtschaftslehre, prägte, wurde inzwischen im wissenschaftlichen Diskurs eindeutig infrage gestellt (Breuer und Frot 2010). Trotzdem herrscht oft immer noch das Ziel vor, Entscheidungen, insbesondere im Geschäftsleben, möglichst „emotionslos“ zu treffen – auf Basis von Fakten. Jedoch zeigt die Neurowissenschaft, dass Emotionen für rationale

Entscheidungen und Handlungen nicht nur nachteilig, sondern auch grundlegende Voraussetzung sind (Dreisbach 2008, Damasio 2006).

Um zu verstehen, welche Rolle Emotionen für (rationale) Entscheidungen spielen, kann die Theorie der somatischen Marker von Damasio (2006) herangezogen werden. Diese Theorie besagt, dass die (positiv oder negativ) erlebten Folgen einer Handlung bestimmte somatische Veränderungen hervorrufen wie beispielsweise Magendrücken, schwitzige Hände oder schnellerer Puls (somatische Marker). Diese erlebten Emotionen werden vom Gehirn zusammen mit der rationalen Darstellung des Handlungsergebnisses abgespeichert. Kommt man also erneut in eine vergleichbare Situation, werden mit dem damaligen Handlungsergebnis auch gleichzeitig die somatischen Marker aktiviert und wirken (meist unbewusst) handlungsleitend (Damasio 2014, Dreisbach 2008): Handlungen, deren Folgen positiv erlebt wurden, werden in ähnlicher Form ausgeführt, Handlungen, deren Folgen negativ erlebt wurden, werden vermieden. Menschen entscheiden sich demnach für oder gegen eine Handlung, je nachdem wie die affektiven Konsequenzen antizipiert wurden. Diese somatischen Marker sind im ventromedialen präfrontalen Cortex angesiedelt. Menschen, die eine Schädigung in diesem Bereich erlitten haben, können über volle intellektuelle, sprachliche Fähigkeiten verfügen und die normale Gedächtnisleistung abrufen, jedoch weisen sie ein unangepasstes Sozialverhalten und emotionale Instabilität und Impulsivität auf. Ihnen ist es nicht möglich, aus vorherigen Handlungen und deren affektiver Konsequenzen zu lernen. Nach Damasio (2014) liefern Emotionen also relevante Informationen für rationale Entscheidungen.

Allerdings will Damasio (2014)

> *„nicht in Abrede stellen, dass sich Gefühle und Empfindungen verheerend auf Denkprozesse auswirken können. Das entspricht nicht nur der herkömmlichen Auffassung, sondern auch neueren Untersuchungen des normalen Denkprozesses, die gezeigt haben, wie nachteilig sich emotionale Voreingenommenheit auswirken kann. Hingegen ist neu und überraschend, dass ein Fehlen von Gefühl nicht weniger schädlich ist, nicht in geringerem Maße dazu angetan, jene Rationalität zu gefährden, der wir unsere spezifischen menschlichen Züge verdanken, und die uns ermöglicht, uns mit Rücksicht auf unsere persönliche Zukunft, soziale Konventionen und moralische Grundsätze zu entscheiden.“* (o. S. Kapitel „Einleitung“).

2.2.3.5 Emotionen sind essentieller Bestandteil des sozialen Miteinanders

Über die Fähigkeit zu sozial angepasstem Verhalten, für das laut Damasios Theorieder somatischen Marker (Damasio 2006) Emotionen notwendig sind, hinaus, haben Emotionen zusätzliche Funktionen im menschlichen Miteinander (Peters und Ghadiri 2011). Einerseits dienen sie als zusätzliche Informationsgrundlage in sozialen Interaktionen und nehmen dabei eine Signalfunktion ein. Emotionen können die rein sprachlich übermittelten Inhalte ergänzen – beispielsweise hinsichtlich der Bedeutung und Dringlichkeit (Peters und Ghadiri 2011). So können Emotionen soziale Interaktionen vereinfachen und verkürzen. Andererseits haben sie aber auch eine Kohäsionsfunktion (Peters und Ghadiri 2011). Aufgrund der menschlichen Fähigkeit zu Resonanz (siehe 2.2.2) wirken Emotionen ansteckend (Cozolino 2006). Dadurch kommt es zu einer emotionalen Angleichung von Interaktionspartnern, die den Zusammenhalt und die Verbindung zwischen Menschen stärken kann (Peters und Ghadiri 2011, Cozolino 2006, Hatfield et al. 1994).

2.2.3.6 Zwischenfazit

Zusammenfassend lässt sich Folgendes formulieren: Die Ausführungen zur Bedeutung von Emotionen für menschliches Verhalten haben gezeigt, dass sie eine entscheidende, neurowissenschaftlich und psychologisch bewiesene Rolle spielen und nicht ignoriert oder ausgeblendet werden können. Sie beeinflussen bewusst oder unbewusst Denk- und Entscheidungsprozesse und dadurch das Verhalten von Menschen. Dabei können sie jedoch nicht nur eine „störende" Rolle spielen, sondern auch eine unterstützende – sofern ein ausgeprägtes Bewusstsein für die eigenen Emotionen und deren Auswirkungen sowie die Fähigkeit, sie zu regulieren, bestehen (Damasio 2014). Im sozialen Miteinander sinddarüber hinaus für die positive Nutzung von Emotionen die bewusste Wahrnehmung, Berücksichtigung und empathische Beeinflussung der Emotionen seiner Mitmenschen ausschlaggebend. Die Forschung konnte bislang jedoch nicht abschließend und in der Breite klären, für welche Zielsetzungen und angestrebten Verhaltensweisen welche Stimmung die ideale ist.

2.2.4 Die zunehmende Bedeutung von sozialen Beziehungen und Emotionen für Organisationen durch aktuelle Entwicklungen in der Arbeitswelt

Neben den neuen Erkenntnissen, die die Neurowissenschaft und Psychologie in die Organisationsforschung einbringen, und die sozialen Beziehungen und Emotionen eine große Bedeutung für Menschen und dementsprechend auch für Unternehmen als soziale Systeme attestieren, haben sich in den letzten Jahrzehnten auch Entwicklungen in der globalen Arbeitswelt abgezeichnet, die soziale Beziehungen und Emotionen in Unternehmen immer wichtiger erscheinen lassen.

2.2.4.1 Das klassische Organisationsparadigma – heute noch haltbar?

Das klassische Leitbild eines Unternehmens im Sinne einer reibungslos funktionierenden Maschine, wie es sich insbesondere aus dem Gedankengut von Fayol und Taylor entwickelt hatte, prägte jahrzehntelang das Management und die Gestaltung von Organisationen (Schulte-Zurhausen 2010, Schreyögg 2008).

Diese klassischen Ansätze stellten allgemeine Richtlinien oder Prinzipien auf, wie effiziente Organisationsstrukturen zu gestalten und dementsprechend die internen Strukturen des Arbeitssystems und der Leistungserbringung zu optimieren sind. Dabei sind einige dieser Richtlinien und Prinzipien auch heute noch in vielen Unternehmen explizit in den Strukturen oder implizit im Verhalten von Führungskräften und Steuerungsinstrumenten zu erkennen. Folgende Gestaltungsmaximen charakterisieren Unternehmensleitbilder nach Fayol und Taylor (Schulte-Zurhausen 2010, Schreyögg 2008):

- Organisatorische Regelungen und Normen bilden das zentrale Instrument, um das Verhalten der Organisationsmitglieder zu steuern.
- Abweichungen von diesen Regelungen stellen Störungen dar und sind deshalb durch Kontrolle zu minimieren.
- Arbeitsbedingungen und -anforderungen werden als stabil angenommen und können deshalb genau geplant und in langfristig gültige Regelwerke gegossen werden.
- Es geht lediglich um die Optimierung der inneren Strukturen; Umwelt- und Außenbezüge werden ausgeblendet.
- Hierarchische Beziehungen stehen im Vordergrund. Das vorherrschende Beziehungsmuster ist Befehl und Gehorsam.
- Die Mitarbeiter willigen per Arbeitsvertrag in die vorgegebene Ordnung ein und haben sich dieser zu fügen. Sie werden als Produktionsfaktor „Mensch“ eingesetzt. Dabei werden individuelle Verhaltensweisen, menschliche Bedürfnisse und Beziehungen ebenso wie Emotionen nicht nur als unbedeutend betrachtet, sondern als störend und sind deshalb zu vermeiden.

Dabei wird schnell klar, dass unter diesem Organisationsparadigma soziale Beziehungen und Emotionen in der Arbeitswelt keine Rolle spielen und vor allem nicht spielen sollten. Allerdings sind diese Leitlinien zur Organisationsgestaltung unter den damals gegebenen Voraussetzungen des Industriezeitalters entstanden und nur unter eben diesen haltbar (Picot et al. 2010):

- Die Lebenszyklen der herzustellenden Produkte sind relativ lang.
- Die Absatzmärkte sind weitgehend stabil.
- Es existiert nur eine begrenzte Anzahl an Wettbewerbern mit bekannten Stärken und Schwächen.
- Es existiert ein Überangebot an qualifizierten und motivierten Mitarbeitern.

All diese Voraussetzungen sind jedoch in der heutigen komplexen Arbeitswelt einer globalen Wissensgesellschaft kaum mehr zutreffend, was im Folgenden mit den aktuellen Entwicklungen in der

Arbeitswelt begründet wird. Darüber hianus ist diespezifische Forderung nach der Vermeidung von Emotionen im Arbeitsalltag auf Basis der Erkenntnisse der modernen Psychologie und Neurowissenschaft als schlichtweg unnatürlich und damit als unmöglich zu erfüllen einzustufen,wie die Ausführungen in Kapitel 2.2.3 zu entnehmen ist (siehe auch Breuer und Frot 2010).

2.2.4.2 Prägende Trends in der heutigen Arbeitswelt

Durch die Megatrends der Globalisierung, des technologischen und gesellschaftlichen Wandels haben Unternehmen mit einem verschärften Wettbewerbsdruck sowohl auf den Absatz- als auch auf den Arbeitsmärkten zu kämpfen (Stock-Homburg 2010). Die Entwicklungen dieser Megatrends beschleunigen sich dabei gegenseitig. Im Folgenden werden die Auswirkungen auf Unternehmen lediglich kurz skizziert, um die Gründe für die zunehmende Bedeutung von sozialen Beziehungen für Unternehmen im komplexen Umfeld der heutigen „Knowledge Era“ (Uhl-Bien et al. 2007) zu verdeutlichen.

a) Globalisierung

Durch die teilweise Auflösung der Grenzen der Güter-, Arbeits- und Informationsmärkte, die im Zuge der Globalisierung stattgefunden hat, hat der Wettbewerbsdruck durch die gestiegene Anzahl von Wettbewerbern und eine höhere Markttransparenz zugenommen. Dadurch erfahren die Faktoren Qualität, Preis, Flexibilität und Zeit auf den Absatzmärkten eine neue Gewichtung. Während sich Unternehmen früher entweder über Qualität oder den Preis definierten, sind diese Parameter heute fast schon eine grundlegende Voraussetzung, um überhaupt am globalen Markt bestehen zu können. Immer häufiger sind Flexibilität und Zeit entscheidungskritische Faktoren für den Abnehmer (Stock-Homburg 2010).

b) Digitalisierung

Technologischer Wandel, der vor allem unter dem Schlagwort der Digitalisierung in Unternehmen allgegenwärtig ist, und der gestiegene Wettbewerbsdruck durch die Globalisierung befruchten einander gegenseitig und führen zu einem wesentlich höheren Innovationsdruck für Unternehmen. Verkürzte Innovationszyklen und eine annähernd vollkommene Markttransparenz durch das Internet im globalen Marktumfeld sowie die Entwicklung disruptiver Geschäftsmodelle führen dazu, dass Unternehmen ihre Prozesse, Produkte und ihr gesamtes Geschäftsmodell ständig weiterentwickeln müssen (Buhse 2014). Tun sie das nicht, verlieren sie im heutigen Umfeld schnell, wesentlich schneller als noch vor 30 Jahren, Marktanteile aufgrund relativ überhöhter Kostenstrukturen und überholten Technologien. Die Zeit, die Unternehmen noch vor einigen Jahren hatten, um auf Innovationen zu reagieren, hat sich im Zuge der Globalisierung und des technologischen Wandels enorm verkürzt (Gerster 2008, Diener 2006, Rump 2005). Das macht die Erneuerungsfähigkeit, Agilität und Innovationsstärke eines Unternehmens zu entscheidenden Wettbewerbsfaktoren, die sich nicht im Rahmen eines klassischen, starren Organisationsparadigmas entwickeln können.

c) Gesellschaftlicher Wandel

Zum gesellschaftlichen Wandel zählen einerseits die demografische Entwicklung, andererseits ein wahrnehmbarer Wertewandel. Das Arbeitsangebot in den Industrienationen geht langfristig zurück. Die demografische Entwicklung verknappt die Ressource junger, qualifizierter Mitarbeiter. Dementsprechend stehen Unternehmen untereinander auch im Wettbewerb um Humanressourcen im internationalen Umfeld.

Einhergehend mit dem Wertewandel und der generell gestiegenen Bedeutung von Werten in der Gesellschaft stehen Unternehmen vor der Herausforderung, sich vom Wettbewerb als Arbeitgeber zu differenzieren, um qualifizierte Mitarbeiter gewinnen und halten zu können (Ester et al. 2006). Während Arbeitgeber es früher sehr leicht hatten, qualifizierte Mitarbeiter zu finden und zu halten, können es sich Arbeitnehmer heute erlauben, anspruchsvoller zu sein. Ehemalige Werte wie Pflichtgefühl, Ein- und Unterordnung sowie Hierarchieakzeptanz (Drumm 2001) wurden von dem Streben nach Individualität, Eigenverantwortung, Selbstbestimmtheit und Flexibilität abgelöst. Arbeit ist nicht mehr nur „Mittel zum Zweck", sondern muss aus Sicht der Arbeitnehmer – aber auch vor dem Hintergrund der gestiegenen Anforderungen an Mitarbeiter und deren Engagement – Spaß machen. Damit es Unternehmen gelingt, Mitarbeiter der Generation Y und Z zu rekrutieren und zu binden, müssen die Unternehmen diese Ansprüche zunehmend erfüllen (Rump 2005, Parment 2009). Deshalb könnenMitarbeiter ihre menschlichen Bedürfnisse und Motive, sprich ihr Bindungsbedürfnis, das Bedürfnis nach Orientierung und Kontrolle, das Bedürfnis nach Selbstwerterhöhung und Selbstwertschutz, das Bedürfnis nach Lustgewinn und Unlustvermeidung (Grawe 2004), zunehmend auch im Arbeitsumfeld einfordern. Es geht den Menschen nicht mehr nur um das unterste Grundbedürfnis der Existenzsicherung – sie wollen als komplexe und gehirngesteuerte Menschen (Peters und Ghadiri 2011) ihren Arbeitsalltag auch sozial und emotional positiv erleben. Die persönliche, insbesondere emotionale Bindung der Mitarbeiter nimmt deshalb im Rahmen dieser Arbeitsmarktbedingungen und der Ansprüche der jüngeren Generationen einen wesentlich höheren Stellenwert ein.

Auch im Personalmanagement erfahren dementsprechend wesentliche Faktoren, wie Gehalt, Work-Life-Balance, Arbeitsgestaltung und soziale Faktoren eine neue Gewichtung. Gehalt rückt dabei in den Hintergrund und nimmt immer deutlicher die Rolle eines Hygienefaktors ein. Entscheidend sind die flexible und selbstbestimmte Arbeitsgestaltung, die persönliche Weiterentwicklung sowie die partnerschaftliche Zusammenarbeit mit Kollegen und Vorgesetzten (Rump 2005, Parment 2009).

2.3 Anforderungen an eine zeitgemäße und menschenorientierte Organisationsgestaltung

Vor allem der zunehmende Innovationsdruck, die veränderten Rahmenbedingungen des Arbeitsmarkts und die Digitalisierung erfordern also flexible und innovationsförderliche Strukturen, die eine selbstbestimmte Arbeitsgestaltung und schnelles Agieren erlauben (Rump 2005, Parment 2009, Buhse 2014). Damit beschäftigt sich die Unternehmenspraxis aktuell ganz intensiv unter dem Schlagwort der ‚Agilen Organisation' (siehe zum Beispiel Scheller 2017). Diese neuen Anforderungen oder zumindest die Verschiebung der Schwerpunkte führen in Unternehmen dazu, dass sich die unternehmensinternen Strukturen von der klassischen, streng hierarchisch und funktional aufgebauten Organisation hin zu komplexen Matrix- und (teilweise virtuellen) Teamstrukturen mit flachen Hierarchien entwickelt haben und auch noch weiter entwickeln werden (Rump 2005, Gerster 2008).

Heutige Organisationsformen und deren Umwelt zeichnen sich durch eine extremhohe Komplexität und ständigen Wandel aus (Lichtenstein et al. 2006, Scheller 2017). Während im Rahmen der klassischen Organisationsformen die Zusammenarbeit über Handbücher und Prozessdefinitionen standardisiert vorgegeben werden konnte, hängt das Funktionieren und der Erfolg von Organisationen heute in erster Linie von der persönlichen Zusammenarbeit, dem Wissensaustausch und von sozialen Beziehungen und Interaktionen der Menschen im Unternehmen ab (Weymes 2003, Uhl-Bien 2006, Lichtenstein et al. 2006). Erfolgsentscheidend ist also nicht mehr die langfristig fixe Ausgestaltung struktureller Rahmenbedingungen, sondern vor allem die flexible, situative Zusammenarbeit im Unternehmen, um auf die Rahmenbedingungen der „VUKA-Welt"reagieren zu können (Scheller 2017).

Erkenntnisse der Sozialpsychologie und Neurowissenschaft weisen daraufhin, dass positive Emotionen im Sinne einer gelassenen, optimistischen und positiven Haltung eine positive, flexible Zusammenarbeit und auch insbesondere die Innovationsfähigkeit erleichtern (Kuhl 2001). Eine solch förderliche Stimmung kann durch Regelungen, Arbeitsplatzgestaltung, Rituale und die Unternehmenskultur, die wiederum entscheidend vom Interaktionsgeschehen geprägt wird, beeinflusst und gestaltet werden.

Zusammenfassend heißt das:Eine effektive Organisationsgestaltung bedeutet heute also nicht mehr nur die langfristig stabile Definition von Strukturen und Prozessen, sondern den Rahmen für eine flexible Zusammenarbeit zu schaffen, in dem stetiger Wandel und Innovation gefördert wird und in dem es für die Mitarbeiter attraktiv ist zu arbeiten. Emotionen und soziale Beziehungen können dies unterstützen.

2.4 Anforderungen an ein zeitgemäßes und menschenorientiertes Führungsverständnis

Die gestiegene Bedeutung von sozialen Beziehungen und Emotionen für Unternehmen und die wissenschaftliche Anerkennung der Bedeutung von sozialen Beziehungen und Emotionen für menschliches Verhalten verändert insbesondere die Anforderungen an Führungskräfte.

Zunächst muss auch in der Unternehmenspraxis in der Breite akzeptiert werden, dass gelingende soziale Beziehungen aufzubauen und zu unterhalten ein menschliches Bedürfnis und einer der größten Motivatoren für das menschliche Verhalten sind. Diese Erkenntnis zieht weitreichende Implikationen für Führungskräfte und das Management von Organisationen nach sich. Führungskräfte müssen demnach erstens versuchen, selbst positive soziale Beziehungen zu ihren Mitarbeitern und auch Kollegen aufzubauen, und zweitens ihren Mitarbeitern ermöglichen, positive Beziehungen im Arbeitsumfeld zu entwickeln. Eine traditionelle Führung über Befehl und Gehorsam sowie der Versuch einer (rein rationalen) Verhaltenssteuerung über ausschließlich monetäre Anreize und prozessuale Vorgaben widersprechen gemäß den eben dargelegten interdisziplinären Erkenntnissen der menschlichen Natur.

Ebenso darf auch die gesundheitliche und physiologische Bedeutung sozialer Beziehungen und positiver Emotionen im Arbeitsumfeld nicht unterschätzt werden (siehe Kapitel 2.2.2.4, Kok et al. 2013). Gerade in der heutigen schnellen und extrem komplexen Arbeitswelt, in der Burnout ein inzwischen weit verbreitetes Phänomen ist, sind positive soziale Beziehungen und positive Emotionen zwei der effektivsten Präventionsmittel, indem sie die Stressresistenz, das Wohlbefinden und die körperliche Fitness erhöhen (Schermuly & Meyer 2016, Heaphy und Dutton 2008, Norris und Cacioppo 2007, Uvnäs-Moberg und Petersson 2005, Baumeister und Leary 1995, Kok et al. 2013). So können Krankheitskosten und Fluktuation wirkungsvoll verringert werden.

Darüber hinaus gilt es, in der Organisationsforschung ebenso wie in der Unternehmenspraxis, den kollektiven, also sozialen,emotionalen Phänomenen, die durch Resonanz und emotionale Ansteckung entstehen können, vermehrt Beachtung zu schenken (Cozolino 2006, Boyatzis et al. 2012, Hatfield et al. 1994). Der Vorbildfunktion von Führungskräften kommt damit eine gänzlich neue Bedeutung zu. Einerseits sind Führungskräfte für die Wirkung ihrer eigenen Emotionen in der Organisation verantwortlich und sollten diese gewinnbringend nutzen; andererseits kann das Tolerieren von Minderleistern und chronischen Nörglern hingegen durch die mögliche Resonanz und „Ansteckung“ (Hatfield et al. 1994) anderer eine fatale Wirkung auf die kollektive Leistungsfähigkeit und Motivation in Unternehmen entfalten (Goleman et al. 2002).

In der traditionellen Sichtweise bedeutet Führung, (rational) Einfluss auf das Verhalten von individuellen Mitarbeitern zu nehmen (siehe zum Beispiel Northouse 2004, Neuberger 1994), zum Beispiel durch entsprechende Anreize, Prozesse und Regeln, sodass die Mitarbeiter die größtmögliche Leistung bringen.

Zeitgemäße Führung bedeutet aber aufgrund der veränderten Rahmenbedingungen darüber hinaus, die sozialen Beziehungen und die emotionalen Aspekte in ihrem Wirkungskreis so zu beeinflussen (Weymes 2003), sodass

1. ein flexibles und situatives Agieren der Mitarbeiter im Zusammenspiel mit ihren Kollegen ermöglicht wird.
2. nicht nur die Leistungsfähigkeit individueller Mitarbeiter gefördert wird, sondern auch deren Zusammenspiel kontinuierlich verbessert wird.
3. Innovationen und Kreativität gefördert werden.
4. dem Wesen des Menschen als soziales emotional-rationales Individuum Rechnung getragen wird und dadurch die positiven Auswirkungen von gelingenden sozialen Beziehungen und positiven Affekten am Arbeitsplatz genutzt werden können.

Dazu bedarf es eines neuen Bewusstseins für diese „weichen“ Faktoren gepaart mit einer hohen emotionalen und sozialen Kompetenz und Intelligenz sowie dem Willen der Führungskraft, diese im Sinne des Unternehmens zu nutzen, aber auch einer Unternehmenskultur in Unternehmen, die ein solches Führungsverhalten fördert. Auch dazu soll diese Studie beitragen, indem die (gemeinsame) Bedeutung von sozialen Beziehungen und Emotionen für die individuelle und kollektive Leistungsfähigkeit sowohl theoretisch interdisziplinär als auch empirisch im Kontext von Vertriebseinheiten herausgearbeitet wird.

3 Soziale Beziehungen in Organisationen

3.1 Die soziale Austauschtheorie als Rahmenkonzept zur Analyse von sozialen Beziehungen in Organisationen

Aufgrund der schon immer vorhandenen, aber immer mehr akzeptierten „natürlichen" Bedeutung von sozialen Beziehungen für Mensch und Gesellschaft und der gestiegenen Bedeutung für Unternehmen rücken soziale Beziehungen in den letzten Jahren verstärkt in den Fokus der Organisationsforschung und insbesondere der Organizational Behavior Forschung. Dabei stellt die soziale Austauschtheorie das wohl einflussreichte theoretische Rahmenkonzept dar (Cropanzano und Mitchell 2005, Cook et al. 2013).

3.1.1 Hintergründe und Vertreter

Die soziale Austauschtheorie (= social exchange theory, SET) stellt eines der grundlegendsten Paradigmen in der Erforschung sozialen Verhaltens und sozialer Strukturen dar (Cropanzano und Mitchell 2005, Cook et al. 2013). Dabei lässt sich eigentlich nicht von einer Theorie im engeren Sinne sprechen, mit der Phänomene erklärt und Verhalten prognostiziert werden kann. Vielmehr handelt es sich bei der Sozialen Austauschtheorie um ein theoretisches Rahmenkonzept mit einer spezifischen – austauschtheoretischen – Perspektive, in dessen Rahmen zahlreiche verschiedene theoretische Facetten interdisziplinär entwickelt wurden (Cropanzano und Mitchell 2005). So flossen in die SET seit ihren Ursprüngen in den 1920er Jahren Ideen der Anthropologie (e.g. Malinowski 1951, Firth Raymond 1967), der Sozialpsychologie mit den bekanntesten Vertretern Homans (1958, 1961) und Thibaut und Kelley (1959) und der Soziologie wie beispielsweise durch Peter Blau (1964) oder Mauss (1954) ein (Cropanzano und Mitchell 2005).

Als die prägendsten Autoren sind dabei Homans, Thibaut, Kelley und Blau mit den jeweiligen Hauptwerken anzusehen:

- Homans: "Social Behavior as Exchange" (1958) und "Social Behavior: Its Elementary Forms" (1961)
- Thibaut und Kelley: "The Social Psychology of Groups" (1959)
- Blau: "Exchange and Power" (1964)

Die Autoren setzten mit diesen zentralen Werken durchaus unterschiedliche Schwerpunkte und trafen auch divergierende Aussagen, jedoch stimmen sie im Sinne der Austauschorientierung überein und schufen damit die Grundlage für die Verankerung einer Austauschperspektive in den Sozialwissenschaften und eine stetige Weiterentwicklung dieses Forschungsfelds (Emerson 1976). Da nicht das komplette Spektrum des umfassenden theoretischen Gerüsts der sozialen Austauschtheorie dargestellt werden kann, werden im Folgenden nur die für die hier vorliegende Problemstellung relevanten Aspekte erläutert.

3.1.2 Definition Austausch und Beziehung

Trotz der verschiedenen Beiträge zur sozialen Austauschtheorie besteht weitgehend Einigkeit über die Definition sozialen Austauschs. Sozialer Austausch besteht demnach aus mehreren aufeinander folgenden Interaktionen zweier oder mehrerer Personen, die Verpflichtungen begründen (Emerson 1976, Cropanzano und Mitchell 2005). Interaktion zweier oder mehrerer Personen bedeutet, dass diese sich in Gegenwart des anderen verhalten, füreinander Leistungen erstellen oder sie miteinander kommunizieren (Thibaut und Kelley 1959). Thibaut und Kelley (1959) definieren eine Interaktionsepisode sobald zumindest die Möglichkeit besteht, dass die Handlungen der Personen die (Handlungen der) anderen Person beeinflussen. Das heißt, Interaktion ist in der Regel im Sinne der sozialen Austauschtheorie als interdependent und abhängig von den Handlungen des Interaktionspartners definiert (Blau 1964, Cropanzano und Mitchell 2005).

Diese Definition des sozialen Austauschs ähnelt sehr der in Kapitel 2 (S. 22) getroffenen Definition der sozialen Beziehung, die ebenfalls als Interaktionskette zwischen zwei oder mehreren Personen definiert ist. Trotzdem finden sich in der Literatur auch Sichtweisen, die beides mehr oder weniger klar unterscheiden. Meistens wird angenommen, dass sozialer Austausch zu einer Beziehung führt. Andererseits lässt sich auch feststellen, dass die Beziehung zwischen zwei Interaktionspartnern wiederum die Art des Austauschs beeinflusst (Thibaut und Kelley 1959, Blau 1964). In jedem Fall sind Beziehung und sozialer Austausch untrennbar miteinander verbunden. Jede Beziehung besteht aus Interaktionen, die wiederum als sozialer Austausch definiert sind (Thibaut und Kelley 1959).

Im Folgenden werden Beziehungen als Interaktionskette und somit als sozialer Austausch betrachtet.

3.1.3 Grundlagen der sozialen Austauschtheorie: Die soziale Austauschtheorie zur Erklärung von sozialem Verhalten

3.1.3.1 Annahmen

Die soziale Austauschtheorie umschreibt einen konzeptionellen Rahmen, in dem zwischenmenschliches Verhalten als Austausch von tangiblen oder intangiblen Aktivitäten zwischen mindestens zwei Personen, die für diese jeweils mehr oder weniger aufwendig oder lohnenswert sind, betrachtet wird

(Homans 1961). Jede Handlung verursacht Kosten im Sinne von Aufwand, den der Betreffende leisten muss, und einen Nutzen im Sinne von einem Ertrag oder einem Output, den der Betreffende aus einer Handlung beziehungsweise Interaktion ziehen kann. Sozialer Austausch wird also in Form von positiven Faktoren (Belohnungen oder Nutzen) und negativen Faktoren (Bestrafungen oder Kosten) betrachtet (Thibaut und Kelley 1959). Aus der Differenz von Kosten und Nutzen ergibt sich ein Gewinn oder Netto-Nutzen einer Handlung, den jeder Mensch auf Basis seiner Erwartungen zu maximieren versucht.

3.1.3.2 Zugrundeliegendes Menschenbild

Der Austauschtheorie liegt dabei sowohl in der utilitaristischen Version von Blau (Blau 1964) als auch in der behavioristisch fundierten Variante von Homans (Homans 1961) ein Menschenbild eines subjektiv rational Handelnden zugrunde (Cropanzano und Mitchell 2005, Lawler 2001). Das heißt, es wird davon ausgegangen, dass jeder Mensch, der mit beschränkten Ressourcen ausgestattet ist, durch sein Handeln eine Maximierung seines persönlichen Nutzens anstrebt.

Dabei geht Homans durch seine behavioristische Fundierung davon aus, dass der erwartete Nutzen auf Basis von Erfahrungen in der Vergangenheit eingeschätzt wird. Blau (1964) hingegen geht von einem vorausschauenden Akteur aus, der den Nutzen in der Zukunft losgelöst von Vergangenheitswerten antizipiert. Für das Ziel der SET, menschliches Verhalten zu erklären, ist es dabei irrelevant, ob sich die Akteure auch objektiv rational verhalten (Homans 1961). Situative Nutzenmaximierung bedeutet deshalb nicht die ständige rationale Abwägung aller Handlungsalternativen mit dem Ziel der persönlichen (finanziellen) Gewinnmaximierung. Vielmehr geht es darum, welches Verhalten in der spezifischen Situation für einen individuellen Akteur den größten Nutzen verheißt (Homans 1961). Das heißt, auch altruistisches oder im Extremfall masochistisches Verhalten kann subjektiv rational sein. Dies steht in Einklang mit dem im zweiten Kapitel skizzierten Menschenbild, das, neurowissenschaftlich fundiert, einen starken Einfluss von Emotionen auf das Verhalten proklamiert (Peters und Ghadiri 2011, Breuer und Frot 2010). Antizipierte affektive positive oder negative Konsequenzen können dementsprechend als subjektive Kosten oder subjektiver Nutzen betrachtet werden.

3.1.3.3 Homans‘ Thesen zur Erklärung zwischenmenschlichen Verhaltens

In der behavioristischen Form von Homans wird versucht, soziales Verhalten von Individuen mit bestärkendem oder hemmendem Verhalten des jeweiligen Gegenübers zu erklären: Verhalten, das belohnt wird, wird weiterhin an den Tag gelegt (sofern keine Sättigung eintritt) (Homans 1961, Cook et al. 2013). Ausgehend von dieser Grundannahme formuliert Homans (1961) die folgenden

Thesen, mit denen gemäß seiner Theorie jedes zwischenmenschliche Verhalten erklärt werden kann:

1. *"If in the past the occurence of a particular stimulus-situation has been the occasion on which a man's activity has been rewarded, then the more similar the present stimulus-situation is to the past one, the more likely he is to emit the activity, or some similar activity, now."* (S. 53)

   Diese erste These besagt also vereinfacht formuliert: Verhalten, welches in der Vergangenheit in einer bestimmten Situation belohnt wurde, wird auch zukünftig in ähnlichen Situationen an den Tag gelegt. Dies kann als kongruent zu der Hypothese der somatischen Marker von Damasio interpretiert werden (siehe Kapitel 2.2.3).

2. *"The more often within a given period of time a man's activity rewards the activity of another, the more often the other will emit the activity."* (S.54)

   Das heißt, je öfter ein bestimmtes Verhalten belohnt wurde, umso öfter wird dieses Verhalten an den Tag gelegt.

3. *"The more valuable to a man a unit of the activity another gives him, the more often he will emit activity rewarded by the activity of the other."* (S.55)

   Ein Mensch führt also eine Aktivität umso wahrscheinlicher aus, je größer die Belohnung ausfällt, die er von dieser Aktivität von seinem Interaktionspartner erwartet. Auch dies steht im Einklang mit Damasios Hypothesen (Damasio 2014).

4. *"The more often a man has in the recent past received a rewarding activity from another, the less valuable any further unit of that activity becomes to him."* (S.55)

   Homans erwartet eine Sättigung beim Erhalt von Belohnung: Je öfter ein Akteur eine bestimmte Belohnung bereits erhalten hat, umso weniger wertvoll ist eine weitere Einheit dieser Belohnung.

5. *"The more to a man's disadvantage the rule of distributive justice fails of realization, the more likely he is to display the emotional behavior we call anger."* (S.75)

   Vereinfacht formuliert bedeutet diese Annahme, dass Menschen ärgerlich werden, wenn Sie nicht die erwartete, beziehungsweise ihrer Meinung nach gerechte Belohnung für ein bestimmtes Verhalten bekommen.Für die Beziehung könnte das folgendermaßen interpretiert werden: Aggressives Verhalten eines Partners wird als Bestrafung für den anderen Partner empfunden, was dem frustrierten Interaktionspartner Genugtuung und somit auch eine Form eines Nutzens verschafft.

Auf Basis dieser Überlegungen und „Gesetzmäßigkeiten" lässt sich laut Homans das Verhalten von Menschen in zwischenmenschlichen Beziehungen, die sich eben durch interdependentes Verhalten (Interaktionen) mindestens zweier Personen ergeben, erklären.

3.1.3.4 Blaus Differenzierung nach ökonomischem und sozialem Austausch

In der utilitaristischen Form der SET von Blau wird menschliches Verhalten mit dem antizipierten Nutzen einer Handlung erklärt und sozialer Austausch dementsprechend auch definiert:

„Social exchange refers to voluntary actions of individuals that are motivated by the returns they are expected to bring and typically do in fact bring from others." (Blau 1964, S. 91)

Während Homans' Fokus auf dem individuellen Verhalten von Menschen liegt, betrachtet Blau (1964) sozialen Austausch insbesondere als die Grundlage für zwischenmenschliche Beziehungen (Cropanzano und Mitchell 2005).

Sein wohl bekanntester Beitrag zur Austauschtheorie ist wahrscheinlich seine Differenzierung nach sozialem und ökonomischem Austausch (Blau 1964). Während in rein ökonomischen Austauschbeziehungen die einzelnen (Gegen-)Leistungen klar im Vorhinein definiert sind und sich die Interaktionspartner explizit zu einer bestimmten Leistung verpflichten, ist es bei sozialem Austausch wahrscheinlicher, dass die gegenseitigen Verpflichtungen nicht näher spezifiziert sind. Blau argumentiert, dass sozialer Austausch bedeutet, dass eine Person einer anderen einen Gefallen tut, aber, obwohl eine zukünftige Gegenleistung zwar grundsätzlich erwartet wird, die genaue Form der Gegenleistung zumindest anfänglich nicht genauer definiert ist (Blau 1964).

Sozialer Austausch führt nach Blau (1964) dem anderen gegenüber also zu Gefühlen wie persönlicher Verpflichtung, Dankbarkeit und Erkenntlichkeit sowie Vertrauen. Bei einer rein ökonomischen Austauschbeziehung hingegen ist dies nicht der Fall.

Die Qualität von Beziehungen kann also danach beurteilt werden, ob es sich um eine ökonomische oder eine soziale Austauschbeziehung handelt. Selbstverständlich ist diese Unterscheidung eher als ein Kontinuum denn als eine strikte Klassifikation von Beziehungen anzusehen.

3.1.3.5 Ressourcentheorie von Foa und Foa (1980)

Auf Basis der Ressourcentheorie von Foa und Foa (1980) lassen sich soziale und ökonomische Austauschbeziehungen auch dahingehend unterscheiden, welche Ressourcen ausgetauscht werden. Während die klassischen austauschtheoretischen Ansätze sich eher der Beschreibung von Austauschprozessen und den zugrundeliegenden Regeln zur Generierung eines Gleichgewichts beziehungsweise zur Aufrechterhaltung einer Beziehung beschäftigen, legen Foa und Foa (1980) den Schwerpunkt auf das „was" des Austauschs, also die Ressourcen, die ausgetauscht werden. Sie unterscheiden sechs Klassen von Ressourcen (Foa und Foa 1980, S. 79):

- Liebe: *„an expression of affectionate regard, warmth, or comfort"*
- Status: *„an expression of evaluative judgement which conveys high or low prestige, regard, or esteem"*
- Information: *"includes advice, opinions, instruction, or enlightment, but excludes those behaviors which could be classed as love or status"*
- Geld: *"any coin, currency, or token which has some standard unit of exchange value"*
- Güter: *"tangible products, objects, or materials"*
- Dienstleistungen: *"activities on the body or belongings of a person which often constitutes labor for another"*

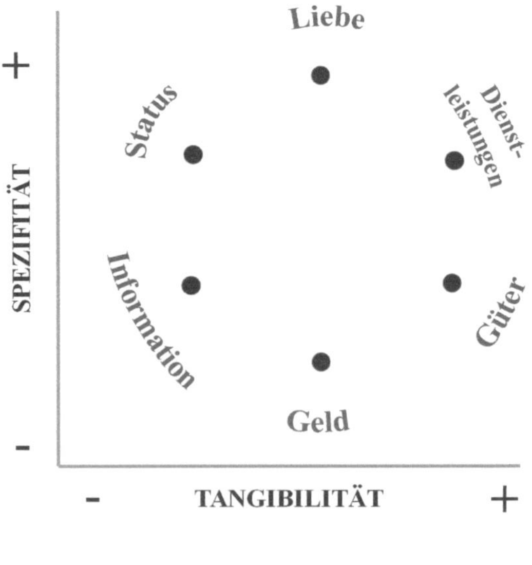

Abbildung 2: Sechs Ressourcenklassen nach Foa und Foa (1980)

Diese Ressourcenklassen werden von Foa und Foa (1980) hinsichtlich zweier Eigenschaften unterschieden: „concreteness vs. symbolism“ (Tangibilität) und „particularism vs. universalism“ (Spezifität). Ersteres unterscheidet zwischenmenschliches Verhalten danach, ob es konkret beobachtbar oder greifbar ist, wie beispielsweise die Erfüllung einer bestimmten Aufgabe für jemand anderen oder die Übergabe einer bestimmten Sache, oder eher symbolischer Natur ist, wie zum Beispiel Sprache oder sogar körpersprachliche Signale wie Gesten oder Gesichtsausdrücke. „Spezifität“ hingegen unterscheidet zwischenmenschliches Verhalten danach, ob dessen Wert von der Person, die dieses an den Tag legt, abhängt (particularism) oder nicht (universalism). Abbildung 2 zeigt die Differenzierung der sechs Ressourcenklassen. Beim Austausch von Gütern und Dienstleistungen werden üblicherweise tangible Verhaltensweisen ausgeführt oder Produkte übergeben, weshalb diese als konkrete Ressourcen zu bezeichnen sind. Status und Information hingegen sind eher intangible Ressourcen, die verbal oder paralinguistisch ausgedrückt werden, weshalb sie eher als symbolisch bezeichnet werden (Foa und Foa 1980).

Neben der reinen Analyse, welche Güter ausgetauscht werden, kann die Ressourcentheorie aber auch auf Beziehungen übertragen werden. Entsprechend Blaus Terminologie werden in ökonomischen Austauschbeziehungen eher konkrete und universelle Güter ausgetauscht, die sich zur Befriedigung materieller Bedürfnisse eignen. In echten sozialen Austauschbeziehungen hingegen werden auch sozioemotionale Güter, wie Anerkennung oder soziale Unterstützung, ausgetauscht, die mehr symbolischen und spezifischen Charakter haben. Dadurch werden auch soziale Bedürfnisse wie Wertschätzung und Bindung befriedigt (Cropanzano und Mitchell 2005, Blau 1964).

3.1.3.6 Reziprozitätsnorm

Grundlage für das (längerfristige) Funktionieren solcher sozialen Austauschbeziehungen, in denen die Gegenleistungen nicht genau spezifiziert sind und es sich außerdem um den Austausch intangibler Ressourcen handeln kann, ist die Einhaltung der Reziprozitätsnorm. Diese besagt, dass ein Geber eine angemessene Gegenleistung erwartet und andererseits der Nehmer sich zu einer adäquaten Gegenleistung verpflichtet (fühlt) – auch wenn (in sozialen Austauschbeziehungen) deren genaue Art und Weise nicht definiert ist (Gouldner 1960, Cropanzano und Mitchell 2005). Normativ formuliert bedeutet das für Menschen in sozialen Austauschbeziehungen also: Wenn man eine bestimmte Leistung von anderen erhält, sollte man sich in angemessener Form dafür erkenntlich zeigen, indem man etwas zurückgibt.

Wird diese Reziprozitätsnorm verletzt, wird die Qualität der Austauschbeziehung darunter leiden und der soziale Austausch weicht einem rein ökonomischen Austausch.

Im Extremfall führt eine langfristige Verletzung der Reziprozitätsnorm zu einem Beziehungsabbruch, da ein Interaktionspartner mehr „Kosten“ in die Beziehung investiert als diese ihm an „Nutzen“ beziehungsweise „Belohnung“ bringt:*„Interaction is continued only if the experienced consequences are found to meet the standards of acceptability that both individuals develop by virtue of their experience with other relationships.“* (Thibaut und Kelley 1959, S. 10)

Reziprozität kann demnach auch als Indikator für die Qualität einer Beziehung betrachtet werden. Nur eine Beziehung, in der beide Partner jeweils ähnlichen Aufwand einbringen und einen ähnlichen Nutzen erhalten, ist eine langfristig qualitativ hochwertige und stabile Beziehung (Thibaut und Kelley 1959).

3.1.3.7 Gerechtigkeit und Fairness

Eng verknüpft mit der Reziprozitätsnorm sowie der fünften These Homans' ist das Prinzip der Gerechtigkeit oder Fairness, das ebenfalls für den Aufbau beziehungsweise die Aufrechterhaltung sozialer Austauschbeziehungen notwendige Voraussetzung ist. Dabei zeigt Homans zwei Möglichkeiten der Verletzung dieses Prinzips auf (Homans 1961).

Einerseits wird eine Verletzung des Gerechtigkeitsprinzips wahrgenommen, wenn ein Interaktionspartner in Vorleistung gegangen ist und nicht die auf Basis seiner bisherigen Erfahrungen erwartete Gegenleistung erhält – oder, anders formuliert, nicht die Gegenleistung erhält, die er glaubt zu verdienen (*„distributive justice“*, Homans 1961, S. 74). In sozialen Beziehungen muss dabei nicht nur jeder Akteur isoliert betrachtet werden, sondern insbesondere das Verhältnis zwischen beiden Interaktionspartnern. Denn zwar bleibt die Frage bestehen, ob man selbst die Belohnung erhalten hat, die man erwarten durfte. Allerdings muss diese Fragestellung unter Berücksichtigung seiner eigenen Kosten ergänzt werden um: Hat mein Gegenüber von mir seinem Aufwand entsprechend auch nur so viel erhalten, was er erwarten durfte? Homans bezeichnet diese Erwartung als Verteilungsgerechtigkeit, die er wie folgt beschreibt:

> *„A man in an exchange relation with another will expect that the rewards of each man be proportional to his costs – the greater the rewards, the greater the costs – and that the net rewards or profits of each man be proportional to his investments – the greater the investments, the greater the profit. This means that unless the investments of the two men are greatly different, each man will further expect the following condition to hold good: the more valuable to the other (and costly to himself) an activity he gives the other, the more valuable to him (and costly for the other) an activity the other gives him. Finally, when each man is being rewarded by some third party, he will expect the third party to maintain this relation between the two of them in the distribution of rewards.“* (Homans 1961, S. 75f)

Andererseits können auch Kontextfaktoren das Empfinden einer Verletzung der Gerechtigkeitsnorm verursachen, wenn beispielsweise andere Personen, die die gleiche Leistung erbracht haben, eine entsprechende Belohnung erhalten und man selbst nicht *(„relative deprivation"*, Homans 1961, S. 74).

Gemäß Homans' fünfter These führt ein Ungerechtigkeitsempfinden, das in erstem Fall eine Verletzung der Reziprozität darstellt, zu einer emotionalen, ärgerlichen Reaktion des Betreffenden (Homans 1961).

Diese negative emotionale Reaktion kann entweder als Ergebnis oder als Teil der Austauschbeziehung (Lawler und Thye 1999 und 2006), und dann quasi als eine Form der Bestrafung, betrachtet werden, um wieder ein Gleichgewicht herzustellen.

Bei einer Verletzung der Reziprozitätsnorm zu seinen Gunsten müsste sich der Begünstigte hingegenschuldig fühlen (Homans 1961). Deshalb könnte er sich auch verpflichtet fühlen, noch etwas zurückzugeben, was sich in emotional positivem Verhalten wie Freude oder Dankbarkeit ausdrücken kann. Dementsprechend ist Verteilungsgerechtigkeit auch als positives Ergebnis eines Austausches, das heißt als Belohnung, anzusehen (Homans 1961). Anders interpretiert: Das Maß an Gerechtigkeit innerhalb einer Austauschbeziehung spiegelt also ebenfalls die Qualität einer Beziehung und die Zufriedenheit der Akteure mit der Beziehung wider.

3.2 Arten von Sozialen Beziehungen in Unternehmen

Soziale Faktoren und deren Auswirkung auf die menschliche Arbeitsleistung sind bereits seit den in den 1920er Jahren durchgeführten, sehr umstrittenen Hawthorne Experimenten für die Organizational Behavior Forschung von großem Interesse. Die in der Western Electric Company in Hawthorne, Chicago, durchgeführte Studie war ursprünglich aufgesetzt worden, um zu messen, welchen Einfluss externe Rahmenbedingungen auf die Arbeitsleistung von Arbeitern haben. Tatsächlich hatten die veränderten Rahmenbedingungen aber keinerlei Einfluss auf die Arbeitsleistung. Vielmehr konnte eine stetige Leistungssteigerung in den beobachteten Gruppen festgestellt werden, unabhängig von einer Veränderung der Rahmenbedingungen. Die Leistungssteigerung wurde auf die erhöhte Aufmerksamkeit, die den Arbeitern zuteilwurde, und damit auf verbesserte soziale Faktoren zurückgeführt (Stillman 2010).Trotz methodischer Mängel und schwacher empirischer Belege sowie daraus resultierender anhaltender Kritik (siehe zum Beispiel Carey 1967) hatten die Hawthorne Studien enormen und auch sehr langanhaltenden Einfluss auf die Organisationsforschung. Soziale Faktoren rückten im Zuge der Human-Relations-Bewegung zunehmend in das Interesse der Organizational Behavior Forschung.

Allerdings wurden in diesen Studien keine spezifischen Beziehungen und deren Wechselwirkungen berücksichtigt, sondern lediglich die Gesamtheit der sozialen Faktoren. Dementsprechend konnten daraus auch keine Rückschlüsse gezogen werden, wie das Betriebsklima leistungsförderlicher zu gestalten ist, da nicht geklärt wurde, welche sozialen Faktoren, sprich welche sozialen Beziehungen, am meisten Einfluss auf die Leistungsfähigkeit beziehungsgweise die Wahrnehmung der Gesamtheit der sozialen Beziehungen nehmen. Dies gelingt nur, indem die Qualität spezifischer Beziehungen und deren Einfluss auf die Leistungsfähigkeit von Mitarbeitern, Teams und Organisationen untersucht werden. Um dies systematisch untersuchen zu können, muss aber zunächst definiert werden, welche Arten von Beziehungen in Organisationen überhaupt existieren und wie diese voneinander abzugrenzen sind.

In der Literatur existiert keine klare begriffliche Abgrenzung verschiedener intraorganisationaler Beziehungsarten mit Blick auf Interaktionspartner und Ebenen.

Wenn überhaupt eine begriffliche Abgrenzung verschiedener Arten von Beziehungen vorgenommen wird, wird in der Literatur vereinzelt zwischen lokalen und globalen Austauschbeziehungen unterschieden. Lokale Beziehungen werden dabei durch direkte persönliche Kontakte begründet, während globale Beziehungen keinen direkten persönlichen Kontakt bezeichnen, wie zum Beispiel die Beziehung eines Mitarbeiters zur Organisation oder zum Top-Management (Brandes et al. 2004). Darüber hinaus werden Beziehungen in der Arbeitswelt üblicherweise auch danach unterschieden, ob sie Hierarchieebenen-übergreifend (hierarchisch oder vertikal) oder zwischen Kollegen auf gleicher Hierarchieebene (lateral) stattfinden (Kaplan 1984, Tse und Ashkanasy 2008). Bei all diesen Klassifizierungen wird aber nicht (oder nur implizit) berücksichtigt, ob es sich um einzelne Personen oder Institutionen und Gruppen handelt.

Aus der vorangehenden Definition von sozialen Beziehungen wird eine Systematik zur Differenzierung verschiedener Arten von sozialen Beziehungen in der Arbeitswelt anhand der interagierenden Akteure vorgenommen.

Es können

- Beziehungen zwischen Individuen, also Eins-zu-Eins-Beziehungen
- Beziehungen zwischen Individuen und Gruppen bestehend aus n Mitgliedern beziehungsweise sozialen Systemen, also Eins-zu-n-Beziehungen
- Beziehungen zwischen Gruppen beziehungsweise sozialen Systemen, also n-zu-n-Beziehungen

unterschieden werden. Mit Blick auf die Forschungsfragen können diese Beziehungen wiederum danach differenziert werden, ob sie innerhalb einer Einheit oder eines Teams oder übergreifend angelegt sind, was der Unterscheidung nach lokalen und globalen Beziehungen entspricht (Brandes et al. 2004). Die Begriffe Einheit, Team und (Arbeits-)Gruppe werden im Folgenden synonym verwandt im Sinne eines Zusammenschlusses mehrerer Personen zur Erreichung gemeinsamer Ziele. Die Führungskraft einer Einheit ist Teil der Einheit.Außerdem wird die in der Literatur übliche Differenzierung nach lateralen und hierarchischen Beziehungen (in der Abbildung mit H und L gekennzeichnet) übernommen.

Die Matrix in Abbildung 3 stellt eine mögliche Systematik zur Abgrenzung und Erfassung aller Arten von Beziehungen in Unternehmen dar.

	1 : 1	1 : n	n : n
INTRA - GRUPPE	**H** dyadische, direkte Führungsbeziehungen	**H** Beziehung zwischen Führungskraft und der geführten Gruppe/Einheit	**H** Bei geteilter Führungsverantwortung: Beziehung zwischen Führungsteam und Mitgliedern
	L dyadische Beziehungen zwischen direkten Kollegen	**L** Beziehungen zwischen Gruppenmitgliedern und ihrer Gruppe/Einheit	**L** Beziehung zwischen Subgruppen innerhalb einer Gruppe/Einheit
ÜBERGREIFEND	**H** dyadische Beziehungen entlang der Führungshierarchie über mindestens zwei Führungsebenen hinweg	**H** Beziehungen zwischen Individuen und Einheiten über mind. zwei Führungsebenen hinweg	**H** Beziehungen zwischen Einheiten/ Gruppen auf unterschiedlichen Ebenen
	H/L einheiten- und ebenenübergreifende, dyadische Beziehungen	**H/L** einheiten- und ebenenübergreifende Bezieh -ungen zwischen Individuum und Gruppe	**H/L** einheiten- und ebenenübergreifende Beziehungen zwischen Gruppen
	L dyadische Beziehungen zwischen Kollegen aus unterschiedlichen Einheiten auf gleicher Ebene	**L** einheitenübergreifende Beziehungen zwischen Individuum und Einheit auf gleicher Ebene	**L** Beziehungen zwischen Einheiten auf gleicher Ebene

H = hierarchisch; L = lateral

Abbildung 3: Systematik intraorganisationale Beziehungen

In der neueren Organisationsforschung wird der Einfluss spezifischer Beziehungen auf den individuellen, Team- oder Unternehmenserfolg untersucht. Dabei sind die dyadischen, direkten Führungsbeziehungen, die im Rahmen der „Leader-Member-Exchange-Forschung" (LMX-Forschung) untersucht wurden, die mit Abstand am intensivsten bearbeitete Art von intraorganisationalen Beziehungen. Eine weitere relativ gut erforschte Beziehungsart und deren Ergebniswirksamkeit ist die zwischen Individuen und der Organisation, die den einheiten- und ebenen-übergreifenden Beziehungen zwischen Individuum und Gruppe zuzuordnen ist. Das hier in der Literatur vorherrschende Konstrukt zur Untersuchung dieser Beziehung ist der Perceived Organizational Support (POS), also die individuell wahrgenommene Unterstützung, die ein Mitarbeiter von der Organisation als Ganzes erfährt (Settoon et al. 1996). Die etwas jüngere Forschung beschäftigt sich inzwischen auch mit den lateralen Beziehungen. Diese wurden auf Intra-Gruppenebene im Rahmen der Coworker-Exchange-(CWX-)Forschung im Sinne von dyadischen Beziehungen zwischen direkten Kollegen (Sherony und Green 2002) und der Team-Member-Exchange-Forschung (TMX-Forschung) im Sinne von Beziehungen zwischen Individuum und dessen Einheit als Team untersucht (Seers 1989). Übergreifende dyadische Beziehungen und deren Einfluss auf Erfolg, werden in jüngeren Forschungsbeiträgen im Rahmen der sozialen Netzwerk-Theorie untersucht, die aber auch Intra-Gruppennetzwerke betrachtet (Stevenson 1990, Cole et al. 2002). Den Intra-Gruppenbeziehungen auf Gruppenebene, also zwischen Subgruppen eines Teams, wird in der Forschung bislang sehr wenig Beachtung geschenkt, ebenso wenig wie den übergreifenden Beziehungen auf Gruppenebene. Lediglich vereinzelte Beiträge zu InterGruppenbeziehungen sind in der Literatur zu finden (siehe zum Beispiel Cremer und van Knippenberg 2002, Alderfer und Smith 1982). Interessanterweise existieren keine Forschungsbeiträge, die explizit die Beziehung von Führungskräften zu ihrer jeweiligen Einheit als Team betrachten. Dies liegt daran, dass diese Art von Beziehung üblicherweise durch eine Aggregation der LMX-Beziehungen auf Teamebene abgebildet wird. Die einzige der Autorin bekannte Ausnahme stellt eine Dissertation von Hu (2012) dar, die das Konstrukt des Leader-Team Exchange als Pendant des LMX auf Teamebene (1-zu-n) einführt.

Da die Forschungsfragen auf den Zusammenhang von sozialen Faktoren innerhalb von Einheiten mit deren Teamergebnissen zielen, werden im Rahmen dieser Studie ausschließlich Intra-Gruppenbeziehungen und deren Einfluss auf die Leistungsfähigkeit von dezentralen Vertriebseinheiten untersucht. Deshalb werden übergreifende Beziehungen im Folgenden nicht betrachtet. Sie stellen allerdings bezüglich ihrer Bedeutung für den Erfolg von Unternehmen, Einheiten und Führungskräften ein sehr spannendes und bislang kaum untersuchtes Forschungsfeld dar, das insbesondere vor dem Hintergrund der komplexen Strukturen und Agilitätsansprüche in Unternehmen heute an Relevanz für die Unternehmenspraxis weiter zunehmen wird.

3.3 Literaturrewiew: Auswirkungen von Intra-Gruppenbeziehungen auf die Leistungsfähigkeit von Individuen und Gruppen

Gemäß der Klassifizierung der Arten von Beziehungen wird im Folgenden der Forschungsstand zu den Auswirkungen von einerseits hierarchischen (3.3.1) und andererseits lateralen (3.3.2) Intra-

Gruppenbeziehungen auf individuelle und kollektive Ergebnisse dargestellt. Im ersten Schritt werden dazu jeweils theoretische Hintergründe und die betrachteten Konstrukte erläutert, bevor die theoretischen und empirischen Auswirkungen der Beziehungsqualität auf Individual- und Gruppenebene vorgestellt werden.

3.3.1 Hierarchische Beziehungen

Aufgrund des lange vorherrschenden, klassisch hierarchisch geprägten Organisationsparadigmas verknüpft mit dem ewig großen Forschungsinteresse am Thema Leadership sind hierarchische Beziehungen die am meisten untersuchten Beziehungen in Unternehmen. Dabei wurde insbesondere den dyadischen Führungsbeziehungen die meiste Aufmerksamkeit geschenkt, die durch die LMX-Theorie, die sich aus der Vertical Dyad Linkage-Theorie entwickelt hat, in den Fokus der Organisationswissenschaft geraten sind (Neuberger 1990, Settoon et al. 1996). Aufgrund dieser Forschungshistorie werden im Folgenden die theoretischen Grundlagen der LMX-Theorie relativ ausführlich erläutert.

3.3.1.1 Theoretische Grundlagen

a) Vertical Dyad Linkage

Die Grundlagen der heute sehr bekannten LMX-Theorie stammen in erster Linie von Dansereau, Graen und Kollegen (1973, 1975 und 1976), die das Vertical Dyad Linkage (VDL) Modell entwickelten. Als sehr frühe Vorarbeit für die VDL-Theorie können auch Johnson und Graen (1973) genannt werden, durch welche erste Hinweise gegeben wurden, dass Mitarbeiter, die kündigten, und Mitarbeiter, die in der Organisation blieben, unterschiedliche Werte hinsichtlich der Rollenunsicherheit und Ergebnissen wie Performance-Kennzahlen und Zufriedenheit aufweisen.

Damit zeigten sie eine wegweisende Alternative zu den traditionellen Führungsansätzen, die beispielsweise dem Managerial Grid Modell oder den Ohio State oder Michigan Studien zugrunde liegen, auf (Northouse 2004, Neuberger 1990). Während die traditionellen führerzentrierten verhaltensorientierten Ansätze davon ausgingen, dass eine Führungskraft einen durchschnittlichen Führungsstil im Umgang mit allen Mitarbeitern an den Tag legt, geht die VDL-Theorie davon aus, dass eine Führungskraft ihr Interaktionsverhalten gegenüber ihren Mitarbeitern differenziert und dadurch unterschiedliche Beziehungen zu den einzelnen Mitarbeitern entwickelt (Sparrow und Liden 1997, Schriesheim et al. 1999, Graen und Uhl-Bien 1995, Duhlebohn 2012).

Im Rahmen ihrer Forschungsarbeiten widerlegten Dansereau und seine Kollegen (1973) zwei zentrale, aber sehr einschränkende Annahmen der Führungsstil-Ansätze:

Erstens müsste, um von einem durchschnittlich konstanten Führungsstil sprechen zu können, das Verhalten der Führungskraft über die Zeit hinweg konstant bleiben und homogen gegenüber jedem einzelnen Geführten sein. Es muss also situations- und personenunabhängig sein. Zweitens müssten alle Geführten das Verhalten gleich wahrnehmen, interpretieren und darauf reagieren, um einen Zusammenhang zwischen einem durchschnittlichen Führungsstil und dem Führungserfolg herstellen zu können. Das bedeutet, dass die wahrgenommenen Abweichungen vom durchschnittlichen Führungsstil einerseits zufällig auftreten und andererseits entsprechend klein sein müssten.

Die empirischen Untersuchungen von Dansereau et al. (1973, 1975) zeigten jedoch, dass die Varianz des Verhaltens der Führungskraft kleiner ist um den Erwartungswert jedes einzelnen Mitarbeiters als um den durchschnittlichen Führungsstil, also die von den Mitarbeitern beobachteten Abweichungen vom Durchschnitt nicht nur Zufallsfehler darstellen, sondern Regelmäßigkeiten aufweisen, die es zu untersuchen gilt (Dansereau et al. 1973).

Daraus entwickelten Dansereau et al. (1973) als Alternative zum klassischen Führungsstil-Modell das VDL-Modell, das als kleinste Analyseeinheit, nicht die geführte Einheit heranzieht, sondern jede individuelle Führungsdyade betrachtet. Grundlage für das VDL-Modell sind zwei Annahmen, die eine klare Abkehr von den klassischen Führungsstilansätzen bedeuten:

- Das Verhalten einer Führungskraft hängt von der jeweiligen Beziehung zu jedem einzelnen Mitarbeiter ab.
- Die Zusammensetzung der Mitarbeiter ist heterogen, weshalb diese sich bezüglich ihrer Wahrnehmung, Interpretationen und Reaktionen auf das Verhalten der Führungskraft unterscheiden können.

Die VDL-Theorie geht davon aus, dass die von den Mitarbeitern berichteten Unterschiede sich aus der individuellen Rollenaushandlung und der daraus resultierenden dyadischen Beziehung zwischen Führungskraft und Mitarbeitern ergeben.

Abbildung 4 stellt die unterschiedlichen Annahmen der beiden Ansätze graphisch noch einmal gegenüber.

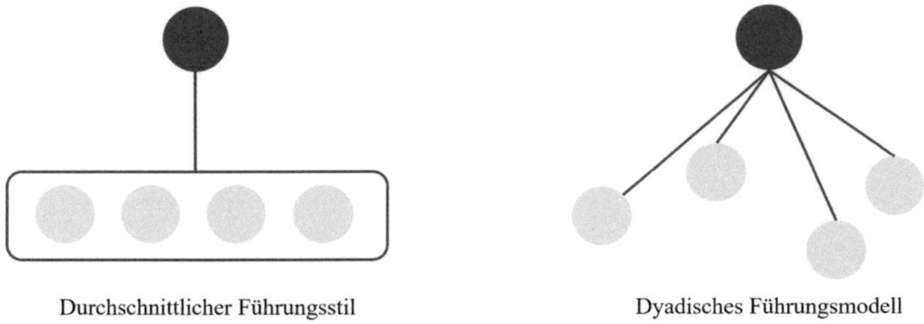

Abbildung 4: Durchschnittlicher Führungsstil versus dyadisches Führungsmodell

Dansereauet al. (1975) bezeichnen die Führungsdyade als die geeignete Analyseeinheit für Führungsprozesse, da so die Prozesse, die Führer und Geführte verbinden, betrachtet werden. Empirisch wurde nachgewiesen, dass die Fokussierung auf die Führungsdyade als Analyseeinheit, dem traditionellen Modell eines durchschnittlichen Führungsstils hinsichtlich der Erklärung von Mitarbeiter- und Führer-Verhalten überlegen ist (Dansereau et al. 1973). Durch den VDL-Ansatz wurde somit eine vielversprechende Grundlage für die theoretische und empirische Weiterentwicklung geschaffen, die zur LMX-Theorie und deren stetiger Verfeinerung und Erweiterung führte.

b) Die Entwicklung der LMX-Forschung

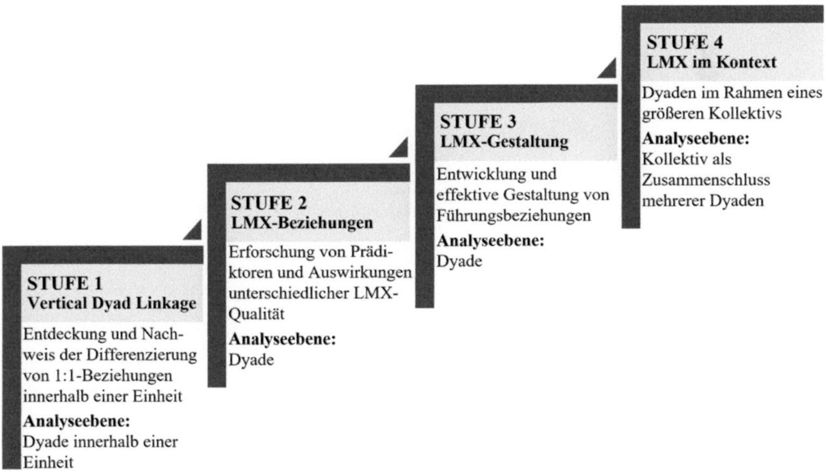

Abbildung 5: Entwicklungsstufen der LMX-Forschungin Anlehnung an Graen und Uhl-Bien (1995)

In einem Review der Forschungsbeiträge zur LMX-Theorie zwischen 1969 und 1995 untergliederten Graen und Uhl-Bien (1995) die Forschungsbemühungen in vier Stufen. Diese sind in Abbildung 5 schematisch dargestellt.

Stufe 1: Vertical Dyad Linkage

Unter die erste Stufe subsummieren Graen und Uhl-Bien (1995) lediglich die ersten Ansätze zur VDL-Theorie, die die Führungsdyade als vielversprechende Analyseeinheit postulieren – ausgehend von Untersuchungen über die Sozialisierung von Mitarbeitern im Arbeitsumfeld.

Dementsprechend beinhaltet diese erste Stufe lediglich die Grundlagenarbeit von Dansereau et al. (1973, 1975) und Cashman et al. (1976). Es ging zunächst darum, zu belegen, dass Führungskräfte keinen durchschnittlichen Führungsstil an den Tag legen, sondern im Rahmen eines *„Role-Making“*-Prozesses differenzierte Beziehungen zu ihren direkten Mitarbeitern entwickeln (Dyaden innerhalb einer Einheit, Graen und Uhl-Bien 1995, S. 225).

Johnson und Graen (1973) zeigten auf, dass Mitarbeiter ihre Rollen im Unternehmen unterschiedlich interpretieren und dementsprechend andere Beziehungen zur Organisation und dem Vorgesetzten aufbauen. Auf dieser Erstuntersuchung bauen Dansereau et al. (1973, 1975) und Cashman et al. (1976) auf und belegen die Existenz unterschiedlicher LMX-Beziehungen sowie deren Überlegenheit im Vergleich zu den klassischen Führungsstil-Ansätzen. Grundlage dieser Ergebnisse war die Auswertung und Aufbereitung von Längsschnittdaten, die mithilfe standardisierter Fragebögen erhoben wurden.

Die Ergebnisse führten zu einer Aufteilung der Mitarbeiter in sogenannte „in-group“ und „out-group“ Mitarbeiter. Erstere haben in ihrem Rollenaushandlungsprozess qualitativ hochwertige Austauschbeziehungen zur Führungskraft aufgebaut, in deren Rahmen Leistungen ausgetauscht werden, die über die Pflichten des Arbeitsvertrages hinausgehen. Letztere erfüllen lediglich die vorgeschriebenen Arbeiten (Graen und Uhl-Bien 1995, Northouse 2004). Im Vertriebskontext unterschied Lagace (1990) diese beiden Gruppen nach „Cadre“ beziehungsweise „Hired Hand“.

Diese Ebene der Forschung ist die einzige, die man als abgeschlossen bezeichnen kann. Zu den Forschungsschwerpunkten aller folgenden Stufen werden permanent neue Studien veröffentlicht. Das Forschungsinteresse scheint auf keiner der Weiterentwicklungsstufen abzureißen.

Stufe 2: LMX-Beziehungen

Der ersten Phase folgten Forschungsarbeiten, die die Ergebnisse der ersten Phase validierten und deren Implikationen für Unternehmen untersuchten. Der Fokus dieser zweiten Stufe lag sowohl auf der Analyse der Qualität von Beziehungen als auch auf dem Zusammenhang von Beziehungsqualität zwischen Führer und Geführtem und Ergebnissen, wie Performance oder Mitarbeiterzufriedenheit, sowie Einflussfaktoren auf die Beziehungsqualität (Gerstner und Day 1997, Graen und Uhl-Bien 1995). Im Zuge dieser Forschungsarbeiten wurde der Begriff der „Vertical-Dyad-Linkage" von „Leader-MemberExchange" abgelöst, was auch auf die Ergänzung der theoretischen Fundierung durch die soziale Austauschtheorie hinweist.

Der größte Teil der Forschung wurde und wird immer noch auf der zweiten Stufe betrieben und beinhaltet zwei Schwerpunkte (Graen und Uhl-Bien 1995):

- Konzeptionelle und empirische Untersuchungen bezüglich der Charakteristika und des Entwicklungsprozesses der Beziehung an sich, wozu auch die Untersuchung von Prädiktoren der LMX-Qualität zählt.
- Studien, die die Auswirkungen der LMX-Qualität auf organisationale Zielvariablen untersuchen.

Insbesondere der Einfluss von Kontextfaktoren auf die Zusammenhänge und die empirische Überprüfung der Zusammenhänge zwischen LMX und individuellen Einstellungen, Verhaltensweisen und Leistungskennzahlen in verschiedenen Unternehmenskontexten bieten hier noch weiteres Forschungspotenzial. Auch die hier vorliegende erste Forschungsfrage, welche (gemeinsame) Rolle Beziehungen und Emotionen für die Einstellungen und Verhaltensweisen von Vertriebsmitarbeiternspielen, ist hinsichtlich des LMX dieser zweiten Stufe zuzuordnen.

Stufe 3: LMX-Gestaltung

Die dritte Stufe der Weiterentwicklung brachte erstmals präskriptive Ansätze im Bereich der LMX-Forschung hervor, die zeigten, wie der Entwicklungsprozess der LMX-Beziehungen aufgebaut ist. Man entfernte sich von der Aufteilung der Mitglieder in die in- und out-group und forderte zunehmend, dass Führungskräfte mit allen Mitarbeitern versuchen müssten, positive Austauschbeziehungen (Partnerschaften) zu etablieren (Graen und Uhl-Bien 1995).

Auf Basis der bestehenden Erkenntnisse wird argumentiert, dass effektive Führungsprozesse durch den Aufbau effektiver Führungsbeziehungen zu generieren sind (Graen und Uhl-Bien 1995). Demnach wird nicht mehr untersucht, nach welchen Kriterien Differenzierungen in der Führungsbeziehung vorgenommen werden, sondern wie es den Führungskräften gelingt, mit möglichst jedem Mitarbeiter eine konstruktive Beziehung aufzubauen. Wie Führungskräfte sich aber tatsächlich im Alltag verhalten sollen, um möglichst viele positive LMX-Beziehungen aufzubauen, ist in der Forschungsliteratur noch unzulänglich beantwortet.Die Beantwortung der dritten Forschungsfrage leistet hinsichtlich der Implikationen für die Gestaltung von LMX-Beziehungen für diese Forschungsstufe einen Beitrag.

Stufe 4: LMX im Kontext

Die vierte Stufe spiegelt die Weiterentwicklung von der isolierten Betrachtung einzelner Dyaden hin zu einer breiteren (systemischen) Betrachtung der Zusammenhänge der Dyaden in einer Einheit, einem Team oder einem Netzwerk (Gerstner und Day 1997) wider.

Diese Forschungsstufe bietet das noch größte Potenzial für weitere Forschungen, da in diesem Bereich bisher die wenigsten Untersuchungen angestellt wurden– insbesondere aufgrund der methodischen Schwierigkeiten, die Auswertungen auf Gruppenebene und Mehrebenenanalysen mit sich bringen hinsichtlich Stichprobenumfang, Datenaggregation und Datenanalyse.

Die zweite Forschungsfrage, wie soziale Beziehungen und Emotionen in Vertriebseinheiten Einfluss auf deren Leistungsfähigkeit und tatsächliche Leistung Einfluss nehmen, ist hinsichtlich des LMX auf dieser Stufe zu verorten.

3.3.1.2 Auswirkungen von LMX

Obwohl bereits der Name „Leader-Member *Exchange*" Hinweise auf die Verknüpfung der LMX-Theorie mit der sozialen Austauschtheorie gibt, findet sich in der Literatur bislang keine explizite und ausführliche Übertragung der Konzepte der SET auf die LMX-Theorie und Forschung. Zwar gibt es immer wieder Ansätze, die die LMX-Theorie mithilfe der Konzepte der sozialen Austauschtheorie theoretisch fundieren; jedoch wird meistnur auf die SET verwiesen und in Grundzügen das Reziprozitätsprinzip als Wirkungszusammenhang erläutert (siehe zum Beispiel Settoon et al. 1996). Deshalb werden im Folgenden zunächst die Grundgedanken der sozialen Austauschtheorie auf die LMX Theorie übertragen, um daraus die theoretischenAuswirkungen von LMX auf individuelle und kollektive, für die Organisation wünschenswerte,Ergebnisse abzuleiten.

a) Theoretische Auswirkungen von LMX auf individueller Ebene: SET und LMX

Die LMX-Theorie in ihren frühesten Entwicklungsstadien unterschied,wie im vorherigen Kapitel beschrieben,nach „in-group" und „out-group" Mitarbeitern, die sich im Rahmen desRole-Making

Prozesses herauskristallisieren (Liden und Graen 1980). In Worten der sozialen Austauschtheorie pflegen die in-group Mitarbeiter echte *soziale* Austauschbeziehungen zu ihrem Vorgesetzten, während die out-group Mitarbeiter lediglich ökonomische Austauschbeziehungen zu ihrem Vorgesetzten aufbauen (Sparrowe und Liden 1997). Demnach sind Mitarbeiter der „in-group" Mitarbeiter, die eine qualitativ hochwertige Austauschbeziehung zum Vorgesetzten pflegen, in der Leistungen über die arbeitsvertraglichen Verpflichtungen hinaus ausgetauscht werden. Das heißt, Mitarbeiter der in-group erhalten von ihrem Vorgesetzten beispielsweise mehr Freiräume oder mehr soziale Unterstützung. Als Gegenleistung dafür bringen sie beispielsweise eine hohe Eigeninitiative und Eigenverantwortung sowie besondere Fähigkeiten in ihre Arbeit und insbesondere in die Zusammenarbeit mit ihrem Vorgesetzten ein. Mitarbeiter der out-group hingegen leisten klassischerweise Dienst nach Vorschrift und erhalten auch von ihrem Vorgesetzten nur die für das Arbeitsverhältnis notwendige Aufmerksamkeit und Ressourcenausstattung.

Basierend auf der Ressourcentheorie nach Foa und Foa (1980) verfügen Mitarbeiter mit hoher LMX-Qualität über mehr und/oder andere Ressourcen als Mitarbeiter mit niedriger LMX-Qualität. Durch diesen verbesserten Ressourcenzugang sind „high-level" LMX-Mitarbeiter auch potenziell in der Lage, bessere Leistungen zu erbringen. Darüber hinaus stellt der Zugang zu Ressourcen und insbesondere zu sozioemotionalen Ressourcen einen entscheidenden Faktor für die Arbeitszufriedenheit dar.

Durch die erhaltenen Ressourcen vom Vorgesetzten sind sie gemäß der Reziprozitätsnorm (Gouldner 1960, Thibaut und Kelley 1959) zu angemessenen Gegenleistungen verpflichtet, die sich beispielsweise in bestimmten Verhaltensweisen, die über die vertraglich vereinbarten Arbeitsleistungen hinausgehen, und in bestimmten Arbeitseinstellungen niederschlagen können. Wenn die entsprechenden Gegenleistungen nicht erbracht werden, werden auch die Ressourcen vom Vorgesetzten gekürzt oder es wird sogar eine Beendigung des Arbeitsverhältnisses durch den Vorgesetzten die Konsequenz sein. Umgekehrt reagiert ein engagierter Mitarbeiter ähnlich, wenn er für seine Leistungen keine Gegenleistungen von seinem Vorgesetzten in Form von Anerkennung, Status oder Freiheiten erhält: Er reduziert sein Engagement und erhöht gegebenenfalls seine Kündigungsabsicht.

Diese Zusammenhänge zeigen auf, warum sich „gute" Austauschbeziehungen zwischen Mitarbeitern und Vorgesetzten direkt positiv auf die individuellen Ergebnisse von Mitarbeitern im Sinne von Arbeitseinstellungen, Verhaltensweisen und letztlich auch Leistungen auswirken.

b) Empirisch bestätigteAuswirkungen von LMX auf individuelle Outcomes

Aufgrund der zahlreichen empirischen Untersuchungen existieren bereits Metaanalysen zu Korrelationen von LMX-Qualität und Ergebnisfaktoren aus den Jahren 1997, 2007, 2012 und 2013 (Gerstner und Day 1997, Ilies et al. 2007, Duhlebohn et al. 2012, Rockstuhl et al. 2012). Die Ergebnisse dieser Metastudien werden im Folgenden als Grundlage zur Erfassung des aktuellen Forschungsstands herangezogen. Gerstner and Day (1997) fanden signifikant positive Korrelationen zwischen LMX-Qualität mit folgenden wünschenswerten Ergebnissen:

- Beurteilung der Leistung des Mitarbeiters durch den Vorgesetzten
- Zufriedenheit mit dem Vorgesetzten
- Allgemeine Zufriedenheit
- Organisationales Commitment (Identifikation mit der und Bindung an die Organisation, OC) und
- Rollenklarheit

Negative Zusammenhänge wurden belegt zwischen LMX-Qualität und Rollenkonflikt sowie der Bereitschaft den Arbeitgeber zu wechseln. Keine eindeutigen Zusammenhänge konnten hingegen zu tatsächlicher Fluktuation und objektiver Leistung bestätigt werden. Eine positive beziehungsweise schwache negative Korrelation konnte zwar zwischen objektiver Leistung beziehungsweise tatsächlicher Fluktuation gezeigt werden; allerdings wurde diese durch den Ausschluss von Ausreißern aufgehoben. Gerstner und Day (1997) lehnten diese Zusammenhänge jedoch nicht ab, sondern empfahlen lediglich eine tiefergehende Untersuchung dieser Zusammenhänge.

Ilies und Kollegen (2007) fokussierten sich in ihrer Metaanalyse auf den Zusammenhang zwischen LMX-Qualität und Organizational Citizenship Behavior (OCB), worunter organisational erwünschte Verhaltensweisen, die über die arbeitsvertraglichen Pflichen hinausgehen, verstanden werden (Organ 1988). Ein eindeutig positiver Zusammenhang konnte belegt werden, der jedoch stärker für Verhaltensweisen ausgeprägt ist, die sich auf individuelle Personen beziehen als für Verhaltensweisen gegenüber dem Gesamtunternehmen. Die Reaktion eines Mitarbeiters auf eine hohe LMX-Qualität wird mit der sozialen Austauschtheorie (Homans 1958, Blau 1964) und dem Reziprozitätsprinzip (Gouldner 1960, Thibaut und Kelley 1959) insofern erklärt, dass der Mitarbeiter die Unterstützung und außervertraglichen Leistungen des Vorgesetzten ihm gegenüber erwidert und sich deshalb überdurchschnittlich engagiert. Da die LMX-Beziehung vom Vorgesetzten ausgeht, ist es wahrscheinlicher, dass der Mitarbeiter vor allem wünschenswerte Verhaltensweisen an den Tag legt, die auf den Vorgesetzten als Individuum ausgerichtet sind und nicht auf die Organisation. Trotzdem ist eine positive Korrelation auch zu Verhaltensweisen, die im Sinne der Organisation sind, zu finden, da der Vorgesetzte auch als Repräsentant des Unternehmens wahrgenommen wird (Brandes et al. 2004).

Duhlebohn und Kollegen führten 2012 eine neue Metastudie durch, bei der sowohl Antezedenzien als auch Auswirkungen der LMX-Qualität einbezogen wurden. 247 Studien wurden einbezogen und ausgewertet. Dadurch wurden weitere positive Auswirkungen bestätigt, die über die vorherigen beiden Metaanalysen hinausgehen. Die positiven Korrelationen zwischen LMX und Arbeitsleistung, OCB, Zufriedenheit mit dem Vorgesetzten, generelle Zufriedenheit, organisationalem Commitment, Rollenklarheit sowie die negativen Korrelationen zwischen LMX und Rollenkonflikt und Abwanderungsbereitschaft der ersten beiden Metastudien wurden auch von Duhlebohn und Kollegen (2012) bestätigt. Darüber hinaus wurden positive Zusammenhänge mit tatsächlicher Abwanderung, affektivem Commitment, normativem Commitment, Zufriedenheit mit der Bezahlung, der empfundenen Prozess- und Verteilungsgerechtigkeit, der Wahrnehmung des psychologischen Empowerments und der Politik im Unternehmen bestätigt.

Die letzte Metaanalyse im Bereich der LMX-Forschung auf individueller Ebene stammt von Rockstuhl und Kollegen (2012), die Studienergebnisse zu Korrelaten von LMX über 23 Ländern hinweg analysierten und verglichen. Dabei wurde deutlich, dass in allen überprüften kulturellen Kontexten positive Zusammenhänge zwischen LMX-Qualität und Arbeitsleistung, organisationalem Commitment, OCB, empfundener Gerechtigkeit und Arbeitszufriedenheit sowie ein negativer Zusammenhang mit der Bereitschaft, den Arbeitgeber zu wechseln, gefunden werden konnten. Mit Ausnahme der ersten beiden Ergebnisvariablen wird allerdings die Stärke des Zusammenhangs laut Rockstuhl und Kollegen durch kulturelle Faktoren (horizontal-individualistisch vs. vertikal-kollektivistische Kultur) insofern moderiert, dass dieser in individualistisch geprägten Kulturen mit geringerer Machtdistanz (horizontal-individualistisch) stärker ist. Der Zusammenhang zwischen LMX und Leistung beziehungsweise organisationalem Commitment hingegen ist vollkommen kulturunabhängig (Rockstuhl et al. 2012).

Zusammenfassend lässt sich also eindeutig sagen, dass die bisherige LMX-Forschung auf individueller Ebene ergab, dass eine hohe LMX-Qualität zwischen Führungskraft und Mitarbeiter zahlreiche wünschenswerte Auswirkungen auf Verhaltensweisen, die Einstellungen und die Wahrnehmung sozialer Faktoren des jeweiligen Mitarbeiters hat. Die in der Literatur belegten Zusammenhänge sind in Abbildung 6nochmal als Übersicht dargestellt.

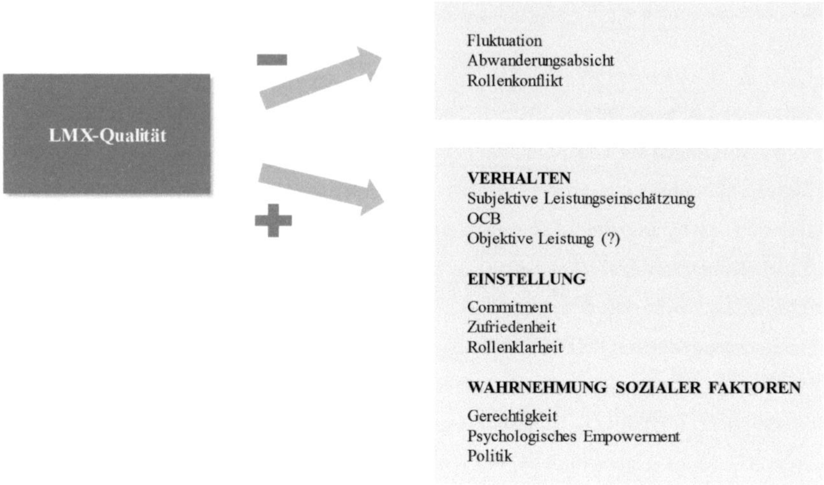

Abbildung 6: Zusammenfassung des Forschungsstands: Auswirkungen von LMX auf Individualebene

c) Theoretische Auswirkungen von LMX auf Gruppenebene

Wesentlich schwieriger als auf Individualebene ist die Argumentation, wie sich die individuellen Führungsbeziehungen auf Gruppenebene auswirken. Grundlage der LMX-Theorie ist die Abkehr vom durchschnittlichen Führungsstil-Ansatz und die Idee, dass Führungskräfte individuelle, voneinander unabhängige Beziehungen zu ihren Mitarbeitern aufbauen (Dansereau et al. 1975). Die Theorie bezog sich ursprünglich also ausschließlich auf die dyadische Ebene.

Aufgrund der Tatsache, dass Führungsdyaden nie im „luftleeren“ Raum, sondern so gut wie immer in einem organisatorischen Kontext bestehen, beschäftigt sich jedoch die neuere LMX-Forschung (Stufe 4) insbesondere mit individuellen Führungsbeziehungen im Kontext von Gruppen oder Teams (Graen und Uhl-Bien 1995, Harris et al. 2014) sowie der Betrachtung mehrerer Ebenen (Henderson et al. 2009).

Im Folgenden wird erläutert, inwieweit sich die LMX-Qualität im Teamkontext auf verschiedenen Ebenen auf die Ergebnisse auswirken kann. Zunächst einmal kann sie über die Individuen, die jeweils ihren individuellen Beitrag zum Teamerfolg leisten, Einfluss auf die Teamleistung nehmen. Dabei solltensich die auf Basis der sozialen Austauschtheorie auf Individualebene dargestellten Zusammenhänge zwischen Führungsbeziehungsqualität und Leistung ihre Wirkung auf Teamebene analog zeigen. Teams, in denen die Einzelspieler eine bessere Arbeitsmoral und Verhaltensweisen aufweisen und dadurch bessere Leistungen erzielen, sind in der Regel auch als Kollektiv stärker als

Einheiten, in denen die Einzelspieler keine Leistungsträger sind. Dieser Zusammenhang ist insbesondere für Vertriebseinheiten relevant, in denen alle Teammitglieder einen eigenen Vertriebsauftrag haben und mit ihrer individuellen Leistung zum Teamerfolg beitragen.

Eine hohe Teamleistung kann also erreicht werden, indem die Führungskraft der Einheit zu möglichst vielen Mitarbeitern eine möglichst gute Austauschbeziehung aufbaut, da diese mitleistungsförderlichenEinstellungen und Verhaltensweisen auf Ebene der Teammitglieder einhergehen (Gerstner und Day 1997, Ilies et al. 2007, Duhlebohn et al. 2012, Rockstuhl et al. 2012). Eine hohe LMX-Qualität innerhalb eines Teams solltealso nicht nur auf Individualebene wie in der klassischen LMX-Forschung begründet (siehe zum Beispiel Graen und Uhl-Bien 1995, Gerstner und Day 1997), sondern auch auf Teamebene, für eine gute Zusammenarbeit zwischen der Führungskraft und ihren Mitarbeitern mit effektiven Informations- und Ressourcenflüssen sprechen und dadurch in positivem Zusammenhang mit der Teameffektivität und -leistung stehen. Ist eine Führungskraft in der Lage, zu vielen Mitarbeitern eine qualitativ hochwertige Austauschbeziehung, im Sinne von Reziprozität und ausgetauschten Ressourcen, aufzubauen, so sollte dies auch dem Erfolg der gesamten geführten Einheit zuträglich sein.

Diese Argumentation spricht für einen positiven Zusammenhang zwischen LMX-Qualität im Team und den Teamergebnissen. Die Verwendung der durchschnittlichen LMX-Qualität als Einflussfaktor auf Gruppenebene ist dabei jedoch als kritisch anzusehen und wird von einigen Vertretern der klassischen LMX-Theorie wie Graen kategorisch abgelehnt – könnte man doch argumentieren, dass die Durchschnittsbildung der LMX-Qualität ein Schritt zurück zum durchschnittlichen Führungsstil wäre (Dansereau 1995). Cummings (1975) hingegen befürwortete eine weniger radikale Position und argumentierte: *„It is just as untenable to assert that superiors treat subordinates equally [traditioneller ALS Ansatz] as it is to argue that superiors treat subordinates differently [alternativer LMX- oder VDL-approach]"* (zitiert nach Dansereau 1995, S. 480). Demnach sind individuelle Führungsbeziehungen ebenso wie Gruppenvariablen zu berücksichtigen, die sich zum Beispiel aus der Persönlichkeit, Fähigkeiten oder typischen Verhaltensweisen der jeweiligen Führungskraft ergeben (Danseraeau 1995). Im Rahmen dieser Forschungsarbeit werden sowohl das Konstrukt als auch die Effekte von LMX auf individueller ebenso wie auf Gruppenebene untersucht.

In der sehr überschaubaren Literatur, die sich mit LMX-Qualität auf Gruppenebene beschäftigt, werden als Konstrukt auf Gruppenebene entweder die durchschnittliche LMX-Qualität im Team oder der Median der LMX-Qualität im Team herangezogen (siehe zum Beispiel Cogliser und Schriesheim 2000, Boies und Howell 2006). Beide Konstrukte spiegeln einerseits die grundsätzliche Fähigkeit und Bereitschaft der Führungskraft wider, hochwertige Beziehungen aufzubauen, und können andererseits als Indikator für das gesamte Austauschklima einer Einheit interpretiert werden (Dansereau 1995).

Um dem dyadischen Charakter des LMX-Ansatzes gerecht zu werden, wird aber wesentlich häufiger die „Konfiguration“ der LMX-Qualität in Teams in der bestehenden Literatur betrachtet. Hierbei wird meistens das Konstrukt der LMX-Differenzierung, also der Grad der Unterschiedlichkeit der LMX-Qualität innerhalb einer Gruppe, herangezogen – in der Regel operationalisiert als die Varianz der LMX-Qualitätinnerhalb der Einheit (siehe zum Beispiel Liden et al. 2006, Ford und Seers 2006, Henderson et al. 2009, Harris et al. 2014, Li und Liao 2014). Bezüglich deren Auswirkung auf Teamebene gehen die Argumentationen in der Literatur allerdings weit auseinander.

Der Einfluss der LMX-Differenzierung innerhalb eines Teams kann auf zwei Ebenen betrachtet werden. Einerseits kann der direkte Einfluss auf Gruppenvariablen betrachtet werden, andererseits aber auch der moderierende Einfluss der LMX-Differenzierung auf Zusammenhänge zwischen LMX-Qualität und Ergebnissen sowohl auf individueller als auch auf kollektiver Ebene. Eine direkte Auswirkung der LMX-Differenzierung auf individuelle Ergebnisfaktoren wird von der bestehenden Forschung nicht gestützt (Harris et al. 2014, Liden et al. 2006). Eine Ausnahme stellt hier die Untersuchung von Hooper und Martin (2008) dar, die einen direkten, negativen Zusammenhang zwischen der individuell wahrgenommenen LMX-Differenzierung und individuellem Wohlbefinden sowie persönlicher Arbeitszufriedenheit fanden.

Hinsichtlich des direkten Einflusses der LMX-Differenzierung im Team auf Gruppenebene wird einerseits die Meinung vertreten, dass sich die LMX-Differenzierung positiv auf die Gruppenperformance auswirkt. Dies sei darauf zurückzuführen, dass die verantwortliche Führungskraft entsprechend der ursprünglichen LMX-Theorie ihre begrenzte Ressource Zeit auf die wichtigsten Schlüsselspieler im Team fokussiert und damit eine höhere Führungseffektivität an den Tag legen kann (Dansereau et al. 1975, Graen und Uhl-Bien 1995, Naidoo et al. 2011). Sofern die unterschiedliche Behandlung der Mitarbeiter im Sinne der sozialen Austauschtheorie als fair empfunden wird, muss die Differenzierung keine negativen Auswirkungen haben, sondern kann sogar positive Auswirkungen auf die Koordination in der Einheit haben, indem sich „high-level“ LMX-Mitarbeiter mit besserem Ressourcenzugang, und dadurch mehr Macht und Status, zu informellen Führern herauskristallisieren und eine Rolle, in der sie auch positiven Einfluss auf ihre Kollegen nehmen, einnehmen (Henderson et al. 2009, Sias und Jablin 1995).

Andererseits findet man auch Argumentationen, die die Verletzung von Gleichheit und Gerechtigkeit durch eine hohe LMX-Differenzierung in den Mittelpunkt stellen und deshalb negative Auswirkungen einer LMX-Differenzierung auf die Teamergebnisse postulieren. Wird durch eine hohe

LMX-Differenzierung die Verteilungsgerechtigkeit verletzt, kann sich diese in einer negativen Wahrnehmung des Teamklimas sowie einer niedrigeren Identifikation mit dem Team und dadurch auch in schlechteren Teamergebnissen niederschlagen (Li und Liao 2014, Ford und Seers 2006, Harris et al. 2014, Cobb und Lau 2015, Wu et al. 2010).

Darüber hinaus wird die Varianz der LMX-Qualität im Team als Moderatorvariable in der Literatur insofern diskutiert, dass sie den Zusammenhang zwischen individueller LMX-Qualität und individuellen Ergebnissen (Henderson et al. 2009, Harris et al. 2014) oder zwischen der durchschnittlichen LMX-Qualität im Team und den Teamergebnissen (Boies und Howell 2006) moderiert. Bezüglich der moderierenden Wirkungsrichtung der LMX-Differenzierung im Kontext von Gruppen finden sich allerdings auch konträre Argumentationen in der Literatur (Henderson et al. 2009, Harris et al. 2014).

Antizipiert ein Mitarbeiter, dass ein anderer bei vermeintlich gleicher Leistung von seinem Vorgesetzten in Worten der Sozialen Austauschtheorie höhere Belohnungen erhält, wird er gemäß der fünften These Homans‘ destruktives, ärgerliches Verhalten an den Tag legen (Homans 1961). Darüber hinaus wird er bei einer Verfestigung dieses Musters seine Investments, zum Beispiel im Sinne von Engagement und Leistung, entsprechend der Gegenleistung des Vorgesetzten herunterfahren. Ein Mitarbeiter, der relativ höhere Belohnungen erhält, wird hingegen positiv reagieren und sich im Sinne der Reziprozitätsnorm verhalten (Ma und Qu 2010). Auch auf der theoretischen Basis des sozialen Vergleichs (Liao et al. 2010), wonach Mitarbeiter dazu tendieren, ihre Arbeitsbeziehungsqualität mit der ihrer Kollegen zu vergleichen, wird in der Literatur argumentiert, dass eine hohe LMX-Varianz im Team den positiven Zusammenhang zwischen individueller LMX-Qualität und individuellen Ergebnisvariablen verstärkt.

Darüber hinaus könne nur bei einer hohen LMX-Differenzierung im Team eine gute LMX-Qualität ein echter Anreiz für Mitarbeiter sein (siehe zum Beispiel Henderson et al. 2009, Le Blanc und González-Romá 2012, Ma und Qu 2010). Denn dadurch wird den Mitarbeitern signalisiert, dass die Führungskraft willens und in der Lage ist, aufgrund der persönlichen Beiträge und Leistungen unterschiedliche LMX-Beziehungen aufzubauen (Henderson et al. 2009).

Ausgehend von der Annahme, dass Menschen eine hohe Gruppenorientierung aufweisen und dementsprechend ein besonderes Bedürfnis nach Gleichheit, Fairness und sozialer Gruppenzugehörigkeit haben, gibt es jedoch auch die konträre Argumentation in der Literatur, dass eine hohe LMX-Differenzierung die positiven Effekte guter individueller LMX-Beziehungen zum Beispiel auf Verhaltensweisen im Team (OCB) und die Mitarbeiterbindung schwächt (Harris et al. 2014).

d) Empirisch belegte Auswirkungen von LMX im Teamkontext

Untersuchungen, die sich tatsächlich auf Gruppenebene mit dem Zusammenhang von LMX im Team und Teamergebnissen beschäftigen, existieren bislang relativ wenige – insbesondere im Verhältnis zu der weiten LMX-Forschungslandschaft auf Individualebene. Ausnahmen davon sind Studien von Cogliser und Schriesheim (2000), Cobb und Lau (2015), Boies und Howell (2006), Ford und Seers (2006), Li und Liao (2014) und Hooper und Martin (2008).

LMX-Qualität im Team und Team-Outcomes

Cogliser und Schriesheim (2000) zeigten auf, dass eine Betrachtung von LMX auf individueller ebenso wie auf Teamebene durchaus gewinnbringend sein kann. Sie belegten, dass Teams mit großem Zusammenhalt auch über Mitglieder mit besseren Beziehungen zu ihrem Vorgesetzten (LMX) verfügen. Außerdem fanden sie einen positiven Zusammenhang zwischen der LMX-Qualität im Team und der Wahrnehmung des Gruppenklimas. Ford und Seers (2006) konnten einen Zusammenhang zwischen der LMX-Qualität und der Übereinstimmung bei der Wahrnehmung bestimmter Facetten des Gruppenklimas im Team, die wiederum als Prädiktor zahlreicher,unternehmerisch erstrebenswerter Ergebnisseanzusehen sind, feststellen.

Die Studie von Boies und Howell (2006) konnte einen positiven Einfluss der durchschnittlichen LMX-Qualität im Team auf die Gruppenwirksamkeit, also den gemeinsamen Glauben an die Leistungsfähigkeit des Teams („Group Potency", Guzzo et al. 1993), sowie einen negativen Zusammenhang mit Teamkonflikten belegen. Auch Cobb und Lau (2015) fanden einen signifikant positiven Zusammenhang zwischen durchschnittlicher LMX-Qualität im Team und Variablen bezüglich der Teamprozesse, Co-Worker Kommunikation und der Austauschqualität im Team (TMX) sowie der Wahrnehmung von Gerechtigkeit im Team. Diese Zusammenhänge bestätigte auch bereits eine frühe qualitative Studie von Sias und Jablin (1995).

Diese in den genannten Studien von LMX beeinflusste Ergebnisse können wiederum als Prädiktoren der Teameffektivität und -leistung wirken (siehe zum Beispiel Stajkovic et al. 2009, Liu et al. 2011, Seers et al. 1995, González-Romá und Hernández 2014). Studien, die tatsächlich den Einfluss der durchschnittlichen LMX-Qualität im Team auf die Teamperformance zum Gegenstand hatten, sind nach Wissen der Autorin bislang nicht veröffentlicht worden.

LMX-Differenzierung im Team und Team-Outcomes

Den direkten Einfluss der LMX-Differenzierung im Team auf Teamergebnisse haben Liden et al. (2006), Ford und Seers (2006), Li und Liao (2014), Le Blanc und González-Romá (2012) und Naidoo et al. (2011) untersucht.

Liden et al. (2006) fanden keinen direkten Zusammenhang zwischen der LMX-Differenzierung und der Teamleistung. Allerdings konnten sie einen positiven Effekt der LMX-Differenzierung auf die Team-Performance bei hoher Aufgabeninterdependenz im Team feststellen.

Eine Längsstudie zeigte positive Auswirkungen einer hohen LMX-Differenzierung im Team auf die Teamleistung, für den Zeitraum gegen Ende des Team-Lebenszyklusses (Naidoo et al. 2011). Ein ebenfalls positiver Zusammenhang zwischen LMX-Differenzierung und Team-Commitment sowieder Teamleistung konnte für Teams mit einem niedrigen LMX-Median gefunden werden (Le Blanc und González-Romá 2012).

Dass hingegen eine hohe beziehungsweise niedrige LMX-Differenzierung im Team zu einer geringen beziehungsweise hohen Übereinstimmung der Wahrnehmung des Teamklimas („within-group agreement") führen kann, konnte die Studie von Ford und Seers (2006) zeigen.

Ein differenzierterer Ansatz zur Untersuchung der Auswirkungen unterschiedlicher Führungsbeziehungen innerhalb eines Teams ist in Li und Liao (2014) zu finden. Während in anderen Studien lediglich der Grad der Differenzierung berücksichtigt wurde, wurde hier auch die strukturelle Verteilung der LMX-Qualität im Team ergänzend betrachtet. Auch hier konnte kein direkter Zusammenhang zwischen der LMX-Differenzierung im Team und der Teamperformance belegt werden, jedoch ein negativer indirekter Effekt der LMX-Differenzierung auf die Team-Performance über die Koordination im Team. Darüber hinaus ergab die Betrachtung unterschiedlicher LMX-Konfigurationen im Team, dass gute Beziehungen zu möglichst vielen Teammitgliedern die größten Erfolgsaussichten im Sinne der Teamperformance bietet – eine bimodale Verteilung der LMX-Qualität im Team bietet hingegen die schlechtesten.

LMX-Differenzierung im Team als Moderator

Nur wenige Studien konnten einen direkten Zusammenhang zwischen der LMX-Differenzierung und Teamergebnissen belegen. Deshalb wurde zunehmend die moderierende Wirkung der LMX-Differenzierung im Team untersucht. Die Ergebnisse der wenigen bestehenden empirischen Studien dazu sind jedoch entsprechend der unterschiedlichen theoretischen Argumentationen nicht eindeutig.

Einerseits existieren Studien, die einen Interaktionseffekt von LMX-Qualität und LMX-Differenzierung auf individuelle sowie gruppenbezogene Ergebnisfaktoren bestätigen, insofern, dass eine hohe LMX-Differenzierung den positiven Zusammenhang zwischen individueller LMX-Qualität und individuellen Zielvariablen verstärkt (Li und Liao 2014, Ma und Qu 2010).

Andererseits existieren auch Studien, die einen umgekehrten Moderationseffekt empirisch untermauern, das heißt, dass eine hohe LMX-Differenzierung den Zusammenhang zwischen LMX und Ergebnissen auf individueller oder Gruppenebene schwächt (Boies und Howell 2006, Liao et al. 2010, Harris et al. 2014).

3.3.1.3 Zusammenfassung des Forschungsstands: LMX als Prädiktor individueller und kollektiver Leistungsfähigkeit

Die Auswirkungen der Führungsbeziehungsqualität auf individuelle und kollektive Ergebnisfaktoren wurden in erster Linie im Rahmen der LMX-Forschung untersucht. Zahlreiche empirische Studien zeigen einen direkten Zusammenhang zwischen der Führungsbeziehungsqualität und individuellen Einstellungen, Verhaltensweisen und Leistungen auf (siehe zum Beispiel Gerstner und Day 1997, Ilies et al. 2007, Duhlebohn et al. 2012, Rockstuhl et al. 2012). Wie sich die Beziehungsqualität und Konfiguration der verschiedenen Führungsbeziehungen innerhalb einer Einheit auf Gruppenebene auswirken, ist jedoch in der Literatur noch nicht eindeutig geklärt. Auch die theoretische Fundierung der jeweiligen Argumentationen weist große Unterschiede auf.

Die empirischen Studien auf individueller Ebene wurden bereits in zahlreichen Kontexten durchgeführt. Hinsichtlich des spezifischen Unternehmenskontexts von Vertriebseinheiten konnte auch ein Zusammenhang zwischen individueller LMX-Qualität und den Ergebnissen auf Mitarbeiterebene belegt werden (siehe zum Beispiel DeConinck 2011, Klein und Kim 1998, Ali 2009, Paparoidamis und Guenzi 2009). Bezüglich des kulturellen beziehungsweise nationalen Kontexts existieren aufgrund der geringen Verbreitung der LMX-Theorie im deutschsprachigen Raum nur wenige Studien im deutschsprachigen Kontext (als Ausnahmen sind hier Volmer et al. 2011 und Schyns et al. 2005 zu nennen). Die Auswirkungen der Führungsbeziehungsqualität auf Gruppenergebnisse wurden im Kontext dezentraler Vertriebseinheitenin Deutschland bislang nach Wissen der Doktorandin nicht empirisch untersucht.

Zwar konnten durch die LMX-Theorie entscheidende Fortschritte in der Führungsforschung hinsichtlich der Bedeutung der dyadischen Führungsbeziehungsqualität für die Einstellungen, Verhaltensweisen und Leistungen von Mitarbeitern erzielt werden,jedoch weist das Forschungsfeld insbesondere bezüglich der Auswirkungen von LMX im Team- bzw. Gruppenkontext noch theoretische Ungereimtheiten und empirische Lücken auf.

3.3.2 Laterale Beziehungen

Das Hauptaugenmerk der Forschung zu sozialen Beziehungen in Organisationen und deren Bedeutung für die Leistungsfähigkeit von Individuen, Teams, Einheiten und ganzen Organisationen liegt definitiv auf den hierarchischen Führungsbeziehungen (siehe Kapitel 2). Ein relativ neuer Aspekt in der Organizational Behavior Forschung ist die Untersuchung von lateralen Beziehungen wie zum Beispiel Beziehungen zwischen Mitarbeitern und ihren Kollegen als Gruppe (Seers 1989, 1995) oder Beziehungen zwischen einzelnen Kollegen (Sherony und Green 2002). Die in Kapitel 2 dargestellten Entwicklungen in Organisationen, wie zum Beispiel der Wandel von streng hierarchischen Organisationsformen zu komplexen Netzwerkstrukturen oder die Zunahme von Teamstrukturen in Organisationen, deuten allerdings darauf hin, dass laterale Interaktionen für das Funktionieren heutiger Organisationsstrukturen unabdingbar sind und Beziehungen unter Kollegen für die Leistungsfähigkeit von Unternehmen immer wichtiger werden (Scttoon et al. 1996, Jordan et al. 2002). Darüber hinaus haben erste Studien gezeigt, dass effektive laterale Austauschbeziehungen die individuelle und kollektive Leistung in Gruppen positiv beeinflussen (siehe zum Beispiel Seers 1989, 1995, Liden et al. 2000, Wech et al. 2009). Während jedoch zu hierarchischen Beziehungen zahlreiche Studien existieren, gibt es zur Bedeutung von lateralen Beziehungen bislang im Vergleich dazu wenige (empirische) Untersuchungen.

3.3.2.1 Das Konstrukt des Team-Member Exchange

Vor allem unter den Begriffen „Team-Member Exchange" (TMX) und „Coworker Exchange" (CWX) sind laterale Intra-Gruppenbeziehungen in der Literatur vertreten. Als TMX ist die individuelle Austauschbeziehung eines Teammitglieds zu seinen Teamkollegen als Einheit definiert (Seers 1989, 1995). Als CWX hingegen ist die dyadische Beziehung als Austausch zwischen zwei Teamkollegen definiert (Sherony & Green 2002).

Beide Konstrukte entwickelten sich aus der LMX-Forschung heraus als laterales Pendant zu den hierarchischen Austauschbeziehungen. In der Literatur herrscht jedoch die Verwendung des TMX-Konstrukts vor, da insbesonderedieAuswirkungenlateraler Beziehungsqualitätauf individuelle und kollektive Ergebnisse den Schwerpunkt des allgemeinen Forschungsinteresses darstellen. Empirische Untersuchungen haben festgestellt, dass die Analyse der Summe der dyadischen Beziehungen eines Mitarbeiters zu seinen Kollegen (CWX) keine Rückschlüsse auf individuelle oder teambezogene Zielvariablen zulässt. Dies wird damit begründet, dass die einzelnen Beziehungen unterschiedliche Bedeutung für den Mitarbeiter haben können. In einer aggregierten Verwendung des CWX pro Mitarbeiter oder sogar pro Einheit geht diese Gewichtung verloren(Sherony und Green 2002, Wikaningrum 2007). Das Konstrukt des TMX bildet diese, indem die Kollegen bereits als Gruppe in der Konstruktdefinition erfasst sind, implizit ab. Deshalb sind die Forschungsergebnisse bei Verwendung des TMX wesentlich vielseitiger und vielversprechender. Im Folgenden wird der Stand der Forschung bezüglich der Auswirkungen von TMX auf individuelle und teambezogene Ergebnisfaktoren dargestellt.

3.3.2.2 Auswirkungen von TMX

a) Theoretische Auswirkungen von TMX auf individueller Ebene: SET und TMX

Neben dem Austausch mit der Führungskraft beeinflusst auch der Austausch mit Kollegen im Team die Ressourcenausstattung der Mitarbeiter. Durch einen qualitativ hochwertigen, das heißt sozialen und nicht nur ökonomischen Austausch mit Kollegen kommen Mitarbeiter beispielsweise an freiwillige Unterstützungsleistungen, wie fachlichen Rat, Hilfe bei komplexen Aufgaben oder Feedback und Informationen, die ihnen nicht selbstverständlich zugänglich sind (Blau 1964).

Dadurch sind sie einerseits auf Basis ihrer besseren Ressourcenausstattung in der Lage, bessere Arbeitsleistungen zu erbringen. Andererseits sind sie wegen der erhaltenen Ressourcen gemäß der Reziprozitätsnorm (Gouldner 1960) auch ihren Kollegen gegenüber zu angemessenen Gegenleistungen verpflichtet, die sich beispielsweise in bestimmten Verhaltensweisen, wie Hilfsbereitschaft, und Arbeitseinstellungen, wie zum Beispiel ihremorganisationalen Commitment, niederschlagen können (Settoon et al. 1996). Wenn die entsprechenden Gegenleistungen nicht erbracht werden, werden auch die Ressourcen, die sie von ihren Teamkollegen erhalten, gekürzt. Umgekehrt reagiert ein hilfsbereiter, teamorientierter Mitarbeiter ähnlich, wenn er für seine Leistungen keine Gegenleistungen von seinen Kollegen erhält: Er reduziert sein Engagement und erhöht gegebenenfalls seine Abwanderungsabsicht.

Eine gute Ressourcenausstattung und reziproke, soziale – und nicht nur ökonomische – Beziehungen zu Kollegen führen darüber hinaus gemäß der sozialen Austauschtheorie zu Zufriedenheit (Homans 1961, Blau 1964).

Diese Zusammenhänge zeigen auf, warum sich auch qualitativ hochwertige Austauschbeziehungen zwischen Mitarbeitern und ihren Kollegen direkt positiv auf die individuellen Ergebnisse der Mitarbeiter im Sinne von Arbeitseinstellungen, Verhaltensweisen und letztlich auch Leistungen auswirken können.

b) Empirisch bestätigte Auswirkungen von TMX auf individuelle Outcomes

Um den aktuellen Forschungsstand zu den Auswirkungen lateraler Beziehungsqualität zu erfassen, wurde ein systematischer Literaturreview –mit Hilfe der Stylized Facts Methode (Kaldor 1961) durchgeführt. Eine Kurzdarstellung ist in Anhang 1, eine ausführliche Erläuterung dieser Methode in Heine et al. (2007) und Siebert (2006) zu finden.

Abbildung 7: Vorgehensweise bei der Stylized Facts Methode

Tabelle 1: Stylized Facts: Konsequenzen von TMX

Stilisierte Fakten	Kategorie
1. TMX nimmt positiven Einfluss auf die Arbeitszufriedenheit.	B
2. TMX nimmt positiven Einfluss auf das organisationale Commitment.	A
3. TMX nimmt positiven Einfluss auf die Leistung von Mitarbeitern.	C
4. TMX nimmt positiven Einfluss auf organisational erwünschte Verhaltensweisen.	A
5. Die TMX-Qualität in einer Gruppe nimmt positiven Einfluss auf derenLeistung.	C

In Abbildung 7 sind die einzelnen Schritte der Stylized Facts Methode aufgeführt. Die dieser Methodik entsprechenden Zwischenergebnisse sind in Anhang 1 nachzulesen. Im Folgenden werden lediglich die „Stylized Facts“ (stilisierte Fakten) – also das Ergebnis dieser systematischen Literaturrecherche – zu den Auswirkungen von TMX auf individuelle Ergebnisfaktoren dargestellt.Tabelle 1 zeigt die stilisierten Fakten im Überblick. Die Studien, die zu den einzelnen stilisierten Aussagen führten,werden im Folgenden näher erläutert, wobei der letzte Fakt die Gruppenebene betrifft und deshalb erst unter d) erläutert wird. Die einzelnen Aussagen sind entsprechend der Anzahl der bestätigenden Studien und eventueller widersprüchlicher Befunde heuristisch in Kategorien „A“ („sehr gut untermauert“), B („fundiert“) und C („umstritten“) eingeteilt. „A“ bedeutet dabei, dass eine hohe Anzahl von Studien in Fachzeitschriften diesen Zusammenhang belegen und keine gegenteiligen Befunde dort zu finden sind. „B“ weist auf eine relativ hohe Anzahl von Studien, aber keine widersprüchlichen, höchstens differenzierteren Ergebnisse hin, während „C“ bedeutet, dass zwar einige Studien den jeweiligen Stylized Facts stützen, vereinzelte andere Studien jedoch zu gegenteiligen oder differenzierteren Ergebnissen kommen. Zusammenhänge, die von lediglich zwei oder weniger Studien in Fachzeitschriften bestätigt wurden, sind nicht als stilisierte Fakten aufgenommen worden.

Stylized Fact 1: TMX nimmt positiven Einfluss auf die Arbeitszufriedenheit

Die positive Auswirkung des TMX auf die individuelleArbeitszufriedenheit wurde von Studien von Seers (1989), Major et al. (1995), Seers et al. (1995), Liden et al. (2000), Poortvliet und Giebels (2012) sowie Lee et al. (2015) belegt. Bestätigt wurde dies auch durch eine Metaanalyse von Banks et al. (2014).

Während die erstgenannten Studien lediglich einen linearen Zusammenhang untersuchten, fand Golden (2006) allerdings einen nichtlinearen, sondern umgekehrt u-förmigen Zusammenhang zwischen Arbeitszufriedenheit und TMX-Qualität:" job satisfaction initially increases as a function of TMX quality but then drops at higher levels of TMX" (p. 331)

Stylized Fact 2: TMX nimmt positiven Einfluss auf das organisationale Commitment

Eine weitere Einstellung, die durch eine hohe TMX-Qualität positiv beeinflusst werden kann, ist das organisationale Commitment (Liden et al. 2000 Major et al. 1995, Poortvliet und Giebels 2012 und Lee et al. 2015). Auch diesen Zusammenhang bestätigt die Metaanalyse von Banks et al. (2014).

Zwei weitere Studien untersuchten den Zusammenhang zwischen TMX und Team Commitment, also der affektiven Bindung zu und der Identifikation mit der zugehörigen Einheit im Gegensatz zur Gesamtorganisation (Liu et al. 2011, Witt et al. 1999). Auch für dieses Konstrukt konnte gezeigt werden, dass je höher die TMX-Qualität eingestuft wurde, umso höher auch die individuellen Angaben zum Team Commitment ausfielen.

Stylized Fact 3: TMX nimmt positiven Einfluss auf die Leistung von Mitarbeitern

Zahlreiche Studien belegen einen positiven Zusammenhang zwischen TMX und der individuellen Arbeitsleistung (Liden et al. 2000, Wech et al. 2009, Seers 1989, Poortvliet und Giebels 2012, Lee et al. 2015): Je besser die Austauschqualität eines Mitarbeiters mit seinem Team, umso bessere Leistungen erbringt der Mitarbeiter. Als Indikator für die individuelle Job-Performance wurden in diesen Studien vorwiegend subjektive Leistungsbeurteilungen durch den Vorgesetzten herangezogen. Eine kürzlich veröffentlichte Studie zeigte auf, dass die TMX-Qualität insbesondere dann die Leistung von Mitarbeitern positiv beeinflusst, wenn die Kollegen qualitativ hochwertige Ressourcen in die Austauschbeziehung einbringen und die Ressourcen von der zugehörigen Führungskraft qualitativ minderwertiger sind – der Austausch mit Kollegen also als Substitut für den Austausch mit der Führungskraft genutzt wird (Farh et al. 2017). Ein Zusammenhang von TMX mit der objektiven individuellen Leistung könnte also nur unter bestimmten Umständen bestehen, also zum Beispielin Abhängigkeit davon,welche Ressourcen ausgetauschtwerden und welche Qualität der Teamführung vorliegt. Auch die Metaanalyse von Banks et al. (2014) attestiert keinen eigenständigen Einfluss des TMX neben dem des LMX auf die individuelle Leistung.

Stylized Fact 4: TMX nimmt positiven Einfluss auforganisational erwünschte Verhaltensweisen

Dass sich gemäß der Reziprozitätsannahme positive Arbeitsbeziehungen zu Kollegen auch auf bestimmte organisational erwünschte Verhaltensweisen auswirken, konnte empirisch belegt werden (Love und Forret 2008, Wech et al. 2009, Love und Dustin 2014, Farmer et al. 2015, Shih und Wijaya 2017). Insbesondere wurde nachgewiesen, dass eine hohe individuelle TMX-Qualität mit einem hohen Organizational Citizenship Behavior (OCB) (Love und Forret 2008, Wech et al. 2009, Farmer et al. 2015) sowie einer intensiveren Weitergabe von Wissen (Liu et al. 2011, Hu et al. 2012) und einer höheren Kreativität (Liao et al. 2010, Muñoz-Doyague und Nieto 2012, Shih und Wijaya 2017: „creative work involvement") einhergeht. Kamdar und van Dyne (2007) konnten einen positiven Zusammenhang zwischen TMX und positiven Verhaltensweisen gegenüber Kollegen, nicht aber gegenüber dem Vorgesetzten feststellen.

c) Theoretische Auswirkungen von TMX auf Gruppenebene

Dass die lateralen Beziehungen im Team einen positiven Einfluss auf die Leistung einer Filiale haben können, scheint offensichtlich: Eine hohe durchschnittliche TMX-Qualität spricht für einen guten Austausch zwischen den Mitarbeitern einer Filiale, der die Effektivität und Effizienz der Filiale verbessern kann: Ressourcen der einzelnen Mitarbeiter werden optimal im Team eingesetzt, es besteht ein hohes Maß an Vertrauen und gegenseitiger Unterstützung zwischen den Mitarbeitern, Wissen und Best-Practices werden unverzüglich geteilt und unterstützen die kontinuierliche kollektive Leistungssteigerung (Liu et al. 2011, Seers et al. 1995). In Worten der sozialen Austauschtheorie bedeutet das, dass in einem Team mit hoher Austauschqualität sich die Mitarbeiter durch sozialen, reziproken Austausch zu mehr Leistung gegenüber dem Team verpflichten als nach ihrer Arbeitsbeschreibung gefordert (Blau 1964). Sie helfen sich gegenseitig aus und geben sowohl Wissen als auch sozioemotionale Unterstützung weiter. Dieser Austausch fördert die Effektivität und Effizienz des Zusammenspiels auf Teamebene. Dieses wiederum wirkt sich auf die kollektive Wahrnehmung der Leistungsfähigkeit des Teams aus, was ein entscheidender Prädiktor für die tatsächliche Leistung einer Filiale ist. Der Zusammenhang auf individueller Ebene zwischen TMX und insbesondere dem OCB spiegelt diese Überlegungen auf Gruppenebene wider (Dierdorff et al. 2011).

Allerdings könnte man auch einen gegenteiligen Effekt erwarten: Wird der Kollegialitätsgedanke in einem Team überstrapaziert, könnte dies auch zu einem Leistungsabfall im Team führen (Golden 2006). Erstens könnte ein gesunder Wettbewerb, der in Konkurrenz zu einer sehr hohen Austauschqualität im Team steht, insbesondere in Vertriebseinheiten durchaus leistungssteigernd wirken. Zweitens könnte eine zu große gegenseitige Unterstützung im Team auch dazu führen, dass der Leistungsdruck gemindert wird und das Verantwortungsgefühl jedes einzelnen für seine individuelle Leistung abnimmt. In der Teamforschung ist dieses Phänomen unter dem Begriff „Group Think" thematisiert (Janis 1982). Dies könnte gerade in Vertriebseinheiten dazu führen, dass sich Vertriebsmitarbeiter zu viel mit ihren Kollegen und deren Problemen beschäftigen, anstatt ihre Ressourcen für den Kunden zu nutzen.

Auch die TMX-Differenzierung, die analog zur LMX-Differenzierung als Varianz der wahrgenommenen TMX-Qualität im Team definiert ist, kann als Einflussfaktor auf die Gruppenleistung herangezogen werden (Liu et al. 2011). Dieses Konstrukt kann als Maß dafür interpretiert werden, inwieweit Rand- oder Außenseitergruppen innerhalb einer Gruppe existieren und ob es sich um einseitige oder echte reziproke Beziehungen zwischen Kollegen handelt. Eine hohe TMX-Differenzierung spricht für einzelne Teammitglieder mit sehr guten Beziehungen zu ihren Kollegen und wieder anderen mit rein ökonomischen Beziehungen zu ihren Kollegen. Dementsprechend kann eine hohe TMX-Differenzierung einen geringen Teamzusammenhalt und ineffektive und asymmetrische Informationsflüsse zur Folge haben, was wiederum mit einer geringeren Teamleistung einhergeht. Ebenso wie bei der LMX-Differenzierung könnte auch von der TMX-Differenzierung ein moderierender Effekt auf den Zusammenhang zwischen individueller TMX-Qualität und individuellen Ergebnisvariablen (Liao et al. 2010) sowie Gruppen-TMX-Qualität und Teamergebnissen (Liu et al. 2011) ausgehen. Die hier genannten Studien von Liao et al. (2010) und Liu et al. (2011) sind jedoch die bislang einzigen, die den Einfluss der TMX-Differenzierung im Team untersucht haben. Auf individueller Ebene fanden Liao et al. (2010) heraus, dass eine hohe TMX-Differenzierung den Zusammenhang zwischen individueller TMX-Qualität und Selbstwirksamkeit verstärkt. Die auf Gruppenebene fokussierte Studie von Liu et al. (2011) hingegen zeigte eine moderierende Wirkung der TMX-Differenzierung auf den Zusammenhang zwischen Team-TMX und Teamperformance auf, insofern, dass eine hohe TMX-Qualität bei geringer TMX-Differenzierung mit einer höheren Wahrscheinlichkeit zu einer höheren Teamperformance führt als in Teams mit hoher TMX-Differenzierung. Die Wirkung der TMX-Differenzierung wird im Rahmen dieser Studie jedoch nicht weiter untersucht.

d) Empirisch belegte Auswirkungen von TMX auf Teamebene

Stylized Fact 5: Die TMX-Qualität in einer Gruppe nimmt positiven Einfluss auf deren Leistung

Einige Studien belegen einen eindeutig positiven Zusammenhang zwischen der durchschnittlichen TMX-Qualität im Team und der Teamperformance (Chun et al. 2016, Dierdorff et al. 2011, Liu et al. 2011, Jordan et al. 2002, Seers et al. 1995). Alge et al. (2003) hingegen konnten nur in Teams mit hoher Aufgabeninterdependenz einen signifikant positiven Zusammenhang belegen. Kamdar und van Dyne (2007) konnten die TMX-Qualität nicht als Prädiktor der Leistung bei der Aufgabenerfüllung bestätigen. Jordan et al. (2002) fand einen positiven Zusammenhang zwischen TMX und der Leistungsbeurteilung durch den Vorgesetzten, jedoch nicht für die objektive Teamperformance.

3.3.2.3 Zusammenfassung des Forschungsstands: TMX als Prädiktor individueller und kollektiver Leistungsfähigkeit

Bestehende Studien zum Team-Member-Exchange als Prädiktor für individuelle und Gruppenergebnisse zeigen die Bedeutung von lateralen Beziehungen auf. Insbesondere konnte bestätigt werden, dass auf individueller Ebene ein hoher TMX mit hoher Arbeitszufriedenheit, hohem organisationalem Commitment, ausgeprägtem OCB und besserer Leistung einhergeht (siehe zum Beispiel Banks et al. 2014, Liden et al. 2000, Wech et al. 2009, Seers 1989, Love und Forret 2008, Wech et al. 2009, Love und Dustin 2014). Auf Gruppenebene existieren ebenfalls Studien, die einen Zusammenhang zwischen TMX im Team und der Teamleistung belegen (Chun et al. 2016, Dierdorff et al. 2011, Liu et al. 2011, Jordan et al. 2002, Seers et al. 1995). Hierbei sind jedoch die Ergebnisse weniger eindeutig als auf individueller Ebene. Die Ergebnisse legen nahe, dass Kontextfaktoren wie zum Beispiel die Aufgabeninterdependenz die Bedeutung von TMX für den Gruppenerfolg moderieren (Alge et al. 2003). Für beide Ebenen, Individuum und Gruppe, existieren bislang zu wenige Studien, um abschließend die Bedeutung von TMX für individuelle und kollektive Ergebnisse in verschiedenen Kontexten zu bewerten. Weiterhin ist aufgrund der zunehmenden Bedeutung von Teamarbeit und lateralen Beziehungen in der zukünftigen Arbeitswelt eine tiefergehende Untersuchung des Zusammenhangs von TMX und verschiedenen unternehmerischen Zielgrößen für die Praxis von großem Interesse.

3.3.3 Intra-Gruppenbeziehungen: LMX und TMX in Teams

3.3.3.1 Zusammenhang zwischen hierarchischen und lateralen Beziehungen

a) Theoretische Zusammenhänge zwischen LMX und TMX

Ein weiterer Zusammenhang der LMX-Qualität im Teamkontext ist deren Auswirkung auf die lateralen Beziehungen im Team. Auf individueller Ebene werden entsprechend der SET Mitarbeiter mit guten LMX-Beziehungen zu „attraktiveren" Interaktionspartnern für ihre Teamkollegen aufgrund der besseren Ressourcenausstattung (Foa und Foa 1980, Homans 1961). Andererseits ist auch davon auszugehen, dass Mitarbeiter, die Wert auf eine gute Beziehung zu ihrem Vorgesetzten legen und in die Gestaltung dieser Beziehung investieren, von ihrer Persönlichkeit aus sich auch um eine gute Beziehungsqualität zu ihren Kollegen bemühen (Banks et al. 2014). Dementsprechend sollte eine hohe LMX-Qualität auch mit einer hohen Austauschqualität mit den Teamkollegen korrelieren (Banks et al. 2014).

Auf Teamebene könntedie LMX-Qualität im Team darüber hinaus aber auch Anhaltspunkte für Verhaltensnormen im Umgang miteinander liefern. Mit anderen Worten: Das Interaktionsverhalten einer Führungskraft, das sich in ihren LMX-Beziehungen widerspiegelt, erfüllt eine Vorbildfunktion für das gesamte Beziehungsnetzwerk innerhalb der Einheit. Dementsprechend ist zu erwarten, dass eine hohe durchschnittliche LMX-Qualität zu einer hohen durchschnittlichen TMX-Qualität führt.

Ebenso sollte auch eine hohe Varianz in den LMX-Beziehungen in einer Einheit positiv mit der Varianz der Beziehungsqualität zwischen Mitarbeitern korrelieren, da Mitarbeiter mit unterschiedlichen Führungsbeziehungsqualitäten eine unterschiedlich hohe Attraktivität als Austauschpartner im Sinne Homans (1961) für ihre Kollegen besitzen . Eine hohe LMX-Differenzierung im Team kann außerdem für Konfliktpotenzial im Team sorgen, sofern diese Differenzierung als ungerecht im Sinne einer „relative deprivation" (Homans 1961) wahrgenommen wird. Ist dies der Fall, leidet die TMX-Qualität im Team unter einer hohen LMX-Differenzierung.

b) Empirischer Zusammenhang zwischen LMX und TMX

Die Metaanalyse von Banks et al. (2014) bestätigt die theoretischen Überlegungen bezüglich eines positiven Zusammenhangs von LMX und TMX auf individueller Ebene.

Auf Teamebene hingegen existieren kaum Untersuchungen. Entsprechend des empirisch bestätigten Zusammenhangs auflndividualebene müsste aber aufgrund der üblicherweise vorgenommenen Aggregation beider Individualvariablen für die Gruppenebene der gleiche Zusammenhang gelten. Eine negative Wirkung einer hohen LMX-Differenzierung auf die Wahrnehmung der Beziehungsqualität im Team wurde von Hooper und Martin (2008) aufgezeigt.

3.3.3.2 Gemeinsame Auswirkungen von hierarchischen und lateralen Beziehungen auf Ergebnisse

a) Theoretische gemeinsame Auswirkungen von LMX und TMX auf Ergebnisse

Aufgrund der heutigen veränderten Anforderungen im Arbeitsalltag (siehe Kapitel 2) ist davon auszugehen, dass nicht nur hierarchische Beziehungen, sondern auch laterale Beziehungen individuelle und kollektive Ergebnisse beeinflussen. Dabei können beide Beziehungsarten einen eigenständigen Beitrag in bestimmten Kontexten und für bestimmte Ergebnisfaktoren leisten (Banks et al. 2014). Je nachdem, wie hoch die Aufgabeninterdependenz ist, spielen laterale Beziehungen eine wichtigere oder eine untergeordnete Rolle im Vergleich zur LMX-Qualität, insbesondere mit Blick auf individuelle sowie kollektive Leistungsindikatoren (Alge et al. 2003, Banks et al. 2014). Generell ist zu erwarten, dass Einstellungen wie Arbeitszufriedenheit oder Commitment von Mitarbeitern sowohl vom LMX als auch vom TMX beeinflusst werden, da der Arbeitsalltag nicht nur von Interaktionen mit dem Vorgesetzten, sondern auch mit Kollegen geprägt ist, die die Einstellungen und Verhaltensweisen entsprechend der SET der Mitarbeiter maßgeblich beeinflussen (Banks et al. 2014).

b) Empirisch belegte gemeinsame Auswirkungen von LMX und TMX auf Ergebnisse

Bezüglich der Frage, welchen Beitrag TMX als Prädiktor individuellerErgebnisfaktoren über LMX hinaus leistet, ist als empirische Untersuchung die Metastudie von Banks et al.(2014) anzuführen. Diese fand heraus, dass der TMX einen Erklärungsbeitrag zum organisationalen Commitment und der Arbeitszufriedenheit von Mitarbeitern leistet, der über den Erklärungsbeitrag von LMX hinausgeht. Zur Arbeitsleistung und Kündigungsabsicht hingegen konnte dem TMX kein zusätzlicher Erklärungsbeitrag zu dem des LMX attestiert werden. Diese Metastudie zeigte auch auf, dass die LMX-Qualität eine größere relative Bedeutung für alle vier Outcomevariablen hat als die TMX-Qualität. Auf Gruppenebene existieren nach Wissen der Autorin keine Studien, die das Zusammenwirken von durchschnittlichem LMX und TMX auf die Teamleistung untersuchten.

3.3.3.3 Zusammenfassung des Forschungsstands: Auswirkungen von Intra-Gruppenbeziehungen auf die individuelle und kollektive Leistungsfähigkeit

Bestehende Studien belegen einen Zusammenhang von LMX und TMX mit diversen individuellen und kollektiven Ergebnisfaktoren. Insbesondere die Zusammenhänge mit Arbeitszufriedenheit, organisationalem Commitment, OCB und Leistung auf individueller Ebene konnten empirisch bestätigt werden (Gerstner und Day 1997, Ilies et al. 2007, Duhlebohn et al. 2012, Seers 1989, Seers et al. 1995, Banks et al. 2014). Dabei ist der Einfluss von LMX auf diese Ergebnisse jedoch wesentlich umfassender, das heißt in mehreren Kontexten, mit unterschiedlichen Methoden und häufiger, untersucht worden als der des TMX. Der Einfluss von LMX **und** TMX auf individuelle Einstellungen und Verhaltensweisen ist weit weniger intensiv untersucht worden und insbesondere in weniger Kontexten. Die Ergebnisse der existierenden Studien sind in Abbildung 8 als Übersicht dargestellt und lassen sich folgendermaßen zusammenfassen: LMX und TMX können beide einen eigenständigen Beitrag zur Erklärung von individuellen Outcome-Faktoren (insbesondere Arbeitszufriedenheit, organisationalem Commitment, OCB und Leistung) leisten (Banks et al. 2014). Ob TMX einen Erklärungsbeitrag zusätzlich zu LMX bringt, scheint abhängig von der spezifischen Ergebnisvariablen und bestimmten Kontextfaktoren wie der Aufgabeninterdependenz (Banks et al. 2014, Alge et al. 2003). Die vorliegende Arbeit soll diese Zusammenhänge im Kontext von dezentralen Vertriebseinheiten in Deutschland untersuchen.

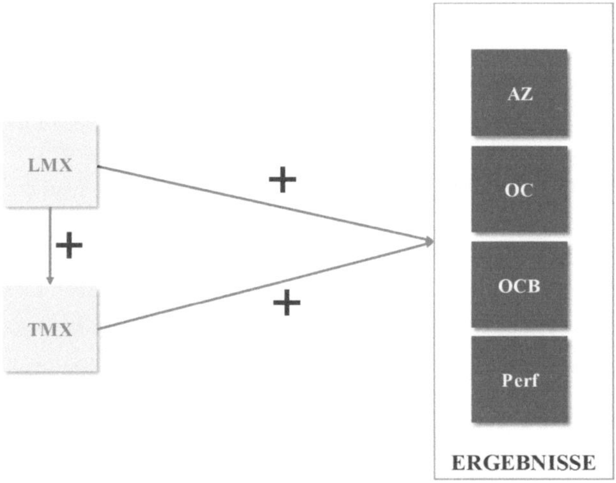

Abbildung 8: Zusammenfassung des Forschungsstands: Auswirkungen von LMX und TMX auf individuelle Ergebnisse

Was in der Literatur bislang nicht hinreichend untersucht wurde ist, inwieweit LMX und TMX auf kollektiver Ebene zur Erklärung der Teamperformance herangezogen werden können und wie sie zusammenwirken. Dies soll im Rahmen dieser Arbeit ebenfalls im Kontext dezentraler Vertriebseinheiten in Deutschland genauer untersucht werden. Dabei kommen sowohl die durchschnittliche LMX- beziehungsweise TMX-Qualität als auch die Differenzierung der Austauschqualität im Team als Einflussfaktoren und als in Zusammenhang zu setzende Konstrukte in Betracht. Auch Mehrebenenzusammenhänge zwischen Individual- und Gruppenebene sind in der Literatur weder umfassend untersucht noch eindeutig herausgearbeitet, sind aber nicht Gegenstand dieses Forschungsprojekts.

4 Emotionen in Organisationen

4.1 Emotionen auf verschiedenen Ebenen in Organisationen

4.1.1 Personelle Ebenen

Organizational Behavior kann auf verschiedenen Analyseebenen von Unternehmen betrachtet werden (siehe Abbildung 9; Ashkanasy 2003):

- Auf Ebene des Individuums (intraindividuell)
- Unterschiede zwischen Individuen (interindividuell)
- In zwischenmenschlichen bilateralen Beziehungen (in sozialen Interaktionen)
- In Gruppen
- Organisationsweit

Dass Emotionenals Teil des Organizational Behavior auf allen Ebenen in Organisationen eine wichtige Rolle spielen, ist weitgehend anerkannt. Dies spiegelt nicht zuletzt das hohe Forschungsinteresse in diesem Bereich der Organisationsforschung und deren Öffnung zur Sozial- und Neuropsychologie wider (Fisher und Ashkanasy 2000). Trotzdem wird in Studien selten darauf eingegangen, inwieweit untersuchte Emotionen auf verschiedenen Ebenen in Organisationen wirken und Einfluss auf den organisationalen Erfolg nehmen. Eine Klassifikation von Emotionen nach Ebenen in Organisationen wurde jedoch von Ashkanasy (2003) vorgenommen (siehe Abbildung 9).

Die hier vorliegende Fragestellung beschäftigt sich mit emotionalen Phänomenen auf den von Ashkanasy (2003) definierten Ebenen 2 bis 4. Die intraindividuelle Ebene beschäftigt sich mit unterschiedlichen emotionalen Zuständen einzelner Personen zu verschiedenen Zeitpunkten. Auf individueller Ebene sollen hier jedoch nicht Veränderungen der Emotionen von bestimmten Personen betrachtet werden, sondern verschiedene unterschiedliche emotionale Wahrnehmungen (arbeitsbezogener Affekt) verschiedener Mitarbeiter (interindividuell) über einen längeren Zeitraum.Durch die Betrachtung des Zusammenhangs von sozialen Beziehungen im Sinne der sozialen Austauschtheorie und Emotionen wird darüber hinaus auch die dritte Ebene einbezogen. Die vierte Ebene wird von der zweiten Forschungsfrage, die den Einfluss von sozialen Beziehungen und Emotionen auf die Leistungsfähigkeit im Team zum Gegenstand hat, angesprochen. Eine organisationsweite Betrachtung (Ebene 5) wird nur am Rande vorgenommen, indem Unterschiede zwischen den Unternehmen geprüft werden (Ashkanasy 2003).

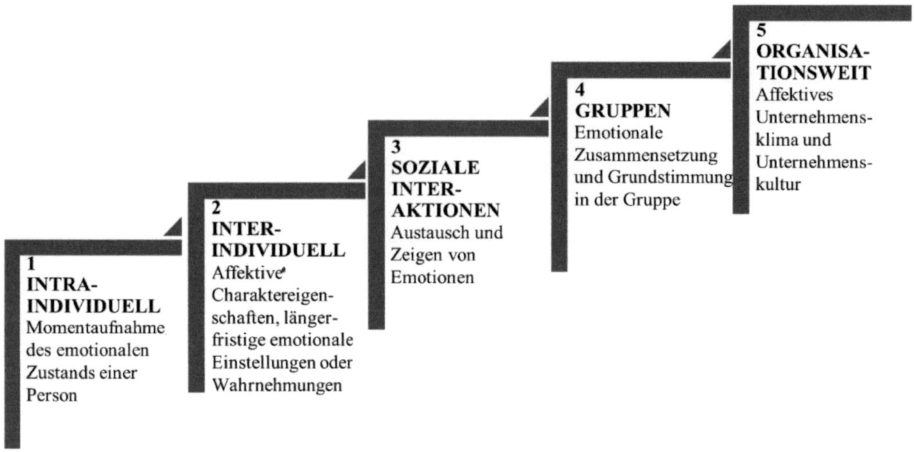

Abbildung 9: Fünf Betrachtungsebenen von Emotionen in Organisationen in Anlehnung an Ashkanasy (2003)

4.1.2 Zeitliche Ebenen

Neben den verschiedenen personellen Ebenen können Emotionen auch hinsichtlich ihrer zeitlichen Einordnung im Kontext von Unternehmen betrachtet werden, was allerdings bislang in der Literatur nicht explizit vorgenommen wurde, aber zur Abgrenzung verschiedener emotionaler Phänomene als sinnvoll zu erachten ist.

Folgende emotionale „Schichten" können im Unternehmensalltag beobachtet werden und zeichnen sich durch die folgenden typischen Charakteristika aus (eigene Klassifikation, auf Basis eigener Beobachtungen im Rahmen der Beratertätigkeit in vielen Unternehmen und in Anlehnung an die Differenzierung zwischen Emotionen und Stimmung in der Emotionsforschung):

- Episodenspezifische Emotionen: Kurzfristig (maximal einige Tage), intensiv, bewusst
- Aktuelle Stimmungslage: mittelfristig (einige Wochen), mittlere Intensität, eher bewusst
- Emotionale Grundstimmung: länger andauernd (Monate bis Jahre), geringe Intensität, eher unbewusst

Episodenspezifische Emotionen werden von bestimmten Situationen ausgelöst, wirken punktuell, dauern maximal ein paar Tage an, nehmen in ihrer Intensität mit der Zeit ab und prägen das situative spontane Verhalten. Ein Beispiel wäre ein bestimmtes Meeting mit einem konfliktgeladenen Thema, das bei den Beteiligten Emotionen wie Frust, Ärger oder Wut auslöst.

Die aktuelle Stimmungslage ist in der Regel von aktuellen Ereignissen mit mittelfristiger Wirkung geprägt, wie beispielsweise aktuelle Vertriebserfolge, innovative, perspektivenbringende Ideen oder neue Vorgaben oder Entscheidungen vom Top-Management.

Die emotionale Grundstimmung lässt sich als eine Ausprägung der Unternehmenskultur oder der (Sub-)Kultur einzelner Einheiten beschreiben und ist mittel- bis langfristig relativ konstant. Geprägt wird die emotionale Grundstimmung vor allem von den Affektivitäten der Individuen sowie den sozialen Interaktionen, sprich dem Umgang der Menschen im Unternehmen miteinander, und dabei insbesondere denen, in denen Führungskräfte involviert sind, sowie generellen langfristigen Rahmenbedingungen.

Episodenspezifische Emotionen sind nicht nur zeitlich, sondern auch in ihrer Reichweite eher punktuell, das heißt, sie werden lediglich von einzelnen Individuen geteilt. Eine aktuelle Stimmungslage kann sich über mehrere Einheiten ausbreiten, wohingegen die emotionale Grundstimmung auch über das ganze Unternehmen Ähnlichkeiten oder Konstanten aufweisen kann. Trotzdem kann die emotionale Grundstimmung sich auch zwischen Einheiten unterscheiden, je nachdem – zum Beispiel – wie stark die jeweilige Führungskraft individuell Einfluss nimmt.

Bildlich gesprochen könnten die episodenspezifischen Emotionen mit dem aktuellen Wetter an einem bestimmten Tag, die aktuelle Stimmungslage mit der Großwetterlage und die emotionale Grundstimmung mit dem jahreszeitlich bedingten Klima verglichen werden (siehe Abbildung 10).

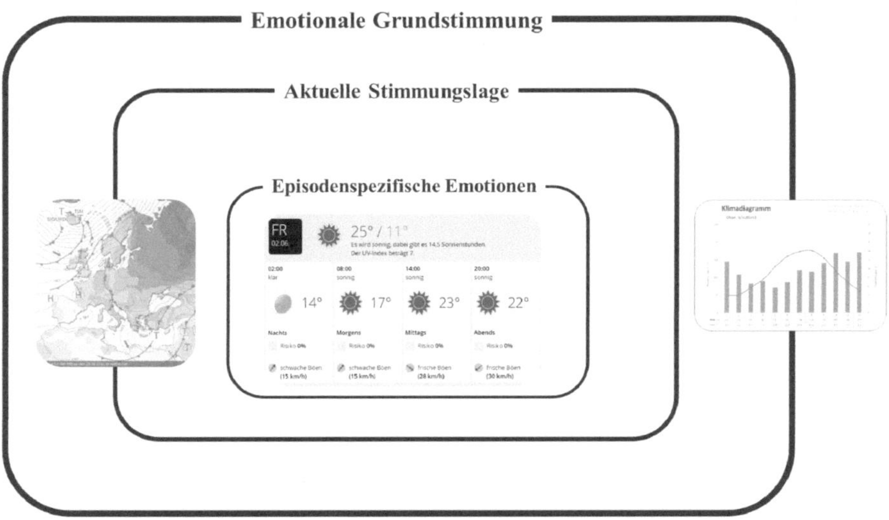

Abbildung 10: Zeitliche Ebenen von Emotionen in Unternehmen (eigene Darstellung)

Die drei Schichten können jeweils auf jeder personellen Ebene betrachtet werden.

Für die vorliegende Fragestellung wird auf der individuellen Ebene der Begriff des „persönlichen arbeitsbezogenen Affekts“analog des in der englischsprachigen Literatur verwandten Begriffs des „affective well-being“ verwandt. Dieser ist definiert als *„frequency and intensity of positive and negative emotions and mood”* (Luhmann et al. 2012, S. 431). Anders formuliert verbergen sich also hinter diesem Begriff die Emotionen,dieein Mitarbeiter im Arbeitsalltag erlebt und die dessen Arbeitsalltag über einen längeren Zeitraum prägen. In der existierenden Literatur, die sich mit Emotionen im Arbeitskontext auseinandersetzt, stehen hingegen situationsspezifische Emotionen im Vordergrund („state affect“, Niklas und Dormann 2005, Judge und Kammeyer-Mueller 2008).

Auf Gruppenebene wird die emotionale Grundstimmung im Team betrachtet, die wie folgt definiert wird:

Unter der emotionalen Grundstimmung in einer Gruppe werden die arbeitsbezogenen Stimmungen und Emotionen, die die Teammitglieder untereinander teilen, das heißt, die weitgehend konsistent im Team wahrgenommen werden, und die den charakteristischen Arbeitsalltag in dem entsprechenden Team prägen, verstanden.

Der Begriff der emotionalen Grundstimmung ist in der deutschsprachigen Organizational Behavior Forschung nicht etabliert, wird hier aber synonym mit Gruppenaffekt als Übersetzung für die gängigsten englischen Begriffe „group affective tone“ (siehe zum Beispiel George 1990, Collins et al. 2013), „group affect“ (siehe zum Beispiel Barsade und Knight 2015) „affective climate“ (siehe zum Beispiel Gamero et al. 2008) oder „group mood“ (Bartel und Saavedra 2000), deren Definitionen jedoch sehr eindimensional sind. George (1990) schreibt beispielsweise lediglich: *„Affective tone is defined as consistent or homogeneous affective reactions within a group“*(S. 108) Damit haben sie als Ausgangspunkt immer noch die individuellen emotionalen Reaktionen und berücksichtigen nicht, dass verschiedene Individuen unterschiedlich stark Einfluss auf die Stimmung im Team nehmen können.

Außerdem ist keine zeitliche Dimension enthalten, sowie ein Bezug zu den Auswirkungen im Team, obwohl auch hier teilweise unterschiedliche Begrifflichkeiten wie Affekte, Stimmungen, Emotionen und Klimabewusst verwandt werden. Die Terminologie in der Forschung auf Gruppenebene ist im Vergleich zur individuellen Ebene noch weniger konkret, was damit zu begründen ist, dass Gruppenphänomene weniger eindeutig zuordenbar sind und weniger unmittelbar wirken (Kozlowski und Ilgen 2006). Trotzdem ist davon auszugehen, dass auch in Gruppen situative emotionale Zustände existieren, die wiederum von mittelfristigen Stimmungslagen und der längerfristigen charakteristischen emotionalen Grundstimmung überlagert werden.Die Wahl des Begriffes Grundstimmung für die vorliegende Arbeit soll in Anlehnung an die zeitliche Kategorisierung von Emotionen widerspiegeln, dass es sich um ein Konstrukt handelt, das längerfristig (das heißt zum Beispiel über die saisonalen Schwankungen eines Geschäftsjahres hinweg, also über 12 Monate hinweg) Bestand hat, wobei aber auch situative und mittelfristige Affekte und Stimmungslagen in diese Wahrnehmung einfließen.

4.2 Die Rolle von individuellen Emotionen im Arbeitskontext

4.2.1 Affective Events Theorie

Das zentrale Konzept der Organizational Behavior Forschung im Zusammenhang mit affektiven Reaktionen von Mitarbeitern im Arbeitsumfeld sowie deren Ursachen und Auswirkungen ist die Affective Events Theorie (AET) von Weiss und Cropanzano (1996). Dieses Konzept ist auch je nach Fragestellung auf den verschiedenen Ebenen, wie sie im vorhergehenden Kapitel beschrieben werden, anwendbar. Die AET lässt sich dabei nicht nur isoliert auf einer Ebene anwenden, sondern bietet durch die Berücksichtigung der Kontextmerkmale der Arbeitswelt auch die Möglichkeit mehrere Ebenen zu integrieren. Schwerpunktmäßig ist sie jedoch auf den beiden ersten, individuellen Ebenen(intra- und interindividuell) angelegt.

Im Mittelpunkt der AET stehen emotionale Erlebnisse von Mitarbeitern sowie deren Ursachen und Konsequenzen. Emotionale Erlebnisse sind laut der AET eindeutig von Arbeitszufriedenheit abzugrenzen, jedoch kann diese eine Konsequenz aus der Summe der emotionalen Erlebnisse darstellen (Weiss und Cropanzano 1996). Darüber hinaus nehmen laut der AET emotionale Erlebnisse direkt und indirekt Einfluss auf das Verhalten der betroffenen Mitarbeiter. Ursächlich für emotionale Erlebnisse sind Ereignisse in der Arbeit, die eine emotionale Reaktion hervorrufen, sowie indirekt Merkmale der Arbeitswelt, die bestimmte Ereignisse wahrscheinlicher oder unwahrscheinlicher machen.

Abbildung 11 gibt einen schematischen Überblick über die Kernaussagen der AET in Anlehnung an Weiss und Cropanzano (1996).

Wie das Schaubild zeigt, beschäftigt sich die AET in erster Linie mit Ereignissen im Arbeitskontext als direkte Ursache für emotionale Reaktionen und als indirekte Ursache für Verhalten und Einstellungen der Mitarbeiter (Weiss und Cropanzano 1996). Dabei definieren Weiss und Cropanzano (1996) Ereignis so, wie es im üblichen Sprachgebrauch verwendet wird: Als etwas, das an einem bestimmten Ort zu einer bestimmten Zeit passiert.

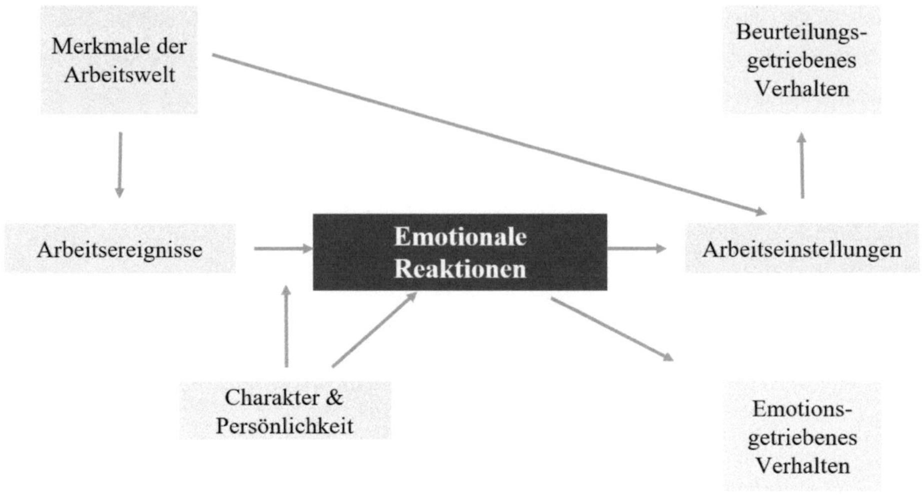

Abbildung 11: AET im Überblick in Anlehnung an Weiss und Cropanzano (1996)

Selbstverständlich rufen aber nicht alle Ereignisse in diesem Sinne eine emotionale Reaktion hervor. Um eine emotionale Reaktion hervorzurufen, müssen Ereignisse für einen Menschen auch eine emotionale Bedeutung haben. Diese entsteht in Form einer Emotion entsprechend verschiedener Emotionstheorien dadurch, dass das Ereignis zunächst bewertet wird (Plutchik 1994). Dabei wird bewertet, inwieweit ein Ereignis persönliche Auswirkungen für die jeweilige Person hat und entweder zuträglich oder schädlich für die eigenen Zielsetzungen oder Werte ist. Darüber hinaus können in diese Bewertung auch Faktoren wie die Wahrscheinlichkeit der Auswirkungen des Ereignisses, Schuld oder Verdienst (wer ist dafür verantwortlich), die Möglichkeiten mit der neuen Situation umzugehen und die Aussicht auf Besserung oder Verschlechterung der Situation durch folgende Ereignisse einbezogen werden (Weiss und Cropanzano 1996).

Emotionale Reaktionen können sowohl in Form von Emotionen im engeren Sinne (in der Regel eher kurzfristig, intensiver und objektbezogen) als auch als Stimmungen (länger anhaltend, weniger intensiv und ohne direkten Objektbezug) auftreten. Die genaue Definition der emotionalen Reaktionen ist jedoch laut Weiss und Cropanzano (1996) in Abhängigkeit von der zu untersuchenden Problemstellung festzulegen. Ebenso ist der Grad der Differenzierung der emotionalen Reaktionen, wie zum Beispiel nach diskreten Emotionen oder lediglich nach positiven und negativen Gefühlslagen, spezifisch zu definieren.

Stimmungen hingegen können laut Morris (1989) entweder durch abgemilderte positive oder negative Ereignisse hervorgerufen werden oder aber durch das Abklingen von Emotionen, das heißt durch Ereignisse hervorgerufene Emotionen können im Zeitablauf in Stimmungen übergehen. Weitere Möglichkeiten, durch die Stimmungen verursacht werden können, ist die Erinnerung an emotionale Ereignisse sowie die Unterdrückung von Emotionen als direkte Reaktion auf ein Ereignis. Letzteres kann insbesondere in Organisationen eine große Rolle spielen, da dort ungeschriebene „emotion display rules" existieren können, also Regeln, wem gegenüber und wie Emotionen zu zeigen sind.Häufigwird noch erwartet, dass man im Arbeitskontext seine Emotionen stets unter Kontrolle hat (Wharton und Erickson 1993).

Neben Ereignissen als Ursache für emotionale Reaktionen beeinflusst auch die persönliche Disposition, also die affektiven Charakter- und Persönlichkeitseigenschaften, die emotionale Reaktion von Menschen auf Ereignisse (Weiss und Cropanzano 1996).

Im Gegensatz zu den traditionellen Ansätzen stehen in der AET Ereignisse im Mittelpunkt als Auslöser für emotionale Reaktionen, nicht die Merkmale der Arbeitswelt. Trotzdem nehmen diese auch im Sinne der AET (zumindest indirekt) Einfluss auf das emotionale Erleben von Mitarbeitern, indem bestimmte Merkmale der Arbeitswelt bestimmte Ereignisse wahrscheinlicher oder unwahrscheinlicher machen (Weiss und Cropanzano 1996).

Eine weitere Besonderheit der AET ist die klare Abgrenzung von emotionalen Reaktionen und Arbeitseinstellungen wie zum Beispiel Arbeitszufriedenheit (Weiss und Cropanzano 1996). Arbeitseinstellungen werden in der AET als Folge des emotionalen Erlebens am Arbeitsplatz im Sinne einer kognitiven Bewertung dieser betrachtet.

Zuletzt erläutert die AET noch, in welchem Zusammenhang Affekt und Arbeitsverhalten stehen (Weiss und Cropanzano 1996). Dazu werden affekt- und einstellungsgetriebenes Verhalten unterschieden. Die affektgetriebenen Verhaltensweisen sind dabei direkte Konsequenzen des emotionalen Erlebens eines Mitarbeiters. Beispielsweise nehmen Stimmungen und Emotionen direkten Einfluss auf die Informationsverarbeitung, Leistung von Unterstützung gegenüber Kollegen oder Wahrscheinlichkeitseinschätzungen (Morris 1989, Kahneman 2012), was auch in Kapitel 2.2.3 im Rahmen der interdisziplinären Erkenntnisse zum Einfluss von Emotionen auf menschliches Verhalten erläutert wurde. Dadurch kann ein Zusammenhang zwischen Affekt und Performance hergestellt werden. Einstellungsgetriebenes Verhalten ist hingegen direkt abhängig von der generellen Bewertung der Arbeitssituation, die sich durch Arbeitszufriedenheit abbilden lässt (Weiss und Cropanzano 1996). Zusammenhänge zwischen Affekt und einstellungsgetriebenem Verhalten werden also gemäß der AET durch die Arbeitszufriedenheit mediiert. Dazu werden Verhaltensweisen gezählt, die sich aus wohl überlegten Entscheidungen und Beurteilungen ergeben. Diese Unterscheidung wird im Folgenden jedoch aufgrund der schweren Abgrenzbarkeit in der Forschungspraxis nicht getroffen.

4.2.2 Empirische Erkenntnisse und aktueller Forschungsstand: Emotionen als Prädiktor individueller Leistungsfähigkeit

Die Forschungslandschaft zum Zusammenhang von Emotion und individuellen Ergebnisvariablen im Sinne von Einstellungen, Verhaltensweisen und Leistungen, ist sehr schwer zu erfassen. Dies liegt unter anderem an der uneinheitlich verwandten Terminologie beziehungsweise an der unklaren Definition von zeitlichen und personellen Ebenen. Darüber hinaus ist die empirische Forschung mit Blick auf Emotionen im Organisationskontext generell noch sehr wenig betrieben worden – wahrscheinlich aufgrund der notwendigen Interdisziplinarität sowie aufgrund von Schwierigkeiten bei der „objektiven“ Messung von Emotionen (Ashkanasy und Cooper 2008).

Als Bindeglied der einzelnen Forschungsstränge, die sich mit den Auswirkungen von Emotionen auf arbeitsbezogene Einstellungen und Verhaltensweisen beschäftigen, ist die eben vorgestellte AET zu betrachten. Für den Großteil der hier angestellten Forschungen stellt sie die theoretische Fundierung dar (Judge und Kammeyer-Mueller 2008). Deshalb war der Suchbegriff „Affective Events Theory“ Ausgangspunkt für die in diesem Forschungsprojekt angestellte Literaturrecherche zur Feststellung des Forschungsstands hinsichtlich des Zusammenhangs von Emotionen und individuellen Einstellungen und Verhaltensweisen in Unternehmen.

Die geringe Zahl an empirischen Erkenntnissen zu den Auswirkungen von individuellem arbeitsbezogenem Affekt auf individuelle Einstellungen und Verhaltensweisen war jedoch überraschend. Dies gilt insbesondere für den naheliegenden Zusammenhang von arbeitsbezogenem Affekt und Arbeitszufriedenheit (Judge und Kammeyer-Mueller 2008) – wurde doch nachgewiesen, dass es sich bei den beiden Konstrukten um eigenständige, voneinander klar abgrenzbare Konstrukte handelt (Wegge et al. 2006).

Tatsächlich beschäftigten sich einige Studien mit diesem Zusammenhang auf der intraindividuellen Ebene wie zum Beispiel Fisher und Noble (2004) sowie Niklas und Dormann (2005). Diese konnten den von der AET postulierten Zusammenhang zwischen affektiven Ereignissen, affektiven Reaktionen und Arbeitseinstellungen wie Arbeitszufriedenheit oder organsiationalem Commitment und Engagement empirisch bestätigen (Niklas und Dormann 2005, Mignonac und Herrbach 2004, Ouweneel et al. 2012). Matta et al. (2014) untersuchte und belegte hingegen den positiven Zusammenhang von negativen Emotionen und kontraproduktiven Verhaltensweisen am Arbeitsplatz.

Jedoch existieren auch einige Studien, die den Zusammenhang der AET auch mit längerfristigem Zeithorizont bestätigen. Zum Beispiel konnte ein positiver Zusammenhang zwischen „affective well-being“ und bestimmten Formen von OCB gefunden werden (Schraub et al. 2014, Boddy 2014). Wegge et al. (2006) bestätigte ebenfalls die Grundannahmen der AET und belegte den positiven Zusammenhang zwischen Arbeitsaffekt und Arbeitszufriedenheit sowie einen negativen Zusammenhang mit Gesundheitsbeschwerden. Ein positiver Zusammenhang von Arbeitsaffekt und Organisationalem Commitment wurde außerdem von Li et al. (2010) gefunden. Carlson et al. (2011) zeigten einen empirischen Zusammenhang zwischen positiver Stimmung und Performance auf. Die meisten Studien unterscheiden die affektbezogenen Konstrukte nach positiven und negativen Emotionen, da die Emotionsforschung gezeigt hat, dass positiver und negativer Affekt keine gegensätzlichen Pole, sondern vielmehr zwei Dimensionen darstellen, die unabhängig voneinander ausgeprägt sein können (Todorova et al. 2014). Dies hat auch zur Folge, dass positiver und negativer Affekt keine gegensätzlich linearen Zusammenhänge mit anderen Konstrukten aufweisen müssen.

Trotz der verhältnismäßig geringen Anzahl an empirischen Studien, bestätigen die veröffentlichen Studien, die die AET empirisch überprüften, im Allgemeinen deren Gültigkeit, weshalb diese zusammen mit der SET die zentrale theoretische Grundlage des Forschungsmodells auf individueller Ebene bildet.

4.3 Die Rolle von Emotionen in Arbeitsgruppen

4.3.1 Ein Input-Process-Status-Output-Modell zum Gruppenaffekt

Dass Emotionen nicht nur ein individuelles Phänomen darstellen, sondern auch Relevanz für das zwischenmenschliche Zusammenleben haben, wurde bereits in Kapitel 2 angedeutet und interdisziplinär begründet. Dabei ist, wie Abbildung 9 zeigt, laut Ashkanasy (2003) als echtes Gruppenphänomen die emotionale Grundstimmung auf Teamebene zu betrachten.

Auch für diese Ebene wurde gezeigt, dass positiver und negativer Affekt unabhängig voneinander auftreten und wirken können (George 1990, Warr et al. 1983, Watson und Tellegen 1985). Dementsprechend wird in der Literatur fast durchgängig die emotionale Grundstimmung eines Teams analog zur individuellen Ebene in den positiven und negativen Affekt im Team (Team PA und Team NA) unterteilt.Collins et al. (2013) stellen entlang eines Input-Process-State-Output-(IPSO-)Modells den Forschungsstand rund um das Feld des „group affective tone“ dar (siehe Abbildung 12).

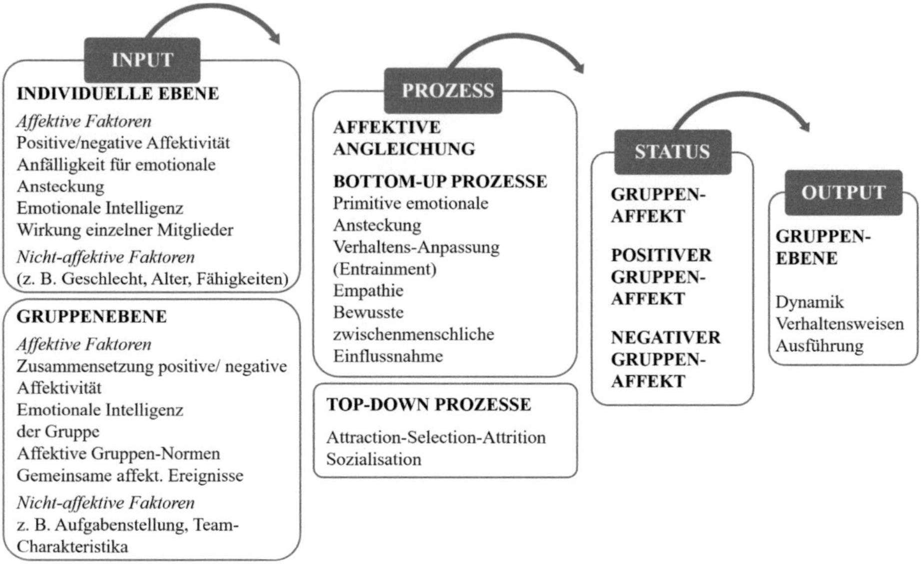

Abbildung 12: IPSO-Modell zum Gruppenaffekt in Anlehnung an Collins et al. (2013)

4.3.2 Inputs zur Entstehung von kollektiven Emotionen in Arbeitsgruppen

Dafür, dass eine emotionale Grundstimmung in einer Gruppe im Sinne geteilter Emotionen entsteht, sind mehrere Aspekte verantwortlich. Collins et al. (2013) identifizieren richtungsweisende Inputs, auf deren Grundlage Prozesse zur emotionalen Angleichung in der Gruppe entstehen. Als für den Gruppenaffekt relevante Inputs werden auf individueller Ebene die persönlichkeitsbezogene negative und positive Affektivität, die Anfälligkeit für emotionale Ansteckung, die emotionale Intelligenz, aber auch nicht-affektive Faktoren wie Alter, Geschlecht oder Fähigkeiten der Teammitglieder sowie das Wirken besonders einflussreicher Mitglieder wie beispielsweise der Führungskraft genannt. Auf Gruppenebene können neben generellen Rahmenbedingungen wie Organisation oder Aufgabenstellung an das Team, die Zusammensetzung und Eigenschaften der Gruppe mit Blick auf oben genannte Aspekte sowie die emotionalen Normen in der Gruppe und gemeinsame affektive Ereignisse für das Teamklima relevant sein (Collins et al. 2013). Solche „Inputs" werden laufend in Prozessen zur emotionalen Angleichung verarbeitet, aus dem sich wiederum eine bestimmte Ausprägung des positiven und negativen Affekts der Gruppe ergibt.

4.3.3 Prozess der emotionalen Angleichung

Die Prozesse zur emotionalen Angleichung werden in der Literatur häufig in bottom-up und top-down Prozesse unterteilt. Die bottom-up Perspektive legt den Fokusdarauf, wie Individuen und deren Affekte als Teile der Gruppe Einfluss auf den Gruppenaffekt nehmen, während die top-down Perspektive beschreibt, inwieweit Rahmenbedingungen oder die Gruppe selbst auf den Gruppenaffekt wirken (Barsade und Knight 2015, Collins et al. 2013). Als bottom-up Mechanismus kommt bei der Entstehung des Gruppenaffekts vor allem der Mechanismus der emotionalen Ansteckung (*„emotional contagion"*: Hatfield et al. 1994, *„mood contagion"*: Neumann und Strack 2000) zum Tragen sowie damit zusammenhängende bewusste und unbewusste Phänomene wie Empathie und die verhaltensmäßige Anpassung von Individuen in Gruppen oder Interaktionen mit anderen Menschen sowie die gezielte emotionale Beeinflussung durch einzelne Individuen wie beispielsweise den Vorgesetzten (Kelly und Barsade 2001, Barsade 2002). Aufgrund der zentralen Bedeutung der emotionalen Ansteckung für das Verständnis von Emotionen auf Gruppenebene (Ashkanasy 2003) wird dies im Folgenden ausführlicher beschrieben.

Emotionale Ansteckung (Kurzvorstellung nach Hatfield et al. 1994)

> Das Phänomen der emotionalen Ansteckung wurde ursprünglich von Hatfield et al. (1994) beschrieben und erklärt, wie Emotionen in Interaktionen unbewusst Einfluss auf die Emotionen eines Gegenübers haben. Hatfield et al. (1994) ziehen hierfür drei Hypothesen heran, die sie jeweils mit empirischen Belegen untermauern.
>
> Die erste Hypothese betrifft die Feststellung, dass Menschen dazu neigen, in Interaktionen mit anderen Menschen die Mimik und Körpersprache im Sinne von Gesichtsausdrücken, Stimme, Haltung, Bewegungen und unbewussten Verhaltensweisen nachzuahmen. Zahlreiche empirische Untersuchungen zeigen, dass Menschen in der Lage sind, sich mimisch und körpersprachlich sehr schnell auf ein Gegenüber einzustellen und sich mit ihm zu synchronisieren und viele Merkmale des Interaktionspartners automatisch übernehmen. Der Grad der Angleichung von Interaktionspartnern kann als Indiz dafür gewertet werden, wie effektiv eine Interaktion abläuft und gibt Aufschluss über die zugrundeliegende Beziehungsqualität.
>
> Die zweite Hypothese beschäftigt sich mit dem Zustandekommen des emotionalen Erlebens einer Interaktion. Hatfield et al. (1994) behaupten, dass das emotionale Erleben einer Interaktion ständig durch die neuronale Rückmeldung, die durch Mimik, Stimme und Haltung ausgelöst wird, beeinflusst wird. Dieswird als Facial-Feedback bezeichnet, das bedeutet, dass die Position und Aktivität sämtlicher Gesichtsmuskeln laufend vom Gehirn verarbeitet

werden und dadurch die dem Gefühlsausdruck entsprechenden Gefühle erlebt werden (Nerdinger 2017). Experimentelle Studien haben stützend für diese Hypothese gezeigt, dass die Intensivierung oder Unterdrückung der zu Emotionen gehörenden Gesichtsausdrücke das emotionale Erlebnis ebenfalls verstärken oder abschwächen und dass die Kontraktion bestimmter Gesichtsmuskeln bestimmte Emotionen hervorruft. Ähnliche Effekte wurden ebenso für den Einfluss von Stimmlage, Körperhaltung und der Anspannung bestimmter Muskeln in Studien empirisch nachgewiesen. Zahlreiche Studien untermauern also, dass die zu einer spezifischen Emotion gehörige Körpersprache das emotionale Erleben prägt.

Aus Hypothese 1 und 2 wird dann in einer dritten Hypothese geschlussfolgert, dass Interaktionspartner die Emotionen des anderen nachempfinden (Hatfield et al. 1994). Wenn Menschen dazu neigen, die Mimik und Körpersprache eines Gegenübers nachzuahmen, passt sich dementsprechend auch das emotionale Erleben einander an. Das heißt also, dass die Gefühle, die einer in eine Interaktion einbringt und durch Körpersprache zum Ausdruck bringt, „ansteckend“ sind. Auch diese Hypothese untermauern Hatfield et al. (1994) mit empirischen Belegen aus Tierversuchen, der Entwicklungsforschung, klinischen und sozialpsychologischen Studien.

Außerdem arbeiteten Hatfield et al.(1994) heraus, welche Personen besonders „ansteckend“ und welche besonders „anfällig“ sind. Besonders ansteckende Menschen weisen demnach folgende Charakteristika auf (S. 146):

- Sie empfinden – tatsächlich oder zumindest scheinbar – starke Emotionen.
- Sie sind in der Lage, diese durch Mimik, Stimme und Körperhaltung auszudrücken.
- Sie sind weitgehend „immun“ gegenüber Stimmungen anderer, die nicht zu ihren eigenen passen.

Besonders anfällig hingegen sind Menschen, die

- ihre Aufmerksamkeit eher auf andere richten und so deren Emotionen wahrnehmen können
- sich eher über ihre Beziehung zu anderen definieren anstatt über ihre Unabhängigkeit
- in der Lage sind, emotionale Ausdrücke, Stimmlagen und Haltungen zu lesen
- besonders dazu tendieren, Gesichtsausdrücke, Stimmlagen und Körpersprache anderer zu imitieren
- sich ihrer eigenen emotionalen Reaktionen bewusst sind
- die dazu neigen, emotional zu reagieren. (S. 182)

Auch spezifische Kontextfaktoren können eine Ansteckung wahrscheinlicher oder intensiver machen. In Interaktionen, denen eine Beziehung zugrunde liegt, die mit Liebe oder Macht zu tun hat, ist eine Ansteckung besonders wahrscheinlich. In Beziehungen mit Macht-Gefälle wie Vorgesetzten-Untergebenen-Beziehungen ist der Vorgesetzte in der Regel derjenige, der die Emotionen „überträgt". Die emotionale Ansteckung durch den Vorgesetzten wurde auch in einigen Studien untersucht und bestätigt (siehe zum Beispiel Johnson 2008, Sy et al. 2005, Volmer 2012).

Auch bestimmte Berufsgruppen zeichnen sich dadurch aus, dass sie für eine erfolgreiche Ausübung ihres Berufs entweder besonders „immun" gegen emotionale Ansteckung sein müssen, wie zum Beispiel Anwälte oder Soldaten. Psychologen hingegen müssen sehr empfänglich für die emotionalen Empfindungen ihrer Patienten sein, dürfen sich aber nicht davon anstecken lassen. Schauspieler und Redner wiederum sind dann erfolgreich, wenn sie besonders ansteckend sind.

Als top-down Prozesse wirken „Attraction-Selection-Attrition"-(ASA-)Prozesse (Schneider 1987), nach denen sich Organisationen oder Einheiten aus Individuen mit ähnlichen Persönlichkeiten und damit auch mit ähnlichen Affektivitäten zusammensetzen. Das ASA-Modell begründet diese Beobachtung damit, dass sich Menschen zu anderen Menschen, die ihnen ähnlich sind, hingezogen fühlen oder sogar aktiv nach ihnen ähnlichen Menschen suchen, die Personalauswahl in Unternehmen nach bestimmten (Persönlichkeits-)Kriterien vorgenommen wird und Menschen mit anderen Einstellungen, Verhaltensweisen und Charakterzügen mit einer höheren Wahrscheinlichkeit das Unternehmen auch wieder relativ schnell verlassen. Außerdem wirkt die Sozialisierung von neuen Mitarbeitern durch die Unternehmenskultur oder die Teamsubkultur ebenfalls darauf hin, dass ein einheitlicher emotionaler Tenor innerhalb eines Unternehmens und innerhalb von Einheiten entsteht (George 1990).

4.3.4 Auswirkungen des Gruppenaffekts auf Teamergebnisse

Für eine Darstellung des aktuellen Forschungsstands zu den Konsequenzen von Gruppenaffekt kann auf zwei qualitative Literaturreviews von Collins et al. (2013) und Barsade und Knight (2015) sowie eine Metaanalyse von Knight und Eisenkraft (2015)zurückgegriffen werden. Eine Datenbankrecherche mit EBSCO Host Business Source Ultimate und Google Scholar mit den Suchbegriffen „team affect", „group affect", „affective climate" und „group emotion" zeigte, dass alle relevanten bestehenden Artikel von diesen Reviews aufgegriffen werden.

In den ersten Forschungsarbeiten zum Teamaffekt wurde davon ausgegangen, dass ein starker positiver emotionaler Grundtenor eine angenehme und ein stark negativer Tenor eine unangenehme Arbeitsatmosphäre bewirken und diese jeweils dementsprechend positiv beziehungsweise negativ mit wünschenswerten Gruppenergebnissen korrelieren (George 1990). Die bestehenden Forschungsergebnisse, ebenso wie die Erkenntnisse der Emotionsforschung, lassen jedoch vermuten, dass die Wirkung von positivem und negativem Gruppenaffekt wesentlich komplexer ist. Demnach ist insbesondere bei der Betrachtung möglicher Konsequenzen des Teamaffektsdie getrennte Betrachtung des positiven und negativen Affekts relevant. Aus einer Metaanalyse von Knight und Eisenkraft (2015) ging hervor, dass positiver Gruppenaffekt in der Regel positive Outcomes befördert, während negative Emotionen im Team nicht immer negative Auswirkungen haben, sondern dass deren Einfluss kontextabhängig zu sein scheint.

Die bestehende Forschung zeigt, wie in dem IPSO-Modell von Collins et al. (2013) angedeutet (siehe Abbildung 12), dass der positive und negative Affektin einem Team ein Prädiktor für einige Teamergebnisgrößen sein kann. Die theoretische Fundierung des Zusammenhangs mit unternehmerischen Zielvariablen ist jedoch,verglichen mit dem Prozess der emotionalen Angleichung,wesentlich weniger stark in der Literatur ausgearbeitet und eher fragmentiert als für die anderen Blöcke. Im Folgenden wird eine Zusammenfassung über die theoretischen Argumentationen der Zusammenhänge und die empirischen Erkenntnisse, die in der Literatur zu finden sind, dargestellt.

a) Einstellungen und Verhalten der Teammitglieder

Dass der Affekt im Team Einstellungen und Verhaltensweisen im Team, das heißt der Teammitglieder im Durchschnitt, beeinflusst lässt sich mit der AET (Weiss und Cropanzano 1996) in Kombination mit den Prozessen zur emotionalen Ansteckung (Hatfield et al. 1994) erläutern: Im Team werden durch emotionale Ansteckung Emotionen wahrgenommen und gemeinsam erlebt. Dadurch werden die affektgetriebenen Einstellungen und Verhaltensweisen von Teammitgliedern gleichgerichtet beeinflusst.

Empirische Belege für den Zusammenhang von positivem Gruppenaffekt mitEinstellungen und Verhaltensweisen der Teammitglieder wurden beispielsweise von Chi et al. (2011) gefunden, die belegten, dass Mitarbeiter, die in ihrem Team einen hohen gemeinsamen positiven Affekt wahrnehmen, zufriedener mit ihrem Team sind und ein höheres Commitment und ein größeres Ausmaß von Hilfsbereitschaft gegenüber ihren Kollegen zeigen.

George (1990) undMason und Griffin (2003) zeigten, dass positive Emotionen im Team die Fehlzeiten im Team reduzieren. Das Ausmaß an negativen Emotionen im Team zeigte sich hingegen als signifikanter Prädiktor für pro-soziale Verhaltensweisen im Team, insofern, dass stärkere negative Emotionen mit schwächer ausgeprägten pro-sozialen Verhaltensweisen im Team einhergingen (George 1990). Allerdings zeigte diese Studie keinen signifikanten Zusammenhang von positiven Gruppenemotionen und pro-sozialen Verhaltensweisen.

Ein weiterer Ergebnisfaktor, der im weiteren Sinne in die Kategorie „Einstellung“ fällt und als Konsequenz von Gruppenaffekt untersucht wird, ist die Gruppenwirksamkeit oder kollektive Selbstwirksamkeit, die als der gemeinsame Glaube an die Leistungsfähigkeit im Team definiert werden, wobei die kollektive Selbstwirksamkeit in der Regel konkreter auf eine bestimmte Aufgabe bezogen wird (Guzzo et al. 1993). Diese beiden Konstrukte gelten als sehr starke Prädiktoren für die Performance von Teams (Stajkovic et al. 2009). Gibson (2003) zeigte, dass der positive Gruppenaffekt ein signifikanter Prädiktor für die kollektive Selbstwirksamkeit eines Teams ist, insofern, dass geteilte positive Emotionen den Optimismus der Teammitglieder verstärken und so mehr Zuversicht in die gemeinsame Leistungsfähigkeit schaffen. Volmer (2012) konnte ebenfalls einen positiven Zusammenhang zwischen der Gruppenstimmung und der Gruppenwirksamkeit aufzeigen.

b) Zusammenspiel im Team

Generell zeigten Studien, die sich mit Teamprozessen und Gruppenaffekt auseinandersetzten, dass geteilter positiver Affekt im Team mit einem besseren Zusammenspiel im Team, sprich mit beispielsweise besserer Koordination (Sy et al. 2005), Kooperation und weniger Konflikten einhergehen (Barsade 2002, Walter und Bruch 2008).

Die Meta-Studie von Knight und Eisenkraft (2015), in der kollektive Emotionen als „sozialer Klebstoff“ bezeichnet werden, der die Zusammenarbeit vereinfacht, gibt Hinweise darauf, dass geteilte Emotionen die soziale Integration in einer Gruppe verbessern, da sie die Gruppe zusammenschweißen. Dies gilt dabei nicht nur für positive geteilte Emotionen, sondern kann – kontextabhängig je nach Quelle der Emotionen und Typ der Gruppe – auch für negative Emotionen gelten. Andere Studien hingegen ergaben, dass negativer Affekt verknüpft ist mit einer stärkeren Wahrnehmung von Konflikten im Team (Gamero et al. 2008), wiederum andere zeigten, dass Konflikt im Team und negativer Affekt nicht immer Hand in Hand gehen müssen (Sessa 1996, Todorova et al. 2014).

Was unklar ist, ist einerseits also die Wirkung von negativen Gruppenemotionen sowie andererseits jedoch auchder Ursache-Wirkungs-Zusammenhang – oft wird auch von einer reziproken Beeinflussung ausgegangen zwischen der Interaktionsqualität im Team und dem Gruppenaffekt (Barsade und Knight 2015). Das „Positive Affect Spiral“-Modell von Walter und Bruch (2008) besagt hierzu, dass vor allem die Ähnlichkeit des positiven Affekts im Team positiven Einfluss auf die Beziehungsqualität im Team nimmt (entsprechend der ASA-Theorie) und eine hohe Beziehungsqualität im Team wiederum durch das offenere Zeigen der Emotionen („affective sharing“) die Angleichung des positiven Affekts im Team befördert.

c) Kreativität und Entscheidungsfindung

Interdisziplinäre Forschungserkenntnisse, insbesondere aus der Neurowissenschaft und der Psychologie, betonen den Einfluss von Emotionen auf Kognitionen und insbesondere für das kreative Denken bei Individuen (zum Beispiel Damasio 2006, Kahneman 2012, Lazarus 1982, Kuhl 2001, siehe auch Kapitel 2.2.3).

Auf Gruppenebene in der Organizational Behavior Forschung liegt der Schwerpunkt darauf, inwieweit positive und negative Gruppenemotionen Einfluss auf Entscheidungsfindung und Kreativität in Gruppen nehmen. Auch hier zeigen sich unterschiedliche Forschungsergebnisse bezüglich des Einflusses von positiven und negativen Gruppenemotionen. Dabei ist die übliche Argumentation, dass positive Gruppenemotionen die kognitive Flexibilität erhöhen und dadurch förderlich für kreative Aufgabenstellungen im Team sind. In einer Studie vonGrawitch et al. (2003) konnte dies empirisch belegt werden für Teams mit positiver Gruppenstimmung verglichen mit Gruppen mit neutraler oder negativer Stimmung. Andererseits existieren ebenso Studien, die unter bestimmten Bedingungen auch einen positiven Einfluss negativer Gruppenemotionen auf die Kreativität postulieren (Tsai et al. 2012, Barsade und Knight 2015).

Aktuelle Erkenntnisse der Psychologie und Neurowissenschaft bestätigen die Hypothese, dass positive beziehungsweise die Herabregulation von negativen Emotionen Gehirnbereiche aktivieren, die für Spontaneität und ganzheitliches Empfinden und damit für kreatives Denken förderlich sind (siehe zum Beispiel Persönlichkeits-System-Interaktionstheorie von Kuhl 2001). Starke negative Emotionen hingegen engen den Blickwinkel ein und führen eher zu einer Fokussierung auf Probleme und potenzielle Hindernisse, weshalb sie eher die Kreativität hemmen sollten. Diese Wirkung negativer Emotionen könnten jedoch für Entscheidungsprozesse positive Auswirkungen haben: Negative Emotionen aktivieren Gehirnbereiche, die insbesondere rationale Fakten und mögliche Risiken versuchen zu vermeiden. Dies kann dazu führen, dass Gruppen mit negativem Affekt Entscheidungen auf einer ausführlicheren Betrachtung der Daten und Fakten treffen und so bessere Entscheidungen treffen, während Gruppen mit positivem Affekt zu optimistische Einschätzungen vornehmen. Kooij-de Bode et al. (2010) konnten dies empirisch belegen.

d) Teamperformance

Die meisten Studien zu Konsequenzen von Gruppenaffekt untersuchten wohl dessen Einfluss auf die Leistung der Teams. Generell konnte gezeigt werden, dass ein stärkerer positiver affektiver Ton im Team mit einer höheren Gruppenleistung einhergeht (siehe zum Beispiel Barsade 2002 und Tanghe et al. 2010(selbstbewertete Leistung), George 1995(Vorgesetztenbewertung), Hmieleski et al. 2011 (objektive Leistungskriterien)). Die dahinterliegende theoretische Argumentation basiert meist auf einem indirekten Effekt des Gruppenaffekts via Gruppenvariablen wie Interaktionsgeschehen im Team, Gruppeneinstellungen und -haltungen auf die Leistung (Chi et al. 2011,Rhee 2006, Barsade und Knight 2015, Knight und Eisenkraft 2015).Auch die Metaanalyse von Knight und Eisenkraft (2015) kommt zu dem Ergebnis, dass ein stärkerer positiver Gruppenaffekt sich, teilweise mediiert durch eine bessere soziale Integration, positiv auf das Ergebnis der Aufgabenerfüllung auswirkt („social functioning perspective").

Die Effekte negativer Gruppenemotionen auf die Leistung von Teams sind hingegen weniger eindeutig. Auch negative geteilte Emotionen können unter bestimmten Umständen über eine bessere soziale Integration zu einer höheren Teamleistung führen (Knight und Eisenkraft 2015).Cole et al. (2008) kommen hingegen zu dem Schluss, dass negativer Affektnegativ auf die Teamperformance wirkt – moderiert durch die nonverbale Ausdrucksweise des negativen Affekts.

4.3.5 Zusammenfassung des aktuellen Forschungsstands: Gruppenaffekt als Prädiktor kollektiver Leistungsfähigkeit

Der Forschungsstand zu den Konsequenzen von positivem und negativem Gruppenaffekt weist folgende Auffälligkeiten auf:

1. Es existieren bislang verhältnismäßig wenige konzeptionelle wie auch empirische Studien, die explizit den Zusammenhang zwischen positivem und negativem Gruppenaffekt und Gruppenergebnissen untersuchen. Bei denen, die sich mit eben diesem Zusammenhang beschäftigen, sind die Ergebnisse sehr heterogen. Es gibt zahlreiche Hinweise darauf, dass positiver Gruppenaffekt wünschenswerte Konsequenzenhat, wobei die Studien häufig signifikante Zusammenhänge mit nur einzelnen der untersuchten Ergebnisfaktoren und mit anderen wiederum nicht, die sich teilweise jedoch in anderen Studien als signifikant herausstellten (siehe zum Beispiel Barsade 2002, Barsade und Knight 2015, George 1990, Knight und Eisenkraft 2015). Die Zusammenhänge scheinen also kontextspezifisch oder vom Studiendesign abhängig zu sein.

2. Generell ist die theoretische Fundierung der in der Literatur bislang untersuchten Zusammenhänge als qualitativ heterogen zu bewerten. Die künftige Forschung sollte mehr Aufmerksamkeit auf die theoretische Elaboration der offensichtlich sehr komplexen und vielschichtigen Zusammenhänge von Emotionen und Ergebnisfaktoren auf Gruppenebene legen, wobei interdisziplinäre Ansätze hierbei sehr hilfreich sein könnten.
3. Die Rolle des negativen Gruppenaffekts ist gänzlich unklar. Bereits die theoretische Begründung potenzieller Zusammenhänge ist in beide Richtungen denkbar: Negativer Gruppenaffekt kann die Zusammenarbeit im Team (mehr Konfliktpotenzial, weniger Zusammenhalt) und die kognitive Flexibilität im Team behindern und so Teamergebnisse negativ beeinflussen (Gamero et al. 2008, Cole et al. 2008). Andererseits können negative gemeinsame Emotionen ebenso zusammenschweißen, sofern sie auf eine externe Quelle gerichtet sind, oder sogar als Indiz für besonders großes Vertrauen im Team gewertet werden, welches einen offenen Umgang mit negativen Emotionen zulässt (Knight und Eisenkraft 2015). Demnach existieren zur Wirkung von negativem Gruppenaffekt sogar gegensätzliche Forschungsergebnisse.

5 Der Zusammenhang von sozialen Beziehungen und Emotionen

5.1 Grundlagen: Sozialer Austausch und Emotionen

Die klassische soziale Austauschtheorie geht von rational handelnden Akteuren aus, die jeweils zur Maximierung ihres eigenen erwarteten Nutzens Ressourcen im Rahmen einer Beziehung austauschen (siehe Kapitel 3). Häufig und insbesondere in den späteren Weiterentwicklungen der SET werden diese Akteure als unemotionale Wesen betrachtet, die die ihnen verfügbaren Informationen kognitiv verarbeiten und auf deren Basis Entscheidungen bezüglich ihres Austauschverhaltens treffen (Lawler und Thye 1999).

Zwar werden in den klassischen Ansätzen von Thibaut und Kelley (1959), Homans (1961) und Blau (1964) durchaus emotionale Aspekte des sozialen Austauschs im Zusammenhang mit *„sentiments"* (Homans 1961, S.33f), oder ganz explizit in der fünften These von Homans sowie bei der Diskussion von Gerechtigkeit, Gleichheit und Zufriedenheit einbezogen, nehmen aber keine zentrale Bedeutung in der Theorie als Ganzes ein. In der Weiterentwicklung der sozialen Austauschtheorie mit besonderem Schwerpunkt auf den Annahmen und Konzepten der Rational Choice Theory wurden Emotionen in der sozialen Austauschtheorie sogar weitgehend eliminiert (Lawler und Thye 1999).

Lawler und Thye zeigten in ihren Ansätzen zu einer „Social Exchange Theory of Emotions"(Lawler und Thye 2006) beziehungsweise einer „Affect Theory of Social Exchange"(Lawler 2001) auf, welche Rolle Emotionen im tatsächlichen Austauschprozess spielen können. Sie verdeutlichen, dass Emotionen den Kontext für sozialen Austausch, einen Bestandteil und ein Ergebnis sozialen Austauschs darstellen können (Lawler und Thye 1999, Lawler 2001, Lawler und Thye 2006).

Als Kontext des Austauschs können Emotionen im Rahmen von emotionalen Normen, das heißt ungeschriebene Regeln darüber, welche Form der Äußerung von Emotionen im Rahmen einer spezifischen Austauschbeziehung oder -situation angebracht ist, sowie als Resultat struktureller Bedingungen des Austauschs wie Macht, Status und gemeinsamer Historie der Interaktionspartner, den Austausch beeinflussen. Als Teil des Austauschprozesses hingegen können Emotionen als Informationsquelle für sich selbst und für den anderen eine Rolle spielen und die Grundlage für die weitere Entwicklung der Beziehung darstellen, wenn sie effektiv kommuniziert werden. Außerdem ist zu berücksichtigen, dass Emotionen die kognitive Wahrnehmung und damit auch das Verhalten im Austauschprozess beeinflussen, insofern, dass positiv gestimmte Menschen dazu tendieren, Zukunftsszenarien und damit zum Beispiel antizipierte Ergebnisse des Austauschs optimistischer einschätzen als Menschen in einer negativen Stimmung. Bezüglich der Rolle von Emotionen als Ergebnis sozialen Austauschs ziehen Lawler und Thye (1999) lediglich Ansätze heran, die erläutern, wie Emotionen als Reaktion auf einen sozialen Austausch die Einstellung zum Austauschpartner beziehungsweise der Austauschbeziehung in Form von Commitment oder Solidarität prägen können. Das heißt, die Argumentation beschränkt sichauf Ergebnisse für die Austauschbeziehung im engeren Sinne, bietet aber keine durchgängige Erklärung für Verhaltensweisen, Einstellungen und Leistungen im Arbeitskontext.

Ein anderer theoretischer Ansatz zur Integration von Emotionen in den Austauschprozess wurde von Molm und Kollegen (1999, 2000) vorgelegt, die Emotionen in erster Linie als Ergebnis sozialen Austauschs, im Sinne von Vertrauen und Commitment dem Austauschpartner gegenüber, konzipierten.

Im Folgenden werden grundlegende Annahmen zur Verknüpfung von sozialem Austausch und Emotionen formuliert, die sichaus den klassischen Ansätzen zur sozialen Austauschtheorie und dem affektfokussierten Ansatz von Lawler und Kollegen ableiten lassen und die für die Frage, welche Rolle Emotionen als Teil oder Folge sozialen Austauschs für die individuelle und kollektive Leistungsfähigkeit in Vertriebseinheiten spielen, relevant sind.

Annahme 1: Sozialer Austausch kann positive oder negative Emotionen hervorrufen

„Emotions are likely to be produced when two or more people exchange valued outcomes" (Lawler und Thye 2006, S. 295).Jede Form sozialer Interaktion und damit auch sozialen Austauschs ist dafür prädestiniert, eine emotionale Reaktion hervorzurufen (Lawler und Thye 2006). Bereits in Homans Thesen wird explizit beschrieben, dass Individuen auf ungerechten oder nicht erwartungsgemäßen Austausch „ärgerlich" reagieren (Homans 1961, siehe Kapitel 3.1.3).

Über diese unmittelbare, unbestimmte emotionale Reaktion hinaus beschreiben Lawler und Thye (2006), Lawler (2001) und Molm et al. (2000), dass durch Attribution der emotionalen Reaktion auf sozialen Austausch auf den Interaktionspartner auch längerfristige affektive Reaktionen bezüglich der betreffenden Austauschbeziehung hervorgerufen werden können, wie Vertrauen oder affektives Commitment.

Annahme 2: Positive Emotionen können als Belohnung, negative als Bestrafung angesehen werden

Zur Verknüpfung von Emotionstheorien aus der Sozialpsychologie und der klassischen sozialen Austauschtheorie postulieren Lawler und Thye (1999), dass globale Emotionen als Reaktion auf eine bestimmte Situation, das heißt hier einen bestimmten Austausch, als interne Belohnungen oder Bestrafungen zu betrachten sind, die von den Menschen bewusst wahrgenommen werden. Im Sinne der emotionalen Ansteckung könnte diese Idee sogar auf den Interaktionspartner übertragen werden: Indem man positive (negative) Emotionen im Austauschprozess oder im Nachgang dazu zeigt, belohnt (bestraft) man den Interaktionspartner.

Annahme 3: Individuen versuchen, Austauschsituationen herbeizuführen, die positive Emotionen generieren, und andere, die negative Emotionen hervorrufen, zu vermeiden

Basierend auf der zweiten Annahme, dass Emotionen interne Belohnungen oder Bestrafungen darstellen, beeinflussen diese auch das Verhalten von Individuen in Austauschbeziehungen. Die emotionalen Reaktionen auf bestimmte Austauschsituationen stellen motivationale Zustände dar, die – sobald sie dem Handelnden bewusstwerden – dafür sorgen, dass dieser versucht, positive Emotionen herbeizuführen und negative zu vermeiden (Lawler und Thye 1999, Lawler 2001).

Annahme 4: Emotionen können eine Ressource im Austauschprozess darstellen

Emotionen können in mehreren Hinsichten eine Ressource im Austauschprozess darstellen (Lawler und Thye 1999, Lawler 2001, Lawler und Thye 2006). Einerseits können offen gezeigte Emotionen als Informationen für den Austauschpartner interpretiert werden – sie geben Anhaltspunkte wie sich die Akteure im Sinne der gemeinsamen Austauschbeziehung effektiver verhalten können. Andererseits können offen gezeigte Emotionen aber nicht nur als intraindividuelle Stimuli wirken, sondern durch die offene Vermittlung an den Interaktionspartner auch als ausgleichende Ressource das Gleichgewicht in nicht ausgeglichenen oder unfairen Austauschsituationen wiederherstellen. Ein Akteur, der sich ungerecht behandelt fühlt, reagiert offensichtlich ärgerlich, um den Interaktionspartner zu „bestrafen" und so dessen „Nettonutzen" zu verringern. Andererseits kann natürlich auch Dankbarkeit und Toleranz gegenüber anderen Interaktionspartnern aufgebracht werden, um eine wahrgenommene Übervorteilung zum Ausdruck zu bringen (Homans 1961).

Annahme 5: Emotionen beeinflussen die Austauschbeziehung und bilden so den Kontext für weiteren Austauschsituationen

Wiederholter Austausch und die daraus resultierenden Emotionen stellen die Grundlage jeder Beziehung dar. Lawler (2006) argumentiertim Sinne der Attributionstheorieebenso wie Molm et al. (2000), dass Menschen die erlebten positiven oder negativen globalen Emotionen als Erstreaktion auf sozialen Austausch entweder dem Interaktionspartner, der Beziehung oder einer größeren sozialen Einheit zuschreiben, diese dann im Rahmen der Beziehung konkretisiert werden und sich beispielsweise in Vertrauen oder Commitment niederschlagen. Diese mit dem Interaktionspartner oder

der Austauschbeziehung verbundenen Emotionen bieten entweder erleichternde oder erschwerende Bedingungen für künftige Austauschsituationen und können darüber entscheiden, ob echter sozialer, reziproker Austausch möglich ist oder lediglich ökonomischer beziehungsweise ausgehandelter (Emerson 1976).

Annahme 6: Die Art des Austauschs und die zugrundeliegende Beziehung können auch die daraus resultierenden Emotionen beeinflussen

Entsprechend der Unterscheidung von Blau (1964) werden, je nachdem, ob es sich um einen echten sozialen Austausch oder einen ökonomischen Austausch handelt, unterschiedliche emotionale Reaktionen hervorgerufen. Generell ist analog zur Ressourcentheorie von Foa und Foa (1980) zu vermuten, dass sozialer Austausch mit einer größeren Wahrscheinlichkeit und in höherer Intensität emotionale Reaktionen auslöst. Dies ist damit zu begründen, dass die Austauschressourcen im Rahmen von ökonomischem Austausch wesentlich eindeutiger definiert sind und es zu weniger Überraschungen oder Enttäuschungen hinsichtlich der erwarteten und geleisteten Gegenleistungen kommen kann (Blau 1964).

5.2 Empirischer Zusammenhang: Sozialer Austausch und Emotionen

Inwieweit sich LMX- und TMX-Beziehungen auf die emotionalen Befindlichkeiten von Mitarbeitern und ganzen Teams auswirken, wurde explizit bislang empirisch kaum untersucht. Im Rahmen der LMX-Forschung spielten Emotionen in erster Linie bei der (Weiter-)Entwicklung des LMX als mehrdimensionales Konstrukt eine Rolle. Deshalb findet sich in der LMX-Skala von Liden und Maslyn (1998) auch eine Dimension zu „affect“ bzw. „liking“. Außerdem beschäftigt sich die LMX-Forschung mit Blick auf Emotionen insbesondere mit der emotionalen Intelligenz als Prädiktor von LMX sowie mit der Rolle von Emotionen in der Entwicklung von LMX-Beziehungen (Tse et al., in Druck). Inwieweit sich die Austauschqualität jedoch auf den individuellen arbeitsbezogenen Affekt oder die Stimmung in Teams oder Abteilungen auswirkt, wurde bislang kaum untersucht.

Als einzige der Autorin bekannte Studien sind in diesem Zusammenhang nur die von Tse und Dasborough (2008), Wegge et al. (2006), Volmer (2015) und Restubog et al. (2010) zu nennen, die aber auch nur Zusammenhänge zwischen anderen sozialen Austauschkonstrukten als der LMX-Qualität (wie soziale Konflikte, Bruch eines psychologischen Vertrags oder Unterstützung durch den Vorgesetzten) und spezifischen Facetten des Arbeitsaffekts untersuchten.

Wegge et al. (2006) fanden einen positiven Zusammenhang zwischen Unterstützung durch den Vorgesetzten und positivem Arbeitsaffekt. Volmer (2015) konnte einen positiven Zusammenhang zwischen sozialem Konflikt mit dem Vorgesetzten und negativen Emotionen bestätigen. Die einzige Studie, die eines der hier untersuchten Austauschkonstrukte als Antezedent betrachtet,ist die von Tse und Dasborough (2008). Sie zeigten in einer Studie mit qualitativen und quantitativen Analysen, dass die TMX-Qualität auf individueller Ebene einen Zusammenhang zu affektiven Reaktionen aufweist, wobei dieser für positiven Affekt stärker ausgeprägt ist als für negativen.In einer weiteren Studie belegten Tse et al. (2008) einen positiven Zusammenhang zwischen LMX und TMX über Freundschaft am Arbeitsplatz auf individueller Ebene, der von dem affektiven Klima im Team moderiert wurde. Restubog et al. (2010) fanden einen positiven Zusammenhang von psychologischem Vertragsbruch und negativem Affekt und untersuchten mit Blick auf LMX immerhin den moderierenden Einfluss von LMX auf diesen Zusammenhang und stellten fest, dass dieser stärker ist bei qualitativ hochwertigen LMX-Beziehungen.

5.3 Forschungsmodell auf individueller Ebene: Sozialer Austausch und Emotionen als Prädiktoren individueller Einstellungen und Verhaltensweisen

Um die Bedeutung von Emotionen im Zusammenhang mit sozialen Beziehungen am Arbeitsplatz für die Organisation zu verstehen, bietet die Weiterentwicklung der sozialen Austauschtheorie mit Blick auf Emotionen nur implizite Erklärungsansätze. Mit Lawlers Affekttheorie (2001, Lawler und Thye 2006) wird lediglich erläutert, welche Rolle Emotionen im Austauschprozess und beim Aufbau von sozialen Beziehungen spielen. Wie sich Emotionen als Ergebnis eines Austauschs oder einer Austauschbeziehung auf individuelle und kollektive organisationale Ergebnisse auswirken, wird nicht dargelegt. Für die Erklärung auf individueller Ebene hilft die Verknüpfung der sozialen Austauschtheorie (Thibaut und Kelley 1959, Homans 1961, Blau 1964) mit der Affective Events Theorie (Weiss und Cropanzano 1996). Dies wird im Folgenden erläutert. Anschließend werden daraus die Hypothesen, die dem Forschungsmodell zugrundeliegen, abgeleitet.

5.3.1 Sozialer Austausch als affektives Event

Die relativ ausführliche Verknüpfung der Ansätze der sozialen Austauschtheorie mit der Affective Events Theorie wurde bereits von Tse und Ashkanasy (2008) vorgeschlagen, allerdings mit dem Hauptaugenmerk darauf, eine Erklärung für den Zusammenhang der Qualität hierarchischer mit der lateraler Beziehungen in Teams herzustellen.

Wie in Kapitel 4.2.1 dargestellt, besteht die Kernaussage der AET von Weiss und Cropanzano (1996) darin, dass bestimmte organisatorische Rahmenbedingungen zu positiven oder negativen affektiven Ereignissen im Arbeitsumfeld führen können, die den emotionalen Zustand oder die emotionale Wahrnehmung des Arbeitsumfeldes der Mitarbeiter prägen und dadurch deren Verhaltensweisen und Einstellungen beeinflussen (siehe auch Tse und Ashkanasy 2008).

Dass sozialer Austausch ein affektives Ereignis darstellen kann, indem durch ihn positive oder negative Emotionen hervorgerufen werden, wurde im vorangegangenen Kapitel mit der ersten Annahme erläutert. In der AET werden affektive Ereignisse im Arbeitsalltag als die *„daily hassles and uplifts"* beschrieben (Tse und Ashkanasy 2008, S. 505, Weiss und Cropanzano 1996). Zwischenmenschliche Interaktionen oder soziale Austausche als affektive Ereignisse im Arbeitsalltag stellen damit eine der die Gesamtwahrnehmung des Arbeitsumfeldes prägendsten - wenn nicht sogar die prägendsten – Ereignisse dar. Demnach sind soziale Austausche mit dem Vorgesetzten, im Sinne von Leader-Member Exchange, sowie mit Kollegen, im Sinne von Team-Member Exchange, als affektive Ereignisse im Arbeitskontext zu betrachten, die den arbeitsbezogenen Affekt des jeweiligen Mitarbeiters beeinflussen. Dieser arbeitsbezogene Affekt ist demnach als die Frequenz und Intensität emotionaler Reaktionen auf affektive Ereignisse im Arbeitsalltag über einen längeren Zeitraum zu verstehen.

Die Qualität der Arbeitsbeziehungen im Team, das heißt die LMX- und TMX-Qualität, stellen dabei den Kontext oder die Quelle für bestimmte Austauschsituationen (Ereignisse) dar und können in Worten der AET als Merkmale der Arbeitswelt angesehen werden (Weiss und Cropanzano 1996). Dies entspricht den letzten beiden Annahmen in Kapitel 5.1, dass Beziehungsqualität, situative und beziehungsbezogene Emotionen sowie spezifische Austauschsituationen untrennbar miteinander verbunden sind und sich gegenseitig beeinflussen.

Weiterhin wird von der AET aufgezeigt, dass die emotionalen Reaktionen, das heißt der arbeitsbezogene Affekt, Verhalten und Einstellungen der Mitarbeiter beeinflussen (Weiss und Cropanzano 1996). Die Annahmen 2 bis 4, die darlegen, inwieweit Emotionen im Austauschprozess eingesetzt werden, erklären insbesondere das in der AET beschriebene emotionsgetriebene Verhalten. Dieses schlägt sich in der Äußerung von Ärger, Frust oder Freude und Stolz als Austauschressource, in destruktiven oder prosozialen Verhaltensweisen sowie in der Vermeidung oder Ersuchung bestimmter Austauschsituationen, die negative beziehungsweise positive Emotionen hervorrufen, nieder.

Wirken sich LMX und TMX als Merkmale der Arbeitswelt direkt auf die Arbeitseinstellungen und dadurch vor allem auf das beurteilungsgetriebene Verhalten aus, entspricht dies dem „traditionell herangezogenen" rationalen Wirkungsmechanismus auf Basis der Reziprozitätsnorm (Gouldner 1960) und Ressourcentheorie (Foa und Foa 1980) der sozialen Austauschtheorie wie er in Kapitel 3 dargelegt wurde.

Mit dieser Verknüpfung der AET und der SET kann also erklärt werden, inwiefern sich LMX und TMX direkt oder indirekt über emotionale Reaktionen auf Verhalten und Einstellungenvon individuellen Mitarbeitern, wie in der bestehenden LMX und TMX Forschung schwerpunktmäßig untersuchten Konstrukte Arbeitszufriedenheit, organisationales Commitment und OCB (siehe Kapitel 3.3), auswirken. Eine klare Differenzierung von beurteilungs- und emotionsgetriebenem Verhalten bezüglich dieser relevanten Konstrukte ist jedoch aufgrund der engen Verknüpfung von Kognition und Emotion sowie der komplexen Entstehung von menschlichem Verhalten im Rahmen (siehe zum Beispiel Ciompi 2016) dieser sozialwissenschaftlichen Forschungsarbeit weder möglich noch sinnvoll. Dass der individuelle Charakter und die Persönlichkeit moderierenden oder direkten Einfluss auf die emotionalen Reaktionen von Mitarbeitern auf sozialen Austausch nehmen kann, wie es in der AET beschrieben wird, ist der Vollständigkeit halber bei der Anwendung der SET und AET zwar zu erwähnen, stellt aber nicht den Schwerpunkt der vorliegenden Forschungsfragen dar, weshalb dieser Aspekt der AET im Folgenden vernachlässigt wird.

Abbildung 13 zeigt den auf Basis der Verknüpfung der Sozialen Austauschtheorie mit der Affective Events Theorie hergeleiteten Wirkungszusammenhang von LMX, TMX, dem arbeitsbezogenen Affekt und individuellen Einstellungen und Verhaltensweisen auf.

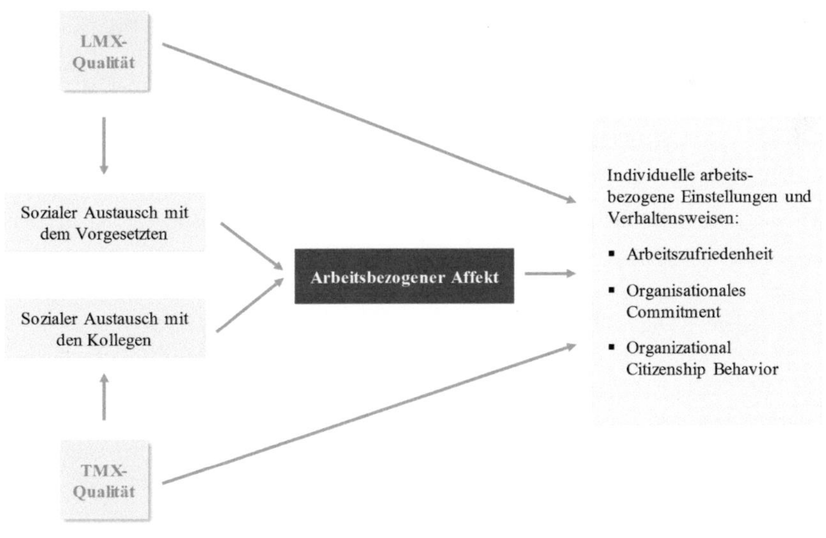

Abbildung 13: Integration der AET und SET

Darauf aufbauend ergibt sich das in Abbildung 14 dargestellte Forschungsmodell, welches die Grundlage für die Formulierung der Forschungshypothesen auf individueller Ebene bildet.

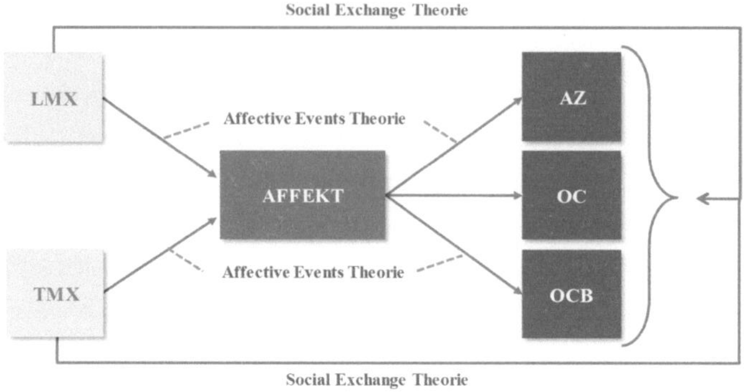

Abbildung 14: Ableitung des Forschungsmodells auf individueller Ebene

5.3.2 Austauschqualität und arbeitsbezogener Affekt als Prädiktor individueller Einstellungen und Verhaltensweisen: Hypothesenformulierung

Auf Basis der Reziprozitätsnorm (Gouldner 1960, Homans 1961) und der Ressourcentheorie (Foa und Foa 1980) aus dem Rahmenkonzept der SET sowie den bestehenden empirischen Untersuchungen zu den Konsequenzen von LMX und TMX auf Einstellungen und Verhaltensweisen von Mitarbeitern (siehe Kapitel 3.3) ist davon auszugehen, dass sowohl LMX als auch TMX positiven Einfluss auf Verhaltensweisen und Einstellungen nehmen und damit indirekt auch deren individuelle Leistung beeinflussen. Entsprechend der existierenden Forschungslandschaft wurden als Ergebnisfaktoren auf individueller Ebene die Arbeitszufriedenheit, das organisationale Commitment und prosoziale Verhaltensweisen im Sinne von OCB herangezogen. Im Idealfall wäre noch die individuelle Leistung als Ergebnisfaktor interessant zu untersuchen gewesen. Dies war jedoch aufgrund von mitbestimmungsrechtlichen Gründen nicht möglich.

Deshalb sollen auf individueller Ebene (Hypothesenblock H1) folgende Hypothesen überprüft werden:

H1.1: Die LMX-Qualität nimmt direkten positiven Einfluss auf

a) die Arbeitszufriedenheit.
b) das Organisationale Commitment.
c) das Organizational Citizenship Behavior.

H1.2: Die TMX-Qualität nimmt direkten positiven Einfluss auf

a) die Arbeitszufriedenheit.

b) das organisationale Commitment.

c) das Organizational Citizenship Behavior.

Die Austauschqualität eines Mitarbeiters mit seinem Vorgesetzten und seinen Kollegen kann gemäß den Thesen von Homans (1961) und der „Social Exchange Theory ofEmotions“(Lawler und Thye 1999, Lawler 2001, Lawler und Thye 2006) neben rationalen Auswirkungen (H1.1 und H1.2) auch emotionale Konsequenzen haben. Fairer und reziproker Austausch wird als positiv erlebt und führt zu Zufriedenheit, während Verletzungen von Fairness und Reziprozität zu Ärger, Frust und Enttäuschung führen können. Die bestehende interdisziplinäre Forschung empfiehlt, wie in Kapitel 4 erläutert, positiven und negativen Affekt separat zu beleuchten, weshalb die Hypothesenformulierung für den Zusammenhang zwischen individueller Austauschqualität und arbeitsbezogenem Affekt wie folgt ausgestaltet ist:

H1.3: Die LMX-Qualität nimmt positiven Einfluss auf den arbeitsbezogenen Affekt.

H1.3a) Die LMX-Qualität nimmt positiven Einfluss auf den positiven arbeitsbezogenen Affekt.

H1.3b) Die LMX-Qualität nimmt negativen Einfluss auf den negativen arbeitsbezogenen Affekt.

H1.4: Die TMX-Qualität nimmt positiven Einfluss auf den arbeitsbezogenen Affekt.

H1.4a) Die TMX-Qualität nimmt positiven Einfluss auf den positiven arbeitsbezogenen Affekt.

H1.4b) Die TMX-Qualität nimmt negativen Einfluss auf den negativen arbeitsbezogenen Affekt.

Gemäß der Affective Events Theorie beeinflussen emotionale Zustände die Verhaltensweisen und Einstellungen von Mitarbeitern (Weiss und Cropanzano 1996). Auch hier wird zwischen positivem und negativem Affekt unterschieden. Auch wenn die bestehenden Forschungsergebnisse und auch theoretische Überlegungen für die Wirkung des negativen Affekts keine eindeutige Hypothesenformulierung zulassen, wird hier zunächst von einem negativen Zusammenhang mit den untersuchten Ergebnisfaktoren ausgegangen, da ein negativer oder ein nicht-signifikanter Zusammenhang auf Basis des aktuellen Forschungsstands als wahrscheinlicher einzuschätzen sind als ein positiver.

H1.5: Der positive arbeitsbezogene Affekt nimmtpositiven Einfluss auf

a) die Arbeitszufriedenheit.

b) das organisationale Commitment.

c) das Organizational Citizenship Behavior.

H1.6: Der negative arbeitsbezogene Affekt nimmt negativen Einfluss auf

a) die Arbeitszufriedenheit.
b) das organisationale Commitment.
c) das Organizational Citizenship Behavior.

Im Gesamtwirkungszusammenhang der sozialen Austauschtheorie und der Affective Events Theorie wird von folgenden Wirkungszusammenhängen ausgegangen:

H1.7: Der individuelle arbeitsbezogene positive Affekt mediiert teilweise den Zusammenhang zwischen individueller LMX-Qualität und

a) der Arbeitszufriedenheit.
b) dem Organisationale Commitment.
c) dem Organisational Citizenship Behavior.

H1.8: Der arbeitsbezogene negative Affekt mediiert teilweise den Zusammenhang zwischen LMX-Qualität und

a) der Arbeitszufriedenheit.
b) dem Organisationalen Commitment.
c) dem Organisational Citizenship Behavior.

H1.9: Der arbeitsbezogene positive Affekt mediiert teilweise den Zusammenhang zwischen TMX-Qualität und

a) der Arbeitszufriedenheit.
b) dem organisationalen Commitment.
c) dem Organizational Citizenship Behavior.

H1.10: Der arbeitsbezogene negative Affekt mediiert teilweise den Zusammenhang zwischen TMX-Qualität und

a) der Arbeitszufriedenheit.
b) dem organisationalen Commitment.
c) dem Organisational Citizenship Behavior.

Abbildung 15 zeigt das Forschungsmodell und die darin vermuteten Wirkungszusammenhänge nochmal schematisch. Dies stellt die Grundlage für alle im Folgenden angestellten Analysen dar.

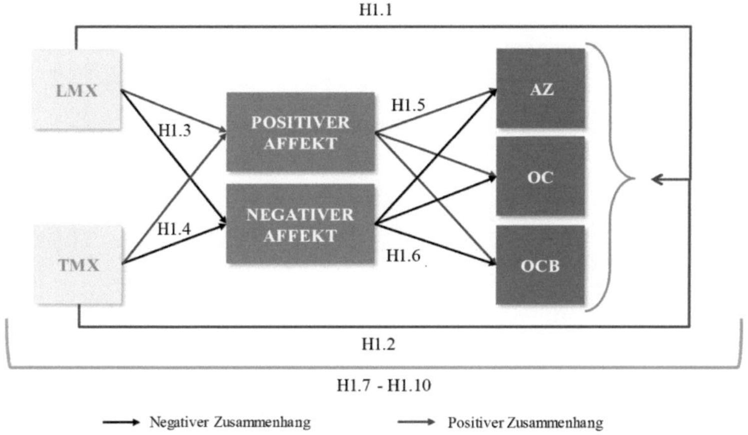

Abbildung 15: Forschungsmodell Individualebene

5.4 Forschungsmodell auf Gruppenebene: Beziehungsqualität und Stimmung im Team als Prädiktor der Leistungsfähigkeit im Team

5.4.1 Gemeinsame Austauschbeziehungen als Inputfaktor für den Gruppenaffekt und Grundlage zur emotionalen Angleichung

Die Voraussetzung dafür, dass geteilte Emotionen entstehen können, ist zwischenmenschliche Interaktion (Barsade und Knight 2015). Diese Erkenntnis legt eine Verknüpfung der Sozialen Austauschtheorie beziehungsweise der LMX- und TMX-Forschung mit der Forschung zu kollektiven Emotionen nahe. Aufgrund der eigentlich dyadischen Konzeption der LMX-Theorie existieren jedoch kaum Untersuchungen, die die Forschung rund um das Feld LMX mit der um den Gruppenaffekt zu verknüpfen versuchen. Dementsprechend ist die empirische Studie auf Gruppenebene eher als explorativ dahingehend zu betrachten, ob eine Verknüpfung dieser beiden Forschungsstränge für weitere Forschungen vielversprechend ist.

Entsprechend der Ansätze von Lawler zu einer „Social Exchange Theory of Emotions" können Emotionen den Kontext für sozialen Austausch, einen Bestandteil des Austauschs und ein Ergebnis des Austauschs darstellen (Lawler und Thye 1999, Lawler 2001, Lawler und Thye 2006). Obwohl diese Ansätze auf individueller beziehungsweise bilateraler Ebene konzipiert sind, sind sie auch auf Gruppenebene anwendbar und vielleicht sogar von noch größerer Bedeutung.

Gruppenaffekt als Ergebnis von sozialem Austausch zu betrachten entspricht dem IPSO-Modell von Collins et al. (2013), das in Kapitel 4.3 vorgestellt wurde. Die Anwendung des IPSO-Modells auf die vorliegende Fragestellung, welche Zusammenhänge zwischen Intra-Gruppenbeziehungsqualität, Gruppenaffekt und Gruppenergebnissen bestehen, ist in Abbildung 16 dargestellt. Das Modell bietet für die Erklärung und Prgnose von Ergebnisunterschieden zwischen Teams einen umfassenden Rahmen, der die Ansätze der SET, der AET und der emotionalen Ansteckung integriert.

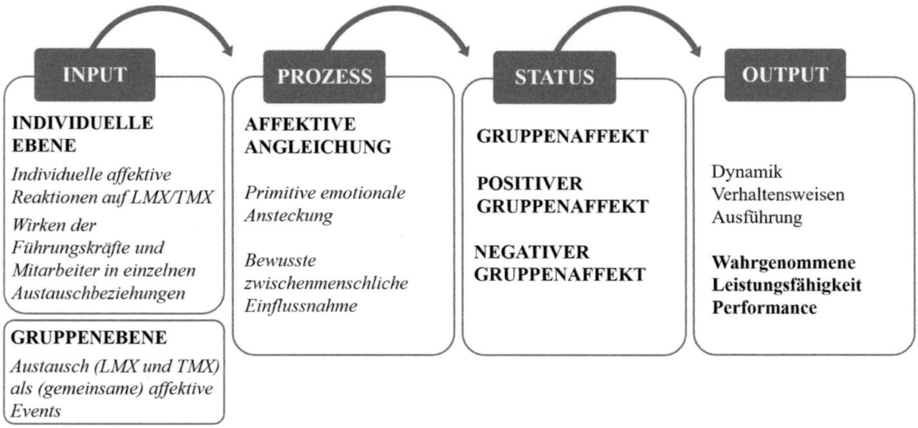

Abbildung 16: Integration der SET, AET und des Konzepts der emotionalen Ansteckung in einem IPSO-Modell in Anlehnung an Collins et al. (2013)

Dabei sind LMX-Beziehungen insbesondere als Input-Faktor (affektive Events) zu betrachten, durch die die jeweilige FührungskraftEinfluss auf den Gruppenaffekt durch den Prozess der emotionalen Angleichung nimmt. Dies geschieht einerseits dadurch, dass Mitarbeiter ihre emotionalen Reaktionen auf den Austausch mit ihrer Führungskraft bewusst (positive oder negative „Stimmungsmache") oder unbewusst (primitive emotionale Ansteckung) durch Mimik und Körpersprache ihren Kollegen mitteilen und diese über den Prozess der emotionalen Ansteckung damit „infizieren". Positiv empfundener LMX bewirkt entsprechend der AETnach Weiss und Cropanzano (1996) individuell positive Emotionen, die dann im Team geteilt werden und zu kollektiven Emotionen werden. Eine hohe durchschnittliche LMX-Qualität dürfte also auch zu einer positiven Stimmung im Team führen, während eine niedrige durchschnittliche LMX-Qualität mit mehr und stärkeren negativen Emotionen im Team assoziiert sein müsste.Die Argumentation gilt analog für TMX-Beziehungen, die nicht nur als individuelle affektive Events, sondern auch als gemeinsame „affektive Events" (Weiss und Cropanzano 1996) betrachtet werden können. Ein sozialer Austausch im Team stellt ein affektives Ereignis (Weiss und Cropanzano 1996) dar, das gleiche oder ähnliche affektive Reaktionen bei allen Beteiligten sowie bei außenstehenden Beobachtern aus dem Team hervorrufen kann. Zusätzlich können die von den Austauschpartnern erlebten Emotionen anschließend wieder im

Team durch explizite emotionale Einflussnahme oder durch primitive emotionale Ansteckung verbreitet werden.

Andererseits kann die Führungskraft ihre eigenen Emotionen in die Austauschbeziehungen einbringen, die wiederum emotionale Ansteckungsprozesse bei den Mitarbeitern in Gang setzen (Lawler und Thye 2006, Sy et al. 2005). Dabei können Emotionen als Belohnung oder Bestrafung oder als Austauschressource im Sinne einer Information betrachtet werden (Lawler und Thye 2006). Wenn Emotionen als Belohnung oder Bestrafung in einem Austauschprozess eingesetzt werden, dann können positive Emotionen, wie Zufriedenheit, Stolz oder Zuneigung, Ressourcen und/oder Ergebnisse einer positiven Austauschbeziehung sein, während Ärger, Frust, oder Schuldgefühle Ressourcen und/oder Ergebnisse einer qualitativ schlechten, im Sinne eines nicht-reziproken Austauschs sein können, der wiederum zu einer Verschlechterung der Qualität der Austauschbeziehung führt. Über die unbewusste oder bewusste emotionale Ansteckung (Hatfield et al. 1994) in sich daran anschließenden Interaktionen mit anderen Kollegen können sich die Emotionen, die in der Interaktion zwischen Führungskraft und Mitarbeiter ausgetauscht werden, im Team verbreiten.

Im zweiten Fall „Emotion als Ressource oder als Information" ist entsprechend der Ressourcentheorie nach Foa und Foa (1980) davon auszugehen, dass Emotionen generell eher in qualitativ hochwertigen Beziehungen ausgetauscht werden und in die Gruppenstimmung Eingang finden. Demnach würden „gute" LMX-Beziehungen sowohl stärkere positive als auch stärkere negative Emotionen in der Gruppe bedeuten. Das offene „Zeigen" positiver – wie auch negativer – Gefühle spiegelt ein hohes Vertrauen zwischen den Austauschpartnern wider (Walter und Bruch 2008). Insofern bleibt es theoretisch unklar, ob negativer Gruppenaffekt einen eindeutig negativenZusammenhang mit der durchschnittlichen LMX- und TMX-Qualität im Team aufweist. In jedem Fall ist davon auszugehen, dass qualitativ hochwertige LMX- und TMX-Beziehungen mit positivem Gruppenaffekt einhergehen.

Wird der Gruppenaffekt als Kontext für sozialen Austausch betrachtet, so gibt dieser den Rahmen vor, in welchem sich die Interaktionspartner, also Mitarbeiter und Führungskraft oder Kollegen untereinander begegnen. Hierbei ist insbesondere die Ähnlichkeit des Affekts der Mitglieder eines Teams von Bedeutung, da eine affektive Ähnlichkeit untereinander zu einer erhöhten Anziehung untereinander führen kann (Walter und Bruch 2008). Verfügen die Mitglieder eines Teams über eine starke, gleiche Wahrnehmung des affektiven Klimas im Team und über ähnliche persönliche Affektivitäten, so ziehen sie sich gegenseitig an und pflegen bessere Austauschbeziehungen untereinander. Dabei ist aber nicht die Ausprägung des Gruppenaffekts, sondern in erster Linie lediglich die

Stärke des Gruppenaffekts von Relevanz, die jedoch nicht im Fokus dieser Untersuchung steht (Walter und Bruch 2008).

5.4.2 Austauschqualität und Gruppenaffekt als Prädiktor der kollektiven Leistungsfähigkeit: Hypothesenformulierung

Aus der eben dargestelltenVerknüpfung der SET, der AET und dem Konzept der emotionalen Ansteckung ergibt sich das in Abbildung 17 dargestellte Forschungsmodell auf Gruppenebene.

Entsprechend der SET auf individueller Ebene ist ebenso von einer direkten Wirkung der LMX- und TMX-Qualität auf die Leistung des Teams, also auf kollektiver Ebene, auszugehen, insofern, dass die Teamleistung stark von den Individualleistungen abhängig ist, was insbesondere in Vertriebseinheiten mit Mitarbeitern mit eigenständigen Rollen gegenüber dem Kunden der Fall sein sollte.

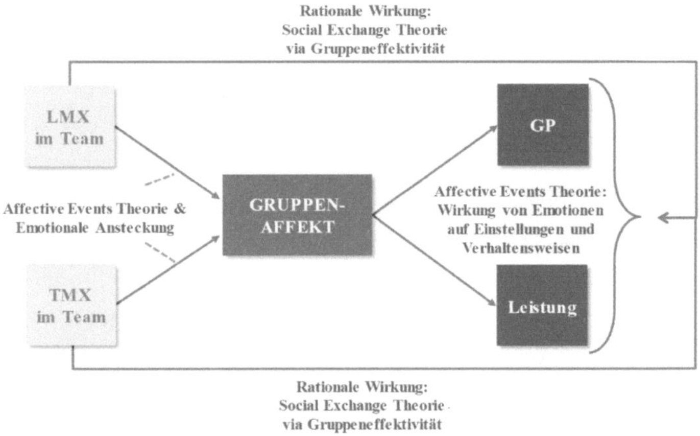

Abbildung 17: Ableitung des Forschungsmodells auf Gruppenebene

Unterschiedliche Attraktivitäten der verschiedenen Mitarbeiter sowohl für ihren Vorgesetzten als auch ihre Mitarbeiter (Homans 1961) sowie das begrenzte Zeitbudget von Führungskräften und Mitarbeitern (Graen und Uhl-Bien 1995) können zu durchaus unterschiedlichen Austauschbeziehungen führen. In einer Vertriebseinheit, in der jedoch jeder Mitarbeiter eine eigenständige Rolle dem Kunden gegenüber einnehmen soll, müsste eine durchweg hohe LMX- und TMX-Qualität zu den besten Vertriebsergebnissen führen, da diese zu einem besseren Informations- und Ressourcenaustausch im Team sowie engagierten Mitarbeitern und einer höheren wahrgenommenen Leistungsfähigkeit im Team führt. Dieser direkte Einfluss auf die Teamperformance ist in erster Linie mit rationalen Argumenten wie eben der verbesserten Koordination und Teameffektivität durch den verbesserten Informations- und Ressourcenaustausch zu begründen. Als Indikatoren für die Teamleistung wurden auf Basis der bestehenden empirischen Forschung zu den Konsequenzen von Gruppenaffekt die von den Mitarbeitern wahrgenommene Gruppenwirksamkeit, die subjektive Leistungsbeurteilung der Gruppe durch den Vorgesetzten sowie zur Vergleichbarkeit der Filialen und Unternehmen der letztjährige Rankingplatz der Filiale als objektive Leistungskennzahl herangezogen.

Dies führt zu folgender Hypothesenformulierung auf Gruppenebene:

H2.1: Die durchschnittliche LMX-Qualität nimmt direkten positiven Einfluss auf

a) die wahrgenommene Leistungsfähigkeit der Gruppe (Gruppenwirksamkeit).
b) die subjektive Gruppenleistung (Vorgesetztenbewertung).
c) die objektive Gruppenleistung (Rankingplatz).

H2.2: Die durchschnittliche TMX-Qualität nimmt direkten positiven Einfluss auf

a) die wahrgenommene Leistungsfähigkeit der Gruppe (Gruppenwirksamkeit).
b) die subjektive Gruppenleistung (Vorgesetztenbewertung).
c) die objektive Gruppenleistung (Rankingplatz).

Die Austauschqualität im Team kann, wie im vorherigen Kapitel erläutert, als Inputfaktor für den Gruppenaffekt betrachtet werden (Collins et al. 2013).Qualitativ hochwertige Austausche sind also als affektive Ereignisse, die individuelle affektive Reaktionen hervorrufen, die dann wiederum in der Gruppe geteilt werden, und so den positiven Gruppenaffekt verstärken, zu betrachten. Dementsprechend ist von einem positiven Zusammenhang zwischen durchschnittlicher Austauschqualität im Team und positivem Gruppenaffekt auszugehen:

H2.3a): Die durchschnittliche LMX-Qualität nimmt positiven Einfluss auf den positiven Gruppenaffekt.

H2.3b): Die durchschnittliche TMX-Qualität nimmt positiven Einfluss auf den positiven Gruppenaffekt.

Der Zusammenhang zwischen LMX-Qualität und negativem Gruppenaffekt hingegen ist, wie in Kapitel 5.4.1 beschrieben, weniger eindeutig. Die SET selbst bietet Erklärungen für beide Richtungen: In qualitativ hochwertigen Beziehungen wird gemäß der SET offen mit Emotionen umgegangen – auch mit negativen (Blau 1964, Foa und Foa 1980). Deshalb kann durch dieses offene Zeigen von negativen Emotionen und die Mechanismen der emotionalen Ansteckung eine hohe LMX- und

TMX-Qualität auch zu einem starken negativen Gruppenaffekt führen. Dabei sollte es sich aber eher um kurzfristige Effekte handeln – langfristig müsste mit dem Austausch von negativen Emotionen, wenn sie auf den Interaktionspartner gerichtet sind, eine Verschlechterung der Beziehung einhergehen. Wenn sie hingegen auf externe Quellen bezogen sind, sollten diese negativen Emotionen gegenüber externen Faktoren langfristig innerhalb des Teams für positive Emotionen sorgen. Deshalb wird folgender Zusammenhang vermutet:

H2.4a): Die durchschnittliche LMX-Qualität nimmt negativen Einfluss auf den negativen Gruppenaffekt.

H2.4b): Die durchschnittliche TMX-Qualität nimmt negativen Einfluss auf den negativen Gruppenaffekt.

Diese kollektiven emotionalen Faktoren, die sich zum Teil aus der Beziehungsqualität im Team ergeben, sollten auch eine Rolle bei der Erklärung von Leistungsunterschieden spielen (Collins et al. 2013, Barsade 2002, George 1995). Erstens, weil sie das Denken, Verhalten und Erleben der Mitarbeiter in den Filialen sowie deren Kreativität beeinflussen (siehe Kapitel 2.2.3, Chi et al. 2011, George 1990, Gibson 2003, Grawitch et al. 2003), zweitens, weil sie die Zusammenarbeit und den Zusammenhalt im Team stärken oder schwächen können (siehe Kapitel 4.3.4, Barsade 2002), und drittens, weil die Stimmung eines Vertriebsteams nur schwer gegenüber Kunden zu verbergen ist und sich damit auf die Entscheidungsfreude und die Kaufentscheidung des Kunden auswirken kann.

Deshalb ist davon auszugehen, dass positiver Gruppenaffekt zu einer höheren Motivation und Zufriedenheit der Mitarbeiter, einer höheren Gruppenwirksamkeit und einer höheren Vertriebsleistung führt (Volmer 2012, Barsade und Knight 2015). Negativer Gruppenaffekt kann dem entgegenwirken, es sei denn, die gemeinsam geteilten negativen Emotionen schweißen das Team zusammen und spornen es zu Höchstleistungen an. Demnach ist die Wirkung des negativen Gruppenaffekts unklar und schwer vorherzusagen. Falls ein langfristiger Effekt vom negativen Gruppenaffekt ausgehen sollte, ist dieser als negativ zu erwarten,da langfristig die negativen Auswirkungenüberwiegen sollten. Negative Stimmung im Team belastet langfristig die Individuen ebenso wie die Gruppeund schränkt diese in ihrem Verhaltensrepertoire und insbesondere in ihrer Wirkung auf Kunden ein. Vor allem im direkten Kundenkontakt und im Vertrieb sind affektive Faktoren von großer Bedeutung, da die Emotionen der Vertriebler beziehungsweise in der Filiale sich durch emotionale Ansteckung (Hatfield et al. 1994) auf den Kunden übertragen können. Wie in Kapitel 2.2.3 erläutert, neigen positiv gestimmte Menschen eher zu Entscheidungen und vor allem weniger zum kritischen Hinterfragen von in diesem Fall Produkten oder Dienstleistungen (Beer 2007, Forgas 1995, Isen und Geva 1987). Ein positiv gestimmter Kunde wird immer leichter einem Vertragsabschluss zustimmen als ein negativ oder ein neutral gestimmter.Demnach wird von folgendem Zusammenhang ausgegangen:

H2.5: Der positive Gruppenaffekt nimmt positiven Einfluss auf

a) die wahrgenommene Leistungsfähigkeit der Gruppe (Gruppenwirksamkeit).
b) die subjektive Gruppenleistung (Vorgesetztenbewertung).
c) die objektive Gruppenleistung (Rankingplatz).

H2.6: Der negative Gruppenaffekt nimmt negativen Einfluss auf

a) die wahrgenommene Leistungsfähigkeit der Gruppe (Gruppenwirksamkeit).
b) die subjektive Gruppenleistung (Vorgesetztenbewertung).
c) die objektive Gruppenleistung (Rankingplatz).

Da der soziale Austausch im Team (LMX und TMX) affektive Ereignisse im Team darstellt, die sich durch emotionale Ansteckung (primitive emotionale Ansteckung und bewusste emotionale Einflussnahme, Hatfield et al. 1994) auf den Gruppenaffekt auswirken können und damit auch indirekt Einfluss auf die wahrgenommene Leistungsfähigkeit und die Leistung der Einheit nehmen, wird davon ausgegangen, dass der Zusammenhang zwischen LMX beziehungsweise TMX und den Ergebnisfaktoren im Team teilweise durch den Gruppenaffekt mediiert wird. Dabei wird entsprechend der vorangegangenen Argumentation erwartet, dass der positive Gruppenaffekt positive Zusammenhänge aufweist und der negative Gruppenaffekt – falls dieser überhaupt signifikant Einfluss nimmt – negative Zusammenhänge.

H2.7: Der positive Gruppenaffekt mediiert teilweise den Zusammenhang zwischen durchschnittlicher LMX-Qualität und

a) der wahrgenommenen Leistungsfähigkeit der Gruppe (Gruppenwirksamkeit).
b) der subjektiven Gruppenleistung (Vorgesetztenbewertung).
c) der objektiven Gruppenleistung (Rankingplatz).

H2.8: Der negative Gruppenaffekt mediiert teilweise den Zusammenhang zwischen durchschnittlicher LMX-Qualität und

a) der wahrgenommenen Leistungsfähigkeit der Gruppe (Gruppenwirksamkeit).
b) der subjektiven Gruppenleistung (Vorgesetztenbewertung).
c) der objektiven Gruppenleistung (Rankingplatz).

H2.9: Der positive Gruppenaffekt mediiert teilweise den Zusammenhang zwischen durchschnittlicher TMX-Qualität und

a) der wahrgenommenen Leistungsfähigkeit der Gruppe (Gruppenwirksamkeit).
b) der subjektiven Gruppenleistung (Vorgesetztenbewertung).
c) der objektiven Gruppenleistung (Rankingplatz).

H2.10: Der negative Gruppenaffekt mediiert teilweise den Zusammenhang zwischen durchschnittlicher TMX-Qualität und

a) der wahrgenommenen Leistungsfähigkeit der Gruppe (Gruppenwirksamkeit).
b) der subjektiven Gruppenleistung (Vorgesetztenbewertung).
c) der objektiven Gruppenleistung (Rankingplatz).

Die Abbildung 18 zeigt das Forschungsmodell und die darin vermuteten Wirkungszusammenhänge nochmals grafisch.

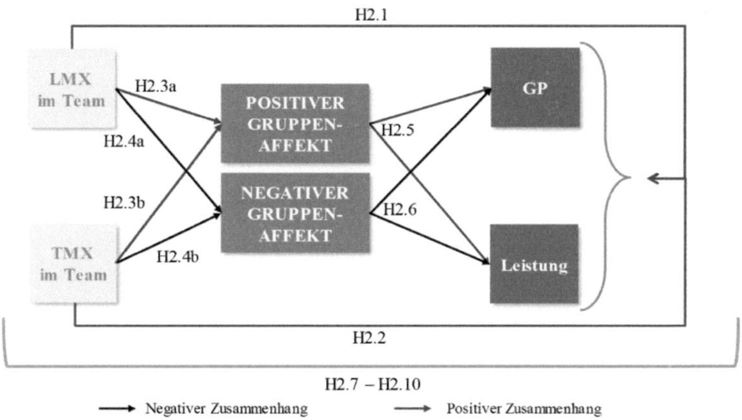

Abbildung 18: Forschungsmodell auf Gruppenebene

6 Empirische Studie

6.1 Untersuchungsmethodik

Ziel des Forschungsprojekts ist, den Zusammenhang zwischen Führungs- und Teambeziehungen, arbeitsbezogenen Emotionen und wünschenswerten Ergebnissen auf individueller und kollektiver (Gruppen-) Ebene in Vertriebseinheiten zu untersuchen. Aus den Ergebnissen sollen Implikationen für die Unternehmenspraxis bezüglich Führung und Interaktion in Teams, insbesondere in Vertriebseinheiten, abgeleitet und Empfehlungen zur Steigerung des Vertriebserfolgs gegeben werden. Als Untersuchungsmethode wurde deshalb eine Feldstudie gewählt, wobei die Daten mithilfe eines standardisierten Fragebogens in schriftlicher beziehungsweise internetbasierter Form erhoben wurden. Aufgrund des großen Stichprobenumfangs und des großen Aufwands für die teilnehmenden Unternehmen wurde eine Querschnittstudie durchgeführt. Die erhobenen Konstrukte können als zumindest mittelfristig konstant und die Wirkmechanismen mit mittelfristigem Zeithorizont angenommen werden, weshalb eine Längsschnittuntersuchung nur über mehrere Jahre sinnvoll wäre. Eine solche wäre allerdings fluktuationsbedingt und hinsichtlich des Aufwands für Unternehmen nur schwer realisierbar.

Für die vorliegende Fragestellung wird ein Untersuchungsumfeld benötigt, in dem mehrere vergleichbare Vertriebseinheiten parallel zueinander operieren. Aus diesem Grund bieten sich insbesondere filialorganisierte Flächenorganisationen an, wie sie im Einzelhandel oder im Privatkundenbereich von Finanzdienstleistungsunternehmen zu finden sind. Dabei sind Daten sowohl auf Individual- als auch auf Gruppenebene zu erheben, weshalb sowohl Mitarbeiter in Filialen als auch deren Vorgesetzte (Filialleiter) zu befragen waren. Den Unternehmen wurde jeweils freigestellt, wie viele und welche Filialen in die Studie aufgenommen werden sollten mit der Auflage, dass das gesamte Leistungsspektrum an Filialen von überdurchschnittlich erfolgreich bis leistungsschwach in der Stichprobe je Unternehmen enthalten ist.

6.2 Stichprobe

6.2.1 Zusammensetzung

Aus Untersuchungsumfeldern, die diesen Anforderungen gerecht werden, konnten vier Unternehmen als Teilnehmer an der Studie gewonnen werden. Zwei der Unternehmen stammen aus der Finanzdienstleistungsbranche und zwei aus dem Einzelhandel. Insgesamt wurden 112 Filialen eingeladen, an der Studie teilzunehmen, von denen sich aus 108 Filialen jeweils mindestens ein Mitarbeiter beteiligte. Dies ergab einen gesamten Stichprobenumfang auf Mitarbeiterebene von 466, was einer Rücklaufquote auf Mitarbeiterebene von 56% entspricht. Auf Filialebene wurden von den 108 teilnehmenden Filialen 13 ausgeschlossen, da sich aus diesen jeweils nur ein Mitarbeiter beteiligte, der den Filialen eindeutig zuzuordnen war. Von den übrigen 95 wiederum hatten sich elf Filialleiter nicht beteiligt.

Tabelle 2 zeigt im Überblick, wie sich die Gesamtstichprobe auf die verschiedenen Unternehmen verteilt.

Tabelle 2: Stichprobenumfang

	eingeladen		teilgenommen		auf Gruppenebene ausgewertet	
	Filialen	Mitarbeiter	Filialen	Mitarbeiter	Filialen	Mitarbeiter
Unternehmen 1	28	90	26	72	20	56
Unternehmen 2	6	51	6	41	6	40
Unternehmen 3	45	499	44	205	39	200
Unternehmen 4	33	193	32	148	30	146
Gesamt	112	833	108	466	95	442

Die Rücklaufquoten sind als Übersicht in Tabelle 3 zusammengefasst. Die Rücklaufquoten je Filiale beziehen sich nur auf die Filialen, die aufgrund ausreichender Mitarbeiterbeteiligung in die Auswertung auf Gruppenebene einbezogen wurden. Im Folgenden wird nochmal im Detail erläutert, inwieweit fehlende Werte und der Umgang damit zu dieser Zusammensetzung beziehungsweise zum Ausschluss bestimmter Filialen führten.

Tabelle 3: Rücklaufquoten

	Individualebene	Je Filiale	Durchschnitt je Filiale
Unternehmen 1	80,00%	50-100%	80,50%
Unternehmen 2	80,39%	60-100%	79,91%
Unternehmen 3	41,08%	22-89%	45,37%
Unternehmen 4	76,68%	41-100%	82,27%
Gesamt	55,49%	22-100%	66,60%

6.2.2 Umgang mit fehlenden Werten

6.2.2.1 Individualebene

Auf Individualebene gibt es keine fehlenden Werte, da der Online-Fragebogen so programmiert wurde, dass jede Frage beantwortet werden musste. Eine Ausnahme bildet hier das zweite Unternehmen, bei dem die Daten in schriftlicher Form, nicht online, erhoben wurden. Hier gab es einen Fragebogen, bei dem mehrere Fragen ausgelassen wurden, unter anderem weil ganze Seiten übersehen wurden. Dieser wurde von der Auswertung ausgeschlossen. Darüber hinaus gab es dort drei weitere Fragebögen, bei denen jeweils zwei Items der 100 in die Auswertung eingeflossenen ausgelassen wurden, sowie fünf, bei denen jeweils ein Item ausgelassen wurde. Diese wurden aufgrund der geringen Anzahl fehlender Werte in die Auswertung aufgenommen und im Rahmen der Strukturgleichungsmodellierung durch eine Mittelwertimputation, wie von Roth et al. (1999) und Newman und Sin (2007) empfohlen, ersetzt.

6.2.2.2 Teamebene

Auf Teamebene hingegen entstanden, wie in der Stichprobenzusammensetzung erläutert, fehlende Werte dadurch, dass pro Filiale nicht immer alle Mitarbeiter an der Studie teilgenommen haben. Insgesamt gab es 13 Filialen, aus denen sich jeweils nur ein Mitarbeiter an der Umfrage beteiligte. Maloney et al. (2010) empfehlen auch Gruppen in die Auswertung zu übernehmen, bei denen nur ein Mitarbeiter an der Umfrage teilgenommen hat, da er in einer Simulationsstudie zeigen konnte, dass die Nachteile einer möglichen Verzerrung durch fehlende Werte durch die Vorteile eines potenziell größeren Stichprobenumfangs aufgewogen werden. Dies gilt aber nur für Konstrukte, die zwar aus individuellen Daten gewonnen, aber als echte Gruppenvariablen mit hoher Einigkeit innerhalb einer Gruppe definiert sind. Bei der vorliegenden Fragestellung stehen aber Konstrukte im Mittelpunkt, die sich teilweise aus der unterschiedlichen Wahrnehmung verschiedener Teammitglieder ergeben und dementsprechend nur eine mittlere Intragruppenkorrelation zu erwarten ist. Dies ist insbesondere bei der durchschnittlichen LMX-Qualität der Fall, die in der ursprünglichen Theorie gerade als nicht einheitlich über die einzelnen Mitglieder in einem Team hinweg erwartet wird.

In der Forschungspraxis ist es gängig, bei nicht vollständigen Daten je Gruppe einen Grenzwert für eine minimale Teilnehmerzahl festzulegen oder einen bestimmten Anteil je Gruppe (Maloney et al. 2010). Da der Stichprobenumfang auch bei Ausschluss der Filialen, aus denen sich jeweils nur ein Mitarbeiter beteiligt hat, über dem von Maloney et al. (2010) empfohlenen von 80 Einheiten liegt, wurde als Grenzwert für die Einbeziehung in die Gruppenauswertung eine Mindestanzahl von zwei Fragebögen auf Mitarbeiterebene festgelegt.

Dies führte zu einem Ausschluss von sechs Filialen aus Unternehmen 1, fünfFilialen aus Unternehmen 3 und zwei Filialen von Unternehmen 4, von denen sich jeweils nur ein Mitarbeiter beteiligt hatte. Daraus ergibt sich die Gesamtstichprobe auf Filialebene von 95 Filialen. Von elf Filialleitern fehlte die subjektive Leistungsbeurteilung ihrer Filiale. Objektive Performance-Daten und die Gruppenwirksamkeitsbeurteilung waren jedoch für diese Filialen verfügbar, weshalb diese Filialen bei der Auswertung einbezogen und lediglich bei der Analyse der einzelnen Zusammenhänge paarweise ausgeschlossen wurden.

6.2.3 Kontexte der teilnehmenden Unternehmen

Da Ergebnisse und deren Interpretation durchaus kontextspezifisch sein könnten, werden im Folgenden die teilnehmenden Unternehmen sowie die daraus gewonnenen Stichproben näher vorgestellt.

6.2.3.1 Unternehmen 1: Hersteller für Damenoberbekleidung mit Filialnetz

Das erste Unternehmen ist ein deutscher Hersteller für Damenoberbekleidung mit eigenem Filialnetz zum Vertrieb der Kollektionen an den Endkunden. Die Filialteams bestehen aus zwei bis fünf Mitarbeiterinnen pro Filiale. Alle Teammitglieder haben ähnliche Aufgaben mit dem Fokus auf der Beratung von Kunden und dem Verkauf von Modeartikeln.

Die gesamte deutsche Vertriebsorganisation (29 Filialen) mit Ausnahme von einer Filiale, die vom Management als ungeeignet eingestuft wurde, wurde zur Teilnahme an der Studie eingeladen. Es beteiligten sich Mitarbeiterinnen aus 26 der insgesamt 28 Filialen in ganz Deutschland. Mit Ausnahme von Mitarbeiterinnen, die sich im Urlaub befanden oder längerfristig arbeitsunfähig waren, nahmen gemäß den Rückmeldungen aus dem Unternehmen alle Mitarbeiterinnen, insgesamt 72, der 26 Filialen teil. Daraus ergab sich eine Rücklaufquote von 80% auf individueller Ebene. Elf Fragebögen konnten aufgrund eines technischen Fehlers in der Fragebogensoftware nicht zu Filialen zugeordnet werden, sodass diese nur auf individueller Ebene ausgewertet wurden. Dies führte dazu, dass bei einer Filiale kein und bei fünf Filialen nur ein gültiger Fragebogen auf Mitarbeiterebene vorlag. Diese sechs Filialen wurden für die Auswertung auf kollektiver Ebene ausgeschlossen. Die verbleibenden 20 Filialen, die in die Auswertung auf Gruppenebene einbezogen wurden, wiesen eine Rücklaufquote zwischen 50 und 100% auf.

6.2.3.2 Unternehmen 2: Einzelhandelsunternehmen aus der Mode- und Lifestylebranche

Das zweite Unternehmen ist ein reines Handelsunternehmen, ebenfalls aus der Mode- und Lifestylebranche, das über ein bundesweites Filialnetzverfügt, dessen größte Anzahl an Filialen aber in

Nordrheinwestfalen angesiedelt ist. In den Filialen arbeiten jeweils zwischen 5 und 15 Mitarbeitern, die alle ähnliche Aufgabenstellungen haben mit dem Schwerpunkt auf der Beratung von Kunden und dem Verkauf von Mode- und Sportartikeln. Da hier nicht alle Mitarbeiter Zugriff auf einen PC beziehungsweise eine Firmen-E-Mail-Adresse hatten, wurden die Daten in schriftlicher Form erhoben. Die Fragebögen wurden als Gesamtpaket an den jeweiligen Filialleiter gesandt, der diese verteilte und zur Wahrung der Anonymität der Umfrage in verschlossenen Umschlägen ausgefüllt wieder zurückschickte.

Aufgrund von mitbestimmungsrechtlichen Gründen konnten aus diesem Unternehmen nur sechs der zum damaligen Zeitpunkt deutschlandweit 73 Filialen teilnehmen, die in einem Vertriebsgebiet ohne Betriebsrat angesiedelt sind. Insgesamt nahmen 41 Mitarbeiter teil, von denen jedoch ein Fragebogen von der Auswertung ausgeschlossen werden musste, da der Beantwortende alle Rückseiten ausgelassen hatte. Dies entspricht einer Rücklaufquote auf Mitarbeiterebene von 80,39%. Je Filiale lag die Rücklaufquote zwischen 60 und 100%. Für dieses Unternehmen lagen keine objektiven Leistungskriterien auf Filialebene vor, da kein Filialranking und übergreifendes Controlling im Unternehmen existiert. Dies wurde in der Auswertung auch durch paarweisen Ausschluss berücksichtigt.

6.2.3.3 Unternehmen 3: Vertriebsgesellschaft für Finanzdienstleistungen

Als drittes Unternehmen beteiligte sich eine deutschlandweit tätige Vertriebsorganisation aus der Finanzdienstleistungsbranche, die hauptsächlich als Makler für Finanz- und Versicherungsprodukte tätig ist.Ein besonderes Merkmal dieses Unternehmenskontexts neben der Zugehörigkeit zur Finanzdienstleistungsbranche, die sich durch eine explizite Steuerung über Vertriebskennzahlen auszeichnet, ist die Organisationsform. Formal sind sowohl die Geschäftsstellenleiter als auch die Berater selbstständige Handelsvertreter, weshalb sie keine formelle Teamzugehörigkeit und Führungsbeziehung haben und sehr individuell gesteuert werden. Eine Arbeitsteilung findet hier nur sehr bedingt statt, da jeder Berater seinen eigenen Kundenstamm bearbeitet. Lediglich Best-Practice Sharing, die Verbindung zum Geschäftsstellenleiter und der Geschäftsstellenwettbewerb untereinander (gemeinsame Zielsetzung) verbinden die Berater einer Geschäftsstelle miteinander. Nach Rücksprache mit dem Vorstandsvorsitzenden und dem Vertriebsvorstand sind die zugrundeliegenden Annahmen und Fragen im Fragebogen aber auch für diesen Kontext zutreffend, relevant und einsetzbar. Die Geschäftsstellen setzen sich aus einem Geschäftsstellenleiter und vier bis maximal 28 Beratern zusammen.

Es wurden insgesamt 45 Filialen zur Teilnahme an der Studie eingeladen, was ungefähr einem Drittel der deutschlandweiten Vertriebsorganisation entspricht. Von diesen haben sich 44 Filialen mit insgesamt 205 Mitarbeiternbeteiligt. Das entspricht insgesamt auf individueller Ebene einer Rücklaufquote von 41,8%.Aus fünf Filialen beteiligte sich jeweils nur ein Mitarbeiter, weshalb diese von der Auswertung auf Gruppenebene ausgeschlossen wurden. Die Rücklaufquote je Filialeder Filialen, die in die Auswertung auf Gruppenebene einbezogen wurden, lag zwischen 22,2 und 88,9%.Bei elf Filialen nahm die zugehörige Führungskraft nicht teil, weshalb bei diesen die Leistungsbeurteilung von den Vorgesetzten fehlt. Dies wurde bei der Auswertung auf Gruppenebene durch paarweisen Ausschluss berücksichtigt.

Diese vergleichsweise niedrigen Rücklaufquoten sind insbesondere auf die Selbstständigkeit der Berater und Geschäftsstellenleiter und der daraus resultierenden nicht vorhandenen direkten Weisungsbefugnis zurückzuführen.

6.2.3.4 Unternehmen 4: Regionalbank aus Mittelhessen

Eine regional agierende Bank aus Mittelhessen stellte das vierte teilnehmende Unternehmen dar. Zur Studie wurden 33 Filialen eingeladen, was etwas mehr als einem Drittel aller insgesamt bestehenden Filialen entspricht. Entgegen dem anderen teilnehmenden Unternehmen dieser Branche wird hier arbeitsteilig agiert; das heißt, es gibt beispielsweise Mitarbeiter mit dem Schwerpunkt Kundenberatung zu bestimmten Produkten und Servicemitarbeiter, die am Schalter alltägliche Bankgeschäfte der Kunden entgegennehmen und abwickeln. Die Filialleiter (Regionalfilialleiter) sind teilweise für mehrere Filialen zuständig. Diese haben jedoch für jede der teilnehmenden Filialen den Fragebogen für Führungskräfte beantwortet. Die Abhängigkeit im Team untereinander ist in diesem Kontext also wesentlich größer, da Kunden verschiedene Kontaktpunkte in der Filiale haben und der Filialleiter als verbindendes Element nicht ständig vor Ort ist. Je Filiale sind 3 bis maximal 19 Mitarbeiter, durchschnittlich 5,8, beschäftigt.

Aus diesem Unternehmen nahmen 148 von 193 eingeladenen Mitarbeitern teil, was einer Rücklaufquote von 76,7% entspricht. Eine gesamte Filiale beteiligte sich aufgrund aktueller Entwicklungen nicht an der Studie. Drei Mitarbeiter waren jeweils zwei Filialen zugeordnet, wobei aber nicht ersichtlich war, für welche Filiale sie den Fragebogen beantworteten. Deshalb wurden sie aus der Filialauswertung ausgeschlossen. Dies hatte zur Folge, dass zwei Einheiten mit nur noch einem Mitarbeiter vertreten waren und von der Auswertung ausgeschlossen wurden. Die Filialen, die in die Auswertung auf Gruppenebene eingeflossen sind, wiesen eine Rücklaufquote zwischen 41,7 und 100% auf.

6.3 Vorgehen und Durchführung

Bei allen Unternehmen, die sich zur Teilnahme bereit erklärt hatten, wurde zunächst ein ausführliches Gespräch mit dem Top-Management geführt, um die jeweilige Vorgehensweise, insbesondere hinsichtlich der Kommunikation, abzustimmen. Erster Ansprechpartner war bei allen Unternehmen der Vorstandsvorsitzende oder Geschäftsführer des Unternehmens, der im weiteren Prozess entweder vom Personalleiter, dem Vertriebsleiter oder dem Leiter Retail unterstützt wurde. Darüber hinaus wurde den Ansprechpartnern aus dem Top-Management der Fragebogen vorgelegt, um die Eignung und Verständlichkeit der Fragen für den jeweiligen Kontext überprüfen zu lassen. Hierbei gab es keine Anmerkungen oder Änderungswünsche. Die Auswahl der teilnehmenden Filialen wurde dem Top-Management überlassen, wobei darum gebeten wurde, eine Auswahl zu treffen, die sowohl überdurchschnittlich, durchschnittlich und unterdurchschnittlich leistungsstarke Filialen beinhaltet.

Die teilnehmenden Filialleiter wurden im ersten Schritt vom Top-Management per E-Mail kontaktiert mit der Bitte, auch ihre Mitarbeiter über die Umfrage zu informieren und um deren Teilnahme zu werben. Anschließend wurden die Links zu den Fragebögen an die Filialleiter und die Mitarbeiter in deren Filialen versandt. Mit Ausnahme des zweiten Unternehmens wurden alle Daten mit einem webbasierten Fragebogentool (q-set) erhoben. Da jedoch beim zweiten Einzelhandelsunternehmen nicht alle Mitarbeiter Zugriff auf einen PC oder eine eigene E-Mail-Adresse hatten, wurden dort die Daten in schriftlicher Form erhoben. Um eine Zuordnung der Mitarbeiter zu den Filialen zu ermöglichen, wurden die Fragebögen beziehungsweise die Links mit unterschiedlichen Gruppencodes versehen. Die Teilnahme an der Befragung war freiwillig und durfte in der Arbeitszeit durchgeführt werden.

6.4 Erhebungsinstrumente

Im Folgenden sind die einzelnen Fragebogenitems zur Messung der in der Studie relevanten Konstrukte aufgeführt. Alle Fragen waren auf einer 7-stufigen, endpunktbenannten Skala zu beantworten.

6.4.1 Messung des LMX

Zur Messung der Austauschbeziehungsqualität zwischen Filialleiter und Mitarbeiter wurde eine mehrdimensionale Skala zur Erfassung der LMX-Qualität (LMX-MDM) verwendet, die ursprünglich von Liden und Maslyn (1998) entwickelt, von Paul und Schyns (2012) ins Deutsche übersetzt und auch validiert wurde. Diese Skala ist neben der älteren LMX-7-Skala von Graen und Uhl-Bien

(1995) die am häufigsten eingesetzte Skala zur Erfassung der Austauschbeziehungsqualität zwischen Führungskraft und Mitarbeiter. Für die hier vorliegende Fragestellung wurde die LMX-MDM-Skala verwendet, da diese für die Zielgruppe (zum Teil Verkaufspersonal in Einzelhandelsfilialen) verständlichere Formulierungen enthält. Durch die sehr hohe Korrelation der beiden Skalen sind die beiden Instrumente gleichwertig einsetzbar. Auch eine eindimensionale Auswertung und Nutzung der LMX-MDM weist eine gute Reliabilität (Cronbachs alpha=.92) auf (Paul und Schyns 2012). Tabelle 4 zeigt die hier verwandte deutschsprachige LMX-MDM Skala.

Die Teilnehmer wurden befragt, inwiefern die folgenden Aussagen für sie zutreffen (1=trifft gar nicht zu, 7=trifft voll und ganz zu).

Tabelle 4: Items zur Messung des LMX

	Items
LMX_1	Mein Vorgesetzter ist ein Mensch, den man gern zum Freund hätte.
LMX_2	Ich mag meinen Vorgesetzten als Menschen sehr.
LMX_3	Es macht mir viel Spaß, mit meinem Vorgesetzten zu arbeiten.
LMX_4	Mein Vorgesetzter würde mich gegenüber anderen im Unternehmen verteidigen, wenn ich einen wirklichen Fehler gemacht hätte.
LMX_5	Mein Vorgesetzter verteidigt meine Handlungen gegenüber einem Höhergestellten, auch wenn er kein vollständiges Wissen über die fragliche Angelegenheit hat.
LMX_6	Mein Vorgesetzter würde mich verteidigen, wenn ich von anderen angegriffen würde.
LMX_7	Ich schätze die beruflichen Fähigkeiten meines Vorgesetzten.
LMX_8	Ich respektiere das Wissen und die Kompetenz meines Vorgesetzten bezüglich seiner Tätigkeiten.
LMX_9	Ich bin vom Wissen, das mein Vorgesetzter bezüglich seiner Arbeit hat, beeindruckt.
LMX_10	Ich tue für meinen Vorgesetzten mehr, als ich nach meiner Arbeitsbeschreibung müsste.
LMX_11	Um die Ziele meines Vorgesetzten bei der Arbeit zu erreichen, bin ich bereit, mich mehr als gewöhnlich anzustrengen.
LMX_12	Es macht mir nichts aus, meinem Vorgesetzten zuliebe sehr hart zu arbeiten.

6.4.2 Messung des TMX

Die Qualität des Austauschs im Team wurde mit der TMX-Skala von Seers et al. (1995) gemessen, die das in der Literatur am weitesten verbreitete Messinstrument hierfür darstellt. Diese setzt sich aus zehn Fragen zusammen. Ergänzt wurde sie um ein weiteres Item (TMX_11), das analog der LMX7-Skala von Graen und Uhl-Bien (1995) zuletzt noch einmal erfragt, wie die Arbeitsbeziehung mit den Kollegen zu charakterisieren ist (1=sehr ineffektiv, 7=sehr effektiv). Eine deutsche Übersetzung der Skala wurde in Trippel (2012) veröffentlicht, die in dieser Arbeit mit leichten Formulierungsanpassungen auf Basis des Pretests zur besseren Verständlichkeit eingesetzt wurde.

Tabelle 5: Items zur Messung des TMX

	Items	Antwortskala 7-stufig
TMX_1	Wie oft geben Sie Ihren Teamkollegen Anregungen zu besseren Arbeitsweisen?	1=sehr selten, 7=sehr oft
TMX_2	Wie oft geben Ihnen Ihre Teamkollegen Rückmeldung, wenn Sie etwas gemacht haben, was deren Arbeit erleichtert (oder erschwert)?	1=sehr selten, 7=sehr oft
TMX_3	Wie oft geben Sie den anderen Teamkollegen Rückmeldung, wenn diese etwas gemacht haben, was Ihre Arbeit erleichtert (oder erschwert)?	1=sehr selten, 7=sehr oft
TMX_4	Wie oft bitten Sie Ihre Teamkollegen um Hilfe, wenn viel zu tun ist?	1=sehr selten, 7=sehr oft
TMX_5	Wie oft versuchen Sie, spontan den anderen Teamkollegen zu helfen, wenn viel zu tun ist?	1=sehr selten, 7=sehr oft
TMX_6	Wie gut gelingt es den anderen Teamkollegen, Ihre Einsatz- und Entwicklungsmöglichkeiten im Rahmen der Teamarbeit einzuschätzen?	1=gar nicht gut, 7=sehr gut
TMX_7	Wie gut gelingt es den anderen Teamkollegen, Ihre beruflichen Probleme und Bedürfnisse zu verstehen?	1=gar nicht gut, 7=sehr gut
TMX_8	Wie leicht fällt es Ihnen, flexibel Aufgaben zu tauschen, damit es für andere Teamkollegen einfacher wird?	1=gar nicht leicht, 7=sehr leicht
TMX_9	Wie leicht fällt es Ihnen, anderen Teamkollegen dabei zu helfen, eine Arbeit fertig zu stellen, obwohl diese damit beauftragt wurden?	1=gar nicht leicht, 7=sehr leicht
TMX_10	Wie leicht fällt es anderen Teamkollegen, Ihnen zu helfen, eine Arbeit fertig zu stellen, mit der Sie beauftragt waren?	1=gar nicht leicht, 7=sehr leicht
TMX_11	Wie würden Sie Ihr Arbeitsverhältnis zu Ihren Kollegen in Ihrem Team beschreiben?	1=sehr ineffektiv, 7=sehr effektiv

Die Skala ist von Seers et al. (1995) als eindimensional konstruiert, jedoch wählte Trippel (2012) auf Basis der Ergebnisse der Faktorenanalyse eine zweifaktorielle Struktur, die einerseits das gegenseitige Feedback (Items 1, 2 und 3) und andererseits die gegenseitige Unterstützung im Team (Items 4, 5, 8, 9 und 10) abbilden. Beides, ebenso wie das gegenseitige Verständnis (Item 6 und 7), dessen zugehörige Items von Trippel (2012) ausgeschlossen wurden, sind jedoch Aspekte der Beziehungsqualität im Team, weshalb entsprechend der theoretischen Fundierung durch die SET und analog des LMX von einem eindimensionalen Konstrukt ausgegangen wird. Das TMX-Instrument ist allerdings als noch nicht so ausgereift wie die LMX-Skala zu betrachten. Aufgrund der weiten Verbreitung und ihrer akzeptablen Gütekriterien in vorangegangenen Studien sowie der theoretischen Fundierung wird die Skala von Seers et al. (1995) hier in einer deutschen Übersetzung in Anlehnung an Trippel (2012) eingesetzt. Die einzelnen Items sind in Tabelle 5 nachzulesen.

6.4.3 Messung des individuellen arbeitsbezogenen Affekts

Da Studien ergeben haben, dass positive und negative Emotionen unterschiedliche Konsequenzen im Arbeitskontext haben können (Knight und Eisenkraft 2015), wurde die Positive Affect Negative Affect-Skala (PANAS) eingesetzt, die spezifische Emotionen erfasst und die positive und negative Affektivität misst. Die PANAS wurde in der englischen Originalfassung von Watson und Kollegen (1988) entwickelt. Die hier verwandte deutsche Version von Krohne und Kollegen (1996) besteht ebenso wie die Originalfassung aus zehn Items, die das Erleben von Unzufriedenheit und aversiven Gefühlen erfassen (negative Affektivität), sowie weiteren zehn Items, die das Erleben positiver Affektivität in Form von Freude und Aktivität darstellen. Dementsprechend ergeben sich zwei Dimensionen: Positiver Affekt (Items 1, 3, 4, 6,10, 11, 13, 15, 17 und 18) und negativer Affekt (Items 2, 5, 7, 8, 9, 12, 14, 16, 19 und 20; siehe Tabelle 6). Die Skala ist gut etabliert und als sehr ausgereift zu betrachten. Ihre Objektivität, Reliabilität (Cronbachs α=0,86, Raycovs ρ=0,93 für beide Subskalen) und Validität sind empirisch bestätigt (Breyer und Bluemke 2016).

Tabelle 6: Items zur Messung des individuellen arbeitsbezogenen Affekts

	Items
PANAS_1	Aktiv
PANAS_2	Bekümmert
PANAS_3	Interessiert
PANAS_4	Freudig erregt
PANAS_5	Verärgert
PANAS_6	Stark
PANAS_7	Schuldig
PANAS_8	Erschrocken
PANAS_9	Feindselig
PANAS_10	Angeregt
PANAS_11	Stolz
PANAS_12	Gereizt
PANAS_13	Begeistert
PANAS_14	Beschämt
PANAS_15	Wach
PANAS_16	Nervös
PANAS_17	Entschlossen
PANAS_18	Aufmerksam
PANAS_19	Durcheinander
PANAS_20	Ängstlich

Die PANAS kann sowohl eingesetzt werden, um eine primär dispositionale Gestimmtheit als auch eine primär situative Gestimmtheit abzubilden. Wird nach einem bestimmten Zeitraum gefragt, wie hier zum Beispiel mit der Aufforderung „Bitte geben Sie an, wie Sie sich – persönlich – im Verlauf der letzten 12 Monate bei Ihrer Arbeit gefühlt haben.“, ist davon auszugehen, dass sowohl dispositionale als auch situative Einflüsse wirken (Breyer und Bluemke2016). Die Befragten konnten auf einer 7-stufigen Skala von „gar nicht“ bis „äußerst“ antworten. Durch diese Frageformulierung wird der individuelle arbeitsbezogene Affekt, definiert als die Frequenz und Intensität erlebter positiver oder negativer Emotionen im Arbeitskontext (siehe Kapitel 4.1), erfasst.

6.4.4 Messung der individuellen Arbeitseinstellungen und Verhaltensweisen

Als endogene Variablen auf individueller Ebene wurden auf Basis der bestehenden Forschungsergebnisse der LMX- und TMX-Forschung die Arbeitszufriedenheit, das organisationale Commitment und das OCB erhoben. Die individuelle Leistung konnte aus mitbestimmungsrechtlichen Gründen nicht erhoben werden (siehe Kapitel 5.3.2).

6.4.4.1 Arbeitszufriedenheit

Tabelle 7: Items zur Messung der Arbeitszufriedenheit

	Items
AZ_1	Wie zufrieden sind Sie mit Ihren Kollegen?
AZ_2	Wie zufrieden sind Sie mit Ihrem (unmittelbaren) Vorgesetzten?
AZ_3	Wie zufrieden sind Sie mit dem Inhalt Ihrer Tätigkeit?
AZ_4	Wie zufrieden sind Sie mit den Arbeitsbedingungen (z.B. Hilfsmittel, Arbeitsplatz, technische Ausstattung, Umgebung)?
AZ_5	Wie zufrieden sind Sie mit Ihren beruflichen Entwicklungsmöglichkeiten?
AZ_6	Wie zufrieden sind Sie mit Ihrer Bezahlung (einschließlich aller Zulagen)?
AZ_7	Wenn Sie an alles denken, was für Ihre Arbeit eine Rolle spielt, wie zufrieden sind Sie insgesamt mit Ihrer Arbeit bei *UNTERNEHMEN*?

Unter Arbeitszufriedenheit wird im Folgenden die Einstellung eines Mitarbeiters zu seiner Arbeit verstanden, die entsprechend des zugrundeliegenden Menschenbildes (siehe Kapitel 2.2 und Kapitel 4.2.1) und der AET(Weiss und Cropanzano 1996) auf einer emotional-kognitiven Bewertung bestimmter Aspekte der Arbeit und des Arbeitsumfeldes basiert. Zur Erfassung der Arbeitszufriedenheit wurde die Kurzfassung des Arbeitsbeschreibungsbogens von Neuberger und Allerbeck (1978), mit der die Zufriedenheit mit sechs verschiedenen Facetten der Arbeit anhand von sechs Items erfragt wird, verwandt. Zusätzlich wird mit einer siebten Frage die insgesamte Zufriedenheit abgebildet. Die ersten sechs Items waren ebenfalls auf einer 7-stufigen Skala von sehr unzufrieden bis sehr zufrieden zu beantworten. Die allgemeine Zufriedenheit hingegen sollte auf einer 7-stufigen Kunin-Skala (Kunin 1955) bewertet werden.

6.4.4.2 Organisationales Commitment

Die affektive Bindung von Mitarbeitern an ihre Organisation (=organisationales Commitment) wurde mit der deutschen Fassung des „Organizational Commitment Questionnaire“von Maier und Woschée (2002) erfragt, der im englischsprachigen Original von Porter und Smith (1970) entwickelt und von Mowday et al. (1979) mit den entsprechenden psychometrischen Merkmalen veröffentlicht wurde. Neun der 15 Items sind positiv formuliert und sechs negativ (Items 3, 7, 9, 11, 12, 15), die dementsprechend für die Auswertung umcodiert wurden (Einzelitems siehe Tabelle 8). Eine Kurzfassung der Skala enthält nur die positiv formulierten Items. Beide Versionen sind als reliabel (Cronbachs α=0,9 beziehungsweise 0,85) und valide bestätigt worden (Maier und Woschée 2002,Maier und Woschée 2012).

Tabelle 8: Items zur Messung des organisationalen Commitments

	Items
OC_1	Ich bin bereit, mich mehr als nötig zu engagieren, um zum Erfolg des Unternehmens beizutragen.
OC_2	Freunden gegenüber lobe ich dieses Unternehmen als besonders guten Arbeitgeber.
OC_3	Ich fühle mich diesem Unternehmen nur wenig verbunden.
OC_4	Ich würde fast jede Veränderung meiner Tätigkeit akzeptieren, nur um auch weiterhin für dieses Unternehmen arbeiten zu können.
OC_5	Ich bin der Meinung, dass meine Wertvorstellungen und die des Unternehmens sehr ähnlich sind.
OC_6	Ich bin stolz, wenn ich anderen sagen kann, dass ich zu diesem Unternehmen gehöre.
OC_7	Eigentlich könnte ich genauso gut für ein anderes Unternehmen arbeiten, solange die Tätigkeit vergleichbar wäre.
OC_8	Dieses Unternehmen spornt mich zu Höchstleistungen in meiner Tätigkeit an.
OC_9	Schon kleine Veränderungen in meiner gegenwärtigen Situation würden mich zum Verlassen des Unternehmens bewegen.
OC_10	Ich bin ausgesprochen froh, dass ich bei meinem Eintritt dieses Unternehmen anderen vorgezogen habe.
OC_11	Ich verspreche mir nicht allzu viel davon, mich langfristig an dieses Unternehmen zu binden.
OC_12	Ich habe oft Schwierigkeiten, mit der Unternehmenspolitik in Bezug auf wichtige Arbeitnehmerfragen übereinzustimmen.
OC_13	Die Zukunft dieses Unternehmens liegt mir sehr am Herzen.
OC_14	Ich halte dieses für das beste aller Unternehmen, die für mich in Frage kommen.
OC_15	Meine Entscheidung, für dieses Unternehmen zu arbeiten, war sicher ein Fehler.

Die Befragten sollten angeben, inwiefern sie den folgenden Aussagen zustimmen (1=stimme gar nicht zu, 7=stimme voll und ganz zu).

6.4.4.3 Organizational Citizenship Behavior (OCB)

Eine etablierte, validierte deutschsprachige Version einer Skala zur Erfassung des individuellen OCB, definiert als die freiwilligen Verhaltensweisen von Arbeitnehmern, die über die Erfüllung der vergüteten Pflichten hinausgehen und für den Erfolg der Organisation zuträglich sind (Organ 1988), existiert in der Literatur bislang nicht. Dies liegt einerseits an der Kontextabhängigkeit des Konstrukts und andererseits daran, dass das Konstrukt in der deutschsprachigen Forschung bislang noch wenig Beachtung findet.

Tabelle 9: Items zur Messung des OCB

	Items
OCB_1	Ich nehme mir gerne Zeit, um anderen Kollegen, die arbeitsbezogene Probleme haben, zu helfen.
OCB_2	Ich bin bereit, trotz meines vollen Terminkalenders, bei der Rekrutierung oder Einarbeitung neuer Kollegen zu helfen.
OCB_3	Ich spreche mich mit anderen ab, bevor ich etwas unternehme, was diese betreffen könnte.
OCB_4	Ich ergreife Maßnahmen, um Problemen mit anderen Kollegen und/oder anderem Personal in der Geschäftsstelle/Filiale vorzubeugen.
OCB_5	Ich baue meine Kollegen auf, wenn diese niedergeschlagen sind.
OCB_6	Ich greife vermittelnd ein, wenn Meinungsverschiedenheiten zwischen anderen Kollegen auftreten.
OCB_7	Ich nehme an Veranstaltungen teil, obwohl meine Teilnahme nicht gefordert, aber dem Image unseres Unternehmens/unserer Geschäftsstelle/Filiale zuträglich ist.
OCB_8	Ich nehme an empfohlenen Fortbildungs- und Informationsveranstaltungen teil, an denen ich nicht verpflichtet bin teilzunehmen.
OCB_9	Ich beteilige mich aktiv an Teammeetings.
OCB_10	Ich verbringe viel Zeit damit, mich über Kleinigkeiten zu beschweren.
OCB_11	Ich sehe alles, was unsere Geschäftsstelle/Filiale/das Unternehmen macht, als falsch an.
OCB_12	Ich neige dazu, aus einer Mücke einen Elefanten zu machen (Probleme größer zu machen als sie sind).
OCB_13	Ich konzentriere mich immer eher auf die negativen Aspekte meiner Situation als auf die positiven.
OCB_14	Ich bringe konstruktive Vorschläge ein, wie wir als Team unsere Effektivität steigern können.

Für die vorliegende Fragestellung und Stichprobe, bei der der Großteil der Umfrageteilnehmer aus dem Vertrieb der Finanzdienstleistungsbranche kommt, wurde eine Skala als Grundlage gewählt, die für Vertriebsmitarbeiter in der Versicherungsbranche entwickelt wurde (Podsakoff und Mackenzie 1994). Die englischsprachigen Originalitems wurden zunächst von der Forscherin ins Deutsche übersetzt und anschließend von zwei Personen, die jeweils muttersprachlich bilingual sowohl englisch- als auch deutschsprachig sind, rückübersetzt. Bei Unstimmigkeiten wurde die deutsche Fassung in Absprache mit diesen korrigiert. Die ursprüngliche englische Fassung wurde als dreidimensionale Skala konzipiert mit den Subskalaen („helping behavior" (Items 1, 2, 3, 4, 5 und 6), „civic virtue" (Items 7, 8 und 9) und „sportsmanship" (Items 10, 11, 12 und 13)), die jeweils eine hohe interne Konsistenz zwischen 0,82 und 0,89 für das Cronbachs α beziehungsweise Bagozzis ρ aufweisen sowie eine durchschnittlich erfasste Varianz als Maß für die Konstruktvalidität zwischen 0,56 und 0,67. Ein weiteres Item (14) wurde nach Rücksprache mit Experten für die jeweiligen Unternehmen bei der Subskala „civic virtue" (Top-Management und Berater) ergänzt. Die Items der eingesetzten Skala sind in Tabelle 9 nachzulesen. Die Befragten wurden gebeten, anzugeben, inwiefern die folgenden Aussagen für sie zutreffen (1=trifft gar nicht zu, 7=trifft voll und ganz zu).

6.4.5 Messung der Stimmung im Team

Die Stimmung im Team wurde mit der PANASanalog des individuellen Affekts erfasst (siehe 6.4.3). Lediglich die einleitende Fragestellung wurde verändert zu „Bitte geben Sie an, wie Sie die generelle Grundstimmung in Ihrem Team als Ganzes in den letzten 12 Monaten beschreiben würden?". Je Filiale wurde zur Ermittlung der Stimmung auf Teamebene der Mittelwert der Einzelbewertungen der entsprechenden Filiale gebildet. Auch hier ergeben sich zwei Konstrukte: Positiver und negativer Gruppenaffekt.

6.4.6 Leistungsmessung der Filiale

6.4.6.1 Objektive Leistungsmessung

Zur objektiven Messung der Leistung der einzelnen Filialen wurde auf das Vertriebscontrolling der teilnehmenden Unternehmen zurückgegriffen. Als Messgröße wurde hier zur Sicherstellung der Vergleichbarkeit der Leistungskennzahlen – sowohl zwischen Unternehmen als auch insbesondere zwischen den Filialen innerhalb eines Unternehmens –das unternehmensinterne Ranking der Filialen herangezogen. Die Platzierung im Ranking wurde in Anlehnung an die Anzahl der teilnehmenden Filialen des ersten Unternehmens über alle Unternehmen standardisiert. Dies ist damit zu begründen, dass das erste Unternehmen die geringste Anzahl an teilnehmenden Filialen aufweist, die auch auf Gruppenebene ausgewertet wurden. Die sechs teilnehmenden Filialen des zweiten Unternehmens verfügten über kein unternehmensinternes Ranking, weshalb diese Zusammenhänge für das zweite Unternehmen paarweise ausgeschlossen wurden.

6.4.6.2 Subjektive Performanceeinschätzung durch den Filialleiter

Zur subjektiven Leistungseinschätzung der Filiale durch den jeweils verantwortlichen Filialleiter wurden fünf Items herangezogen, die sich aus zwei allgemeinen Fragen nach der persönlichen Leistungsbeurteilung und der Zufriedenheit mit der Leistung der Filiale (Items 1 und 2) sowie drei weiteren Items (Items 3,4 und 5), die aus den qualitativen Leistungsbeurteilungsbögen für Filialleiter der Unternehmen entnommen wurden, zusammensetzen. In den Vorgesprächen mit dem Top-Management und bei der Überprüfung des Fragebogens durch Berater, die die teilnehmenden Unternehmen kennen, wurden diese Items für treffend befunden, um die Leistung der Filialen in vergleichbarer Weise zu erfassen.

Tabelle 10: Items zur Messung der Filialperformance

	Items	Antwortskala 7-stufig
Perf_1	Wie schätzen Sie im Allgemeinen die Leistung Ihrer Einheit ein?	1=unterdurchschnittlich, 7=überdurchschnittlich
Perf_2	Wie zufrieden sind Sie im Allgemeinen mit der Leistung Ihrer Einheit?	Kunin 7er-Skala
Perf_3	Die Einheit erreicht regelmäßig ihre Vertriebsziele.	1=trifft überhaupt nicht zu, 7=trifft voll und ganz zu
Perf_4	Die Einheit erreicht hohe Zufriedenheitswerte bei ihren Kunden.	1=trifft überhaupt nicht zu, 7=trifft voll und ganz zu
Perf_5	Die Einheit schöpft ihre Marktpotenziale voll aus.	1=trifft überhaupt nicht zu, 7=trifft voll und ganz zu

6.4.6.3 Leistungsfähigkeit der Gruppe: Gruppenwirksamkeit

Als weitere Kennzahl zur Beurteilung der Leistungsfähigkeit wurde die Gruppenwirksamkeit herangezogen, aufgrund der in Kapitel 4 dargestellten und empirisch belegten Zusammenhänge des Gruppenaffekts mit der Gruppenwirksamkeit sowie des Zusammenhangs der Gruppenwirksamkeit mit der objektiven Performance (Guzzo et al. 1993, Stajkovic et al. 2009).

Für die Messung diente die reliable und validierte englischsprachige Skala von Guzzo et al. (1993) als Grundlage, die analog zum Vorgehen bei der OCB-Skala ins Deutsche übersetzt wurde. Die Erhebung dieses Konstrukts wurde auf Individualebene vorgenommen. Die Mitarbeiter sollten angeben, inwiefern die in Tabelle 11 aufgelisteten Aussagen für ihre Filiale zutreffen (1=trifft überhaupt nicht zu, 7=trifft vollständig zu).

Tabelle 11: Items zur Messung der Gruppenwirksamkeit

	Items
GP_1	Unsere Geschäftsstelle/ Filiale hat großes Vertrauen in sich selbst.
GP_2	Wir erwarten von unserer Geschäftsstelle/ Filiale, als ein leistungsstarkes Team bekannt zu sein.
GP_3	Wir glauben, dass wir in unserer Geschäftsstelle/ Filiale jedes auftretende Problem lösen können.
GP_4	Wir glauben, dass unsere Geschäftsstelle/ Filiale sehr produktiv sein kann.
GP_5	Wir sind überzeugt, dass wir viel erreichen können, wenn wir hart dafür arbeiten.
GP_6	Für unsere Geschäftsstelle/ Filiale ist keine Herausforderung zu groß.
GP_7	Wir erwarten von uns als Geschäftsstelle/ Filiale, in unserem Umfeld viel Einfluss zu haben.
GP_8	Wir sind überzeugt, dass wir außergewöhnlich gute Leistungen erbringen können.

6.5 Pretest des Fragebogens

Aufgrund der Tatsache, dass alle Fragebogenitems auf bereits vielfältig eingesetzten und nach den psychometrischen Gütekriterien getesteten Skalen basieren, wurde als Pretest des Fragebogens lediglich eine Prüfung der Fragebögen auf Verständlichkeit und Eindeutigkeit für die relevanten Zielgruppen durchgeführt. Die Fragebögen wurden einerseits von einer Gruppe von Beratern, die über jahrelange Erfahrung mit den teilnehmenden Unternehmen und den betroffenen Zielgruppen verfügen, sowie andererseits vom Top-Management der teilnehmenden Unternehmen geprüft. Die Rückmeldungen ergaben lediglich marginale Formulierungsänderungen an den Items der deutschen Übersetzung der TMX-Skala von Trippel (2012) sowie den Hinweis darauf, dass das zweite Item „bekümmert“ der PANAS schwer verständlich wäre. Der Vollständigkeit halber und aufgrund der weiten Verbreitung der PANAS wurde dieser im Fragebogen belassen.

6.6 Analysemethoden

6.6.1 Vorbereitende Analysen

6.6.1.1 Normalverteilung der Variablen

Um eine geeignete Analysemethode festzulegen, wurde geprüft, ob die Variablen des Datensatzes normalverteilt sind. Die Überprüfung der Normalverteilung der Variablen, das heißt sowohl der Einzelitems als auch der Konstrukte, die sich aus den einzelnen Items mittels ungewichteter Mittelwertbildung ergeben, mithilfe des Kolmogorov-Smirnov-Tests in SPSS zeigte, dass keine der im Forschungsmodell relevanten Variablen normalverteilt sind. Die SPSS-Ausgabe für die Konstrukte ist im Anhang 2 aufgelistet. In den folgenden Analyseschritten darf also nicht von normalverteilten Variablen ausgegangen werden.

6.6.1.2 Skalenüberprüfung

Zur Überprüfung der Reliabilität der herangezogenen Skalen zur Messung der Konstrukte wurde mithilfe von SPSS Cronbachs Alpha berechnet, das als Maß für die interne Konsistenz der Skalen eingesetzt wird. Üblicherweise wird als Richtwert in der Literatur ein Wert des Cronbachs Alphas über 0,7 gefordert (Schmitt 1996, Nunnally 1978, Cortina 1993).

Tabelle 12: Cronbachs Alpha für relevante Konstrukte

Konstrukt	Cronbachs Alpha
LMX	0,945
Gruppenwirksamkeit	0,929
Individueller negativer Affekt	0,873
Individueller positiver Affekt	0,921
Arbeitszufriedenheit	0,788
TMX	0,866
OC	0,894
OCD	0,838
Teamaffekt positiv	0,944
Teamaffekt negativ	0,891
Subjektive Performanceeinschätzung	0,895

Für die Skalen der relevanten Konstrukte liegt dieser Wert – wie Tabelle 12 zeigt – jeweils deutlich über dieser Mindestgrenze. Dementsprechend kann in Verbindung mit der Tatsache, dass für die vorliegende Studie in erster Linie als reliabel und valide getestete Skalen eingesetzt wurden, von einer reliablen Messung der Konstrukte ausgegangen werden. Eine eingehende Überprüfung des Messmodells wird jedoch im Rahmen der Strukturgleichungsmodellierung vorgenommen.

6.6.1.3 Aggregation der Variablen auf Gruppenebene

Zentrales Element der Forschungsfragen ist die Überprüfung der Auswirkungen der LMX- und TMX-Qualität in Verbindung mit dem wahrgenommenen affektiven Klima in der Filiale auf deren Vertriebserfolg. Für diese Analyse auf Gruppenebene sind mehrere Variablen, die auf Individualebene erhoben wurden, auf Filialebene zu aggregieren.

Die einzigen Variablen, die auf Gruppenebene erhoben wurden, sind die Performance-Merkmale der Filialen, also die subjektive Performanceeinschätzung durch den Filialleiter sowie die jeweilige Platzierung im unternehmensinternen Ranking. Echte Gruppenvariablen, die allerdings auf individueller Ebene erhoben wurden, sind der positive und negative Affekt im Team und die wahrgenommene Gruppenwirksamkeit. Um eine Aggregation auf Gruppenebene durch Mittelwertbildung rechtfertigen zu können, muss gezeigt werden, dass die Mitarbeiter einer Filiale in ihren Bewertungen bei den betreffenden Fragestellungen übereinstimmen – jedoch nicht, ob es große Unterschiede zwischen Gruppen gibt (George und James 1993). Dementsprechend empfehlen Schneider und Bowen (1985) das Vorgehen von James et al. (1984) entgegen der oft eingesetzten ICC-Koeffizienten zur Überprüfung der Zulässigkeit einer Aggregation auf Gruppenebene:

> *„Conceptually, the appropriate test for within-setting agreement would be a measure of homogeneity rather than an index like analysis of variance (ANOVA) or the intra-class correlation coefficient (ICC) that depend upon between setting differences for significance. As James, Demaree, and Wolf (in press) [(James et al. 1984)] state, the ICC may yield inaccurate estimates of agreement when there is low variation between group mean ratings accompanied by low within-group variance. James developed a procedure for calculating within-setting agreement [...]. This procedure is based on a comparison of observed within-setting agreement to the agreement one would expect by chance in the setting.“* (Schneider und Bowen 1985, S. 426)

Der von James et al. (1984) vorgeschlagene Koeffizient r_{wg} ist also ein solches Maß für die Einigkeit innerhalb einer Filiale und ist für die vorliegende Untersuchung gegenüber dem ICC vorzuziehen, da dieser von den Unterschieden zwischen den Filialen abhängt (George 1990, George und James 1993). Darüber hinaus setzt die Verwendung des ICC unter anderem normalverteilte Gruppenwerte, Varianzhomogenität zwischen den Gruppen und Unabhängigkeit der Gruppen untereinander voraus (Biemann et al. 2012). Diese Voraussetzungen sind in der vorliegenden Stichprobe nicht erfüllt. Die Abhängigkeit zwischen den Gruppen ist darin begründet, dass sich die in der Studie betrachteten Filialen lediglich auf vier Unternehmen verteilen und so jeweils sechs bis 44 Filialen in den gleichen Kontext eingebettet sind, weshalb nicht unbedingt sehr große Unterschiede zwischen den Filialen eines Unternehmens auftreten müssen. Eine Varianzhomogenität ist insbesondere wegen der unterschiedlichen Gruppengrößen und unterschiedlichen Rücklaufquoten je Filiale nicht zu erwarten. Dass die Variablen im vorliegenden Sample nicht normalverteilt sind, wurde bereits Kapitel 6.6.1.1 erläutert.

Das Vorgehen von James et al. (1984) ist insbesondere für Variablen geeignet, die diskrete Werte annehmen, also wie hier beispielsweise Werte auf einer Skala von 1 bis 7 annehmen. Der r_{wg} wird je Filiale berechnet und kann sowohl für einzelne Items (r_{wg}) als auch für ganze Skalen, also Konstrukte mit J Items ($r_{wg(J)}$) berechnet werden. Hier wird der $r_{wg(J)}$ zur Überprüfung der Zulässigkeit einer Aggregation auf Gruppenebene eingesetzt. Entsprechend der Empfehlung von Biemann et al. (2012) wurde der r_{wg} für verschiedene Nullverteilungsannahmen berechnet. Für die hier vorliegenden Konstrukte sind eine Gleichverteilung, eine Dreiecksverteilung und eine leicht schiefe Verteilung als plausibel zu erachten. LeBreton und Senter (2007) empfehlen auf eine Gleichverteilung zurückzugreifen, wenn keine umfassenden empirischen Erkenntnisse zur zugrundeliegenden Verteilung vorliegen. In jedem Fall können die r_{wg}-Werte, die auf der Annahme einer gleichverteilten Nullverteilung basieren, als Obergrenze betrachtet werden. Eine Dreiecksverteilung könnte vorliegen, wenn von einer Antworttendenz zur Mitte hinauszugehen ist, wohingegen eine leicht schiefe Verteilung eine positive Antworttendenz im Sinne einer sozialen Erwünschtheit widerspiegeln würde. Letzteres erscheint für die erhobenen Konstrukte am plausibelsten. Da eine Befragung von Mitarbeitern die Möglichkeit bietet, Feedback zu erteilen, wird nur von einer leichten Schiefe ausgegangen. Die berechneten $r_{wg(J)}$-Werte in Tabelle 13 stellen demnach einen realistischen Wertebereich dar.

Tabelle 13:$r_{wg(J)}$ unter Annahme verschiedener Nullverteilungen

Konstrukt	$r_{wg(J)}$ Gleichverteilung (Var=4)		$r_{wg(J)}$ Dreiecksverteilung (Var=2,1)		$r_{wg(J)}$ leichte Schiefverteilung (Var=2,9)	
	Mittelwert	Standard-abw.	Mittelwert	Standard-abw.	Mittelwert	Standard-abw.
Team PA	0,926	0,128	0,783	0,612	0,853	0,236
Team NA	0,909	0,174	0,756	0,926	0,829	0,245
Gruppenwirks amkeit	0,907	0,167	0,721	0,361	0,868	0,515
TMX	0,903	0,085	0,466	0,408	0,743	0,282
LMX	0,859	0,243	0,584	0,420	0,731	0,370

Die $r_{wg(J)}$-Werte spiegeln die theoretische Fundierung der Konstrukte wider. Die theoretisch als Gruppenkonstrukte begründeten Variablen (positiver und negativer Affekt im Team sowie die Gruppenwirksamkeit), über die Einigkeit im Team herrschen sollte, weisen eine hohe durchschnittliche Übereinstimmung je Filiale auf, die über dem in der Literatur meistens als Schwellenwert angesetzten Wert von 0,7 liegt (Biemann et al. 2012). LeBreton und Senter (2007) empfehlen anstelle dieses (eher willkürlich gesetzten) strikten Cut-off-Werts eine alternative Interpretation: "keine Übereinstimmung"=0,00 bis 0,30; "schwache Übereinstimmung"=0,31 bis 0,50; "moderate Übereinstimmung"=0,51 bis 0,70; "starke Übereinstimmung"=0,71 bis 0,90 und "sehr starke Übereinstimmung"=0,91 bis 1.00 (siehe auch Biemann et al. (2012)). Die Häufigkeiten der jeweiligen $r_{wg(J)}$-Werte für diese Klassen sind in Anhang 3 für dic Gleichverteilung und die leicht schiefe Verteilung als zugrundegelegte und am wahrscheinlichsten zutreffende Nullverteilungen zu finden. Es zeigt sich, dass die große Mehrheit der Filialen (je nach Konstrukt zwischen 72,6 und 95% der Filialen) bei allen Konstrukten eine starke bis sehr starke Übereinstimmung in der Beurteilung aufweisen. Auffällig ist, dass bei der LMX-Qualität bei Annahme einer leicht schiefen Nullverteilung in 19 Filialen keine übereinstimmende Bewertung vorliegt, sondern vielmehr signifikante Uneinigkeit besteht. Dies ist vorwiegend bei Filialen, die eine vergleichsweise hohe Anzahl an Teammitgliedern aufweisen, der Fall gewesen. Diese Beobachtung bestätigt die LMX-Forschung, wonach Führungskräfte insbesondere bei großen Führungsspannen aufgrund von begrenzten Ressourcen nur zu einer ausgewählten Gruppe an Mitarbeitern qualitativ hochwertige Austauschbeziehungen aufbauen (Sparrowe und Liden 1997, Henderson et al. 2009, Schyns et al. 2010).

Trotzdem ist mit Blick auf die gesamte Stichprobe bei allen auf Gruppenebene zu untersuchenden Konstrukten eine hohe Einigkeit innerhalb der Filialen festzustellen – sogar bei den Konstrukten LMX und TMX, über die nicht unbedingte Einigkeit zu erwarten war. Deshalb wird eine Aggregation auf Gruppenebene als angemessen erachtet. Zur Messung der Stimmung in der Filiale wird dementsprechend der durchschnittlich individuell wahrgenommene positive und negative Affekt im Team herangezogen. Als Indikator für die Beziehungsqualität im Team wird die durchschnittliche LMX- und TMX-Qualität verwandt. Als alternative Ergebnisgröße wird die durchschnittliche Bewertung derGruppenwirksamkeitim Team eingesetzt zusätzlich zur auf Gruppenebene erhobenen subjektiven Leistungsbeurteilung durch den Filialleiter und der objektiven Leistungsmessung.

Dazu wurden für die auf Gruppenebene definierten Konstrukte als Indikatorvariablen jeweils die durchschnittliche Itembewertung je Filiale gebildet und eingesetzt. Für die durchschnittliche LMX- und TMX-Qualität im Team wurde der Durchschnitt der Konstrukte auf individueller Ebene je Filiale gebildet.

6.6.1.4 Deskriptive Statistiken: Auffälligkeiten in der Datenstruktur

Die Durchsicht der Daten ergab drei zentrale Auffälligkeiten:

1. Zwischen den Unternehmen bestehen teilweise signifikante Unterschiede hinsichtlich der durchschnittlichen Bewertung der einzelnen Konstrukte. Das Diagramm in Abbildung 19 zeigt die Mittelwerte der einzelnen auf individueller Ebene gemessenen Konstrukte, die sich aus der durchschnittlichen Bewertung der zu den Konstrukten jeweils gehörigen Items ergeben.

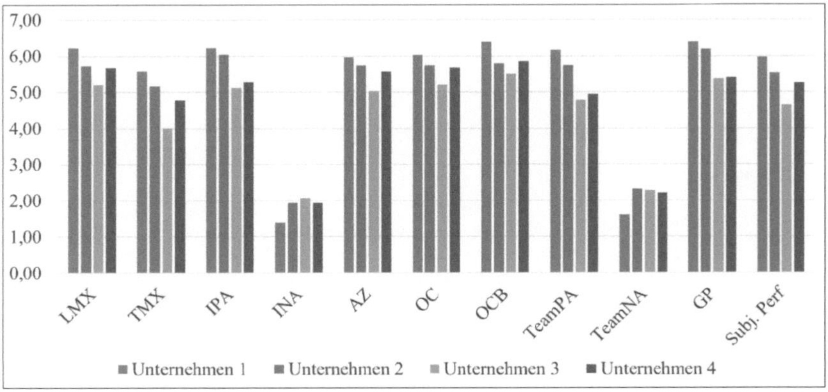

Abbildung 19: Durchschnittliche Konstruktwerte nach Unternehmen

Tabelle 14: Mittelwerte und Varianzen (Individualebene)

		LMX	TMX	IPA	INA	AZ	OC	OCB
Mittelwert	Insgesamt	5,24	4,60	5,41	1,91	5,40	5,52	5,78
	Unternehmen 1	6,23	5,58	6,23	1,40	5,95	6,03	6,39
	Unternehmen 2	5,73	5,17	6,04	1,94	5,73	5,74	5,79
	Unternehmen 3	5,19	4,02	5,11	2,06	5,03	5,19	5,51
	Unternehmen 4	5,68	4,79	5,27	1,94	5,56	5,68	5,84
Varianz	Insgesamt	1,57	1,10	0,90	0,69	0,87	0,79	0,53
	Unternehmen 1	0,71	0,49	0,39	0,27	0,49	0,42	0,29
	Unternehmen 2	0,95	0,49	0,53	0,67	0,47	0,54	0,57
	Unternehmen 3	0,90	1,04	0,89	0,69	0,91	0,90	0,52
	Unternehmen 4	0,59	0,59	0,70	0,77	0,74	0,59	0,37

Das Muster des Diagramms zeigt, dass die Mitarbeiterinnen des ersten Unternehmens durchgängig über alle Konstrukte die positivsten Bewertungen und die Teilnehmer/innen des dritten Unternehmens mit Ausnahme des negativen Teamaffekts die negativsten Bewertungen abgaben. Zur Überprüfung derMittelwertsunterschiede zwischen den Unternehmen wurde ein T-Test durchgeführt. Besonders große Unterschiede ergaben sich zwischen Unternehmen 1 und 3. Ähnliche Merkmalausprägungen waren hingegen bei Unternehmen 2 und 4 festzustellen. Bei diesen weisen die Ergebnisvariablen Arbeitszufriedenheit, organisationales Commitment, OCB und der individuelle und teambezogene negative Affekt keine signifikanten Unterschiede auf. Auch zwischen Unternehmen 3 und 4 weisen insbesondere die affektiven Konstrukte (individueller und kollektiver positiver und negativer Affekt) keine signifikanten Unterschiede auf. Tabelle 14 zeigt die unstandardisierten Mittelwerte und Varianzen der auf Individualebene definierten Konstrukte, die sich jeweils aus dem ungewichteten Durchschnitt der einzelnen Itembewertungen ergeben haben. In Tabelle 15 sind diese Statistiken auf aggregierter Gruppenebene dargestellt.

Tabelle 15: Mittelwerte und Varianzen (Gruppenebene)

		LMX	TMX	TPA	TNA	AZ	OC	OCB	GP	Perf
Mittelwert	insgesamt	5,33	4,74	5,19	2,15	5,43	5,56	5,84	5,59	5,26
	U1	6,29	5,66	6,16	1,66	5,94	5,99	6,38	6,36	5,96
	U2	5,82	5,19	5,71	2,24	5,74	5,78	5,87	6,17	5,53
	U3	4,78	4,09	4,76	2,35	5,04	5,20	5,55	5,24	4,64
	U4	5,23	4,81	4,94	2,25	5,53	5,67	5,80	5,37	5,25
Varianz	insgesamt	0,94	0,67	0,74	0,48	0,39	0,34	0,23	0,80	1,11
	U1	0,39	0,29	0,29	0,47	0,30	0,20	0,13	0,51	0,35
	U2	0,16	0,15	0,23	0,07	0,09	0,05	0,13	0,08	0,35
	U3	0,88	0,44	0,53	0,40	0,33	0,35	0,16	0,90	1,06
	U4	0,44	0,11	0,39	0,45	0,17	0,18	0,11	0,30	1,20

2. Die Tabellen 14 und 15 machen außerdem deutlich, dass die Varianz der Daten auf verschiedenen Ebenen entsteht und dementsprechend auch zu erklären ist. Ein Teil der Varianz scheint sich auf Unternehmensebene, ein weiterer auf Gruppenebene und wiederum ein dritter auf individueller Ebene zu begründen, die sich jedoch auf unterschiedlichen Ebenen auswirken können. Dies spricht für die Betrachtung der Zusammenhänge auf verschiedenen Ebenen. Aufgrund der systematischen Unterschiede zwischen den Unternehmen wird als zusätzliche Analyse auf Individualebene auch eine Mehrgruppenanalyse durchgeführt, mit der die Zusammenhänge der Konstrukte auch je Unternehmen betrachtet werden (siehe Kapitel 7.3.2). Aufgrund der Stichprobengröße, die auf Gruppenebene je Unternehmen nur noch 6 bis maximal 39 beträgt, ist dies jedoch nur bei der Analyse auf Individualebene möglich.

3. In der Gesamtbetrachtung fällt eine positive Tendenz der Antworten auf, die sich ebenfalls in dem Diagramm (Abbildung 19) und den Tabellen 14 und 15 widerspiegelt. Die Konstrukte weisen alle im Durchschnitt einen Wert auf, der deutlich im zustimmenden Bereich über 3,5 liegt, beziehungsweise bei den Items zum negativen Affekt deutlich darunter. Das heißt also, positiv formulierten Aussagen wird mehrheitlich zugestimmt, negativ formulierte Aussagen werden hingegen eher abgelehnt. Besonders stark ist dies beim ersten Unternehmen

ausgeprägt, bei dem quasi keine kritischen Antworten dabei waren: Negativ formulierte Items wurden fast ausschließlich mit 1 oder 2 bewertet, positiv formulierte Items mit 6 oder 7.

6.6.2 Strukturgleichungsmodellierung

Zur Überprüfung der theoretisch abgeleiteten Hypothesensysteme auf individueller und kollektiver Ebene werden kausalanalytische Verfahren (Strukturgleichungsmodelle) eingesetzt. Dabei handelt es sich um leistungsstarke statistische Analysemethoden, die Elemente der Regressions- und Faktorenanalyse integrieren und mit denen komplexe multivariate Zusammenhänge getestet und geschätzt werden können (Nitzl 2010).

Strukturgleichungsmodelle werden insbesondere dann eingesetzt, wenn – wie hier – Zusammenhänge zwischen mehreren hypothetischen Konstrukten (latenten Variablen) überprüft werden sollen. Das heißt, die Variablen sind nicht direkt beobachtbar, sondern müssen über geeignete Messmodelle (Skalen) erst zugänglich gemacht werden (Weiber und Mühlhaus 2014). Die Zusammenhänge zwischen den Konstrukten werden als Hypothesensystem formuliert, das in seiner Gesamtheit das Forschungsmodell darstellt und überprüft wird.

Demnach teilt sich die Analyse im Folgenden ebenfalls in drei Schritte auf (Nitzl 2010):

1. die Operationalisierung der Konstrukte und deren Güteprüfung: Überprüfung und Beurteilung des Messmodells.
2. die tatsächliche Analyse der Zusammenhänge zwischen den Variablen: Überprüfung und Beurteilung des Strukturmodells
3. Gesamtheitliche Betrachtung des Modells

Auf eine genaue Beschreibung des Ansatzes der Strukturgleichungsmodellierung wird an dieser Stelle verzichtet, da diese in der betriebswirtschaftlichen Forschung inzwischen etabliert und ausreichend bekannt ist. Lediglich die Wahl des eingesetzten Verfahrens bleibt in der Literatur strittig, weshalb diese im Folgenden begründet und anschließend das spezifische Vorgehen bei der hier eingesetzten Methode erläutert wird.

6.6.2.1 Methoden der Strukturgleichungsanalyse

Grundsätzlich sind zwei Verfahren der Strukturgleichungsmodellierung zu unterscheiden: Die kovarianz- und die varianzbasierten Methoden. Zur Vorstellung der beiden unterschiedlichen Verfahren wird auf eine kompakte, anwendungsorientierte Darstellung von Nitzl (2010) zurückgegriffen, wobei analoge Beschreibungen in Herrmann et al. (2014), Herrmann et al. (2006) und Weiber und Mühlhaus (2014) zu finden sind:

> *„Kovarianzanalyseverfahren sind die am häufigsten angewandten Verfahren zur Schätzung von Strukturgleichungsmodellen. Zu den entsprechenden Softwareapplikationen zählen z. B. M-Plus, LISREL, AMOS oder EQS. Die Kovarianzanalyse schätzt die Modellparameter eines Strukturgleichungsmodells so, dass die empirische Kovarianzmatrix so gut wie möglich durch eine sich aus dem Modell ergebende Kovarianzmatrix nachgebildet wird. Da alle Informationen aus der Kovarianzmatrix von kovarianzbasierten Methoden genutzt werden, um Modellparameter zu schätzen, werden sie auch als „full information approach“ bezeichnet. Bei Normalverteilung der Ausgangsvariablen sind zudem Rückschlüsse auf die Grundgesamtheit möglich. Hierzu werden die Zusammenhänge des aufgestellten Strukturmodells mit den empirisch erfassten Zusammenhängen verglichen, das die Basis für die Gütebeurteilung eines Modells darstellt. Innerhalb der Kovarianzanalyse existieren mehrere Algorithmen zur Schätzung von Parametern eines Modells. Die Maximum Likelihood (ML)-Methode, welche von einer multivariaten Normalverteilung der Daten ausgeht, wird am häufigsten angewendet. Liegt hingegen keine Normalverteilung vor, kann bspw. der Unweighted Least Square (ULS) Schätzalgorithmus eine Modellschätzung durchführen, obschon bei Nichtexistenz einer Multinormalverteilung die Voraussetzung für klassische Inferenzstatisiken, wie z. B. dem $\chi 2$ (gesprochen: Chi-Quadrat), nicht mehr gegeben ist. Da sich aber der ML-Algorithmus relativ robust gegenüber Abweichungen der Normalverteilung verhält, wird er dennoch häufig angewandt.*
>
> *Von den beschriebenen kovarianzbasierten sind die varianzbasierten Analyseverfahren zu unterscheiden. Als Vertreter von Varianzanalysen kann die Partial Least Square (PLS)Methode angeführt werden, die sich in den letzten Jahren einer zunehmenden Verbreitung erfreute. Zur Berechnung eines Modells eignen sich z. B. LVPLS, PLS-Graph und SmartPLS als Softwareapplikation. Im Gegensatz zu kovarianzbasierten Verfahren werden unter PLS die Modellparameter so geschätzt, dass der Anteil der erklärten Varianz der abhängigen Variable und der Indikatoren eines reflektiv gemessenen Konstrukts maximiert wird. Für die Schätzung selbst kommt dann das Prinzip der kleinsten Quadrate zum Einsatz. Da dies in einer optimalen Rekonstruktion der tatsächlichen Datenstruktur mündet, besitzt PLS eine bessere Prognosequalität als kovarianzbasierte Verfahren.*
>
> *PLS weist gegenüber LISREL weniger genaue Schätzer auf, dabei unterschätzt es die Pfade im Strukturmodell und überschätzt die Ladungen im Messmodell. Dies liegt daran, dass PLS eine Zerlegung des Gesamtmodells in Teilmodelle vornimmt, für die dann die Parameterschätzung erfolgt, während die Parameter der übrigen Teilmodelle konstant gehalten werden. Auf Indikatorebene gleichen sich Über- und Unterschätzung wieder aus, so dass es letztlich zu keiner Verzerrung der Indikatorkorrelation kommt. Die Schätzgenauigkeit von PLS nimmt dabei mit der Anzahl der berücksichtigten Indikatoren je Konstrukt und steigender Stichprobengröße zu, sie ist somit „consistency at large“. Die Anzahl der verwendeten Indikatoren spielt unter PLS für die Verbesserung der Schätzqualität eine wesentlich wichtigere Rolle als bei LISREL. Wegen der Unterschätzung der Pfadkoeffizienten wird PLS auch*

> *als „konservatives" Verfahren bezeichnet. Häufig ist aber festzustellen, dass zwischen den Schätzern der kovarianz- bzw. varianzbasierten Verfahren keine wesentlichen Unterschiede bestehen. Zudem wird PLS als „soft modeling" bezeichnet, da keine Verteilungsannahmen für die Schätzung der Parameter benötigt werden."* (S. 15ff)

Aus diesen Eigenschaften ergeben sich bestimmte Vor- und Nachteile der beiden Schätzverfahren. Daraus wiederum lassen sich Kriterien ableiten, anhand derer entschieden werden kann, welches Verfahren für das vorliegende Forschungsvorhaben eingesetzt werden sollte.Tabelle 14 stelltdie für die hier vorliegende Fragestellung relevanten Entscheidungskriterien für die beiden komplementären Methoden nach Chin und Newsted (1999) im Überblick dar, wobei die Ausführungen hinsichtlich der kovarianzbasierten Methoden sich auf die am häufigsten angewandte Schätzung nach dem ML-Prinzip beziehen (siehe auch Herrmann et al. 2006, Nitzl 2010).

Das Forschungsmodell, die Stichprobenbeschaffenheit sowie die vorliegenden Daten legen eine Verwendung des PLS-Ansatzes nahe. *„Da unter PLS weniger die Bestätigung hypothetischer Zusammenhänge wie unter LISREL im Vordergrund steht, sondern vielmehr die Identifikation und Priorisierung von möglichen Treibern in komplexen Wirkungszusammenhängen"*, ist PLS bei vielen betriebswirtschaftlichen Fragestellungen zu bevorzugen (Nitzl 2010, S. 55). Da das Forschungsmodell auf die Analyse von Einflussgrößen (Beziehungsqualität und Emotionen) auf wünschenswerte Ergebnisvariablenvariablen (individuelle Einstellungen und Verhaltensweisen sowie Teamperformance) abzielt, entspricht das Ziel des PLS-Algorithmus eher dem Forschungsgegenstand; geht es doch darum, vorherzusagen, wie bestimmte Erfolgskriterien verbessert werden können.

Aufgrund der Betrachtung auf individueller und kollektiver Ebene liegt zwar ein relativ großer Stichprobenumfang auf individueller Ebene vor, auf kollektiver Ebene jedoch nur ein sehr begrenzter Stichprobenumfang von 95 Teams. Diese Stichprobengröße auf kollektiver Ebene ist für den kovarianzbasierten Ansatz deutlich zu gering, bei dem eine Fallzahl von mindestens 200 empfohlen wird (Nitzl 2010).Reinartz et al. (2009) empfehlen, basierend auf einer Monte-Carlo-Simulation, bei einer Stichprobengröße unter 250 Fällen die Anwendung von PLS. Auch die Verteilungsannahmen, die dem kovarianzbasierten Ansatz zugrunde liegen, werden von den hier vorliegenden Daten nicht erfüllt – die relevanten Konstrukte sind, wie in Kapitel 6.6.1.1 beschrieben, nicht normalverteilt.

Darüber hinaus ist eine Zielgröße, der Rankingplatz der Filiale, nicht intervallskaliert, wodurch eine Parameterschätzung mit einem kovarianzbasierten Verfahren nicht möglich ist (Nitzl 2010).

Tabelle 16: Entscheidungskriterien für die Wahl zwischen varianzbasierten und kovarianz-basierten Schätzverfahren in Anlehnung an Chin und Newsted (1999), S. 314

Merkmal	Varianzbasiert – PLS	Kovarianzbasiert – LISREL
Ziel des Algorithmus	Prognoseorientiert: bestmögliche Vorhersage der Datenmatrix (hinsichtlich Zielvariablen)	Parameterorientiert: bestmögliche Replikation der Kovarianzstruktur der Ausgangsdatenmatrix
Stichprobengröße	Kleine Stichproben oft ausreichend; abhängig von größter Prädiktorenanzahl (formative Indikatoren oder antezedente Konstrukte)	Größer als 200, abhängig von Variablenzahl
Skalenniveau	Keine Einschränkung	Mindestens intervallskaliert
Verteilungsannahmen	Nur weiche Annahmen einer Kleinstquadrateinschätzung	Normalverteilung; Schätzer relativ robust gegen Verletzung der Normalverteilungsannahme
Konsistenz der Schätzer	Konsistent bei hoher Indikatorenzahl; erhöhte Konsistenz bei höherer Stichprobe aufgrund asymptotischer Eigenschaften der Schätzer	Konsistent; erhöhte Konsistenz bei höherer Stichprobe aufgrund asymptotischer Eigenschaften der Schätzer
Schätzer auf Strukturmodellebene	Konservativ, da algorithmus-immanent unterschätzt	Bei geringen Indikatorladungen inflationär
Anwendbare Gütekriterien	Nur partielle Gütekriterien	Globale Gütekriterien möglich, partielle ebenfalls sinnvoll einsetzbar

Die Konsistenz der Parameterschätzung ist für die Wahl der Methodik hier unerheblich, da die zu schätzenden latentenVariablenrelativ viele Indikatoren (zwischen 5 und 16) aufweisen und die Fallzahl mit 95 auf kollektiver und >400 auf individueller Ebene ausreichend hoch ist.

Ein klarer Nachteil des PLS-Verfahrens ist jedoch, dass durch die fehlenden Verteilungsannahmen auch keine inferenzstatistischen Möglichkeiten zur Verfügung stehen. Damit einhergehend stehen auch wesentlich weniger Güte- und Beurteilungskriterien für Modellvergleiche und -modifikationen zur Verfügung (Herrmann et al. 2006, Homburg und Klarmann 2006, Nitzl 2010). Dies ist jedoch für das Forschungsvorhaben nur zweitrangig, da nicht die Evaluation eines integrierten Modells, sondern vielmehr die Überprüfung der Einflussnahme von sozialen und emotionalen Faktoren auf individuelle und kollektive Ergebnisfaktoren im Zentrum des Forschungsinteresses steht. Hinsichtlich dessen ist es eher als Vorteil von PLS zu werten, dass die Schätzer auf Modellebene eher konservativ angelegt sind, sodass die Zusammenhänge nicht methodisch überschätzt werden.

Aufgrund dieser Eigenschaften des Forschungsvorhabens wird der Empfehlung von Bliemel et al. (2005) in Anlehnung an Chin und Newsted (2000) entsprochen, die besagt, dass die

„PLS Pfadanalyse gegenüber der Kovarianzstrukturanalyse zu bevorzugen [ist], wenn eine oder mehrere der folgenden Bedingungen zutreffen:

1. *Es sollen Vorhersagen getroffen werden.*
2. *Das zu erforschende Phänomen ist neuartig und bewährte Messansätze liegen noch nicht vor.*
3. *Das Modell ist komplex und weist viele Indikatoren auf.*
4. *Eine Multinormalverteilung der Daten ist nicht gegeben.*
5. *Die Beobachtungswerte sind nicht unabhängig.*
6. *Die Stichprobe ist relativ klein.*
7. *Das Modell enthält latente Variablen, die mit formativen Messmodellen operationalisiert werden.“* (S. 10)

In jedem Fall sind die Punkte 1, 4 und 6 wie oben dargelegt zutreffend. Durch die Unternehmens- und Gruppenzugehörigkeit könnte außerdem der fünfte Punkt auch als gegeben angenommen werden. Die eingesetzte Skala zur Messung der Arbeitszufriedenheit von Neuberger (1990) ist darüber hinaus eine formative Operationalisierung des Konstrukts, weshalb auch Punkt 7 zutreffend ist.

Da das PLS-Verfahren noch nicht so verbreitet ist wie die kovarianzanalytischen Ansätze werden im Folgenden die für dieses nicht-parametrische Verfahren geeigneten Gütekriterien für das Messmodell und das Strukturmodell vorgestellt.Als Softwareapplikation, die den PLS-Ansatz unterstützt, wurde smartPLS eingesetzt, weshalb im Folgenden auch immer wieder auf dessen Anwendung Bezug genommen wird (Ringle et al. 2015).

6.6.2.2 Überprüfung und Beurteilung der Güte des Messmodells

Wie bereits zu Beginn des Kapitels erläutert, teilt sich die Analyse der Ergebnisse in die Überprüfung und Beurteilung der Güte des Messmodells einerseits und des Strukturmodells andererseits.

Die Überprüfung des Messmodells soll darlegen, inwieweit die verwandten Skalen zur Messung der latenten, das heißt nicht beobachtbaren, Variablen geeignet sind. Grundsätzlich existieren zwei mögliche Varianten zur Messung: formativ oder reflektiv. Die beiden Varianten unterscheiden sich dahingehend, ob die einzelnen beobachtbaren Indikatoren (im vorliegenden Fall Fragebogenitems) Ursache (formativ)oder Wirkung (reflektiv) des latenten Konstrukts sind (für eine genauere Darstellung der Unterscheidung siehe Christophersen und Grape (2006) oder Nitzl (2010)).

Die verwandten Konstrukte und Skalen entsprechen einer reflektiven Messung der latenten Variablen mit Ausnahme der Arbeitszufriedenheit.

a) Gütekriterien für reflektiv gemessene Konstrukte

Für reflektiv operationalisierte Konstrukte werden im Rahmen der Überprüfung des Messmodells mit smartPLS vierGütekriterien herangezogen, die auch von der Faktorenanalyse bekannt sind (Nitzl 2010). Henseler et al. (2009) liefern eine aussagekräftige und auf den Punkt gebrachte Beschreibung, weshalb die folgende Vorstellung der Gütekriterien eng an deren Ausführungen angelehnt ist:

1. **Indikatorreliabilität:**Analog zur Faktorenanalyse gilt es,zur Überprüfung der reliablen Messung eines Konstrukts die Indikatorreliabilität zu überprüfen. In der Literatur wird üblicherweise gefordert, dass die latente Variable einen substanziellen Anteil der Varianz eines Indikators erklären muss. Als Richtwert werden hier 50% der Varianz eines Indikators angesetzt, was einer Faktorladung von über 0,7 entspricht. Dadurch wird beurteilt, ob sich eine beobachtete Variable zur Messung einer latenten Variablen eignet oder gegebenenfalls zu ändern oder zu eliminieren ist. Unter Berücksichtigung der „Consistency at large"-Eigenschaft von PLS ist dabei jedoch Vorsicht geboten. Nur bei einer sehr niedrigen Indikatorreliabilität und wenn eine Herausnahme des entsprechenden Indikators eine deutliche Verbesserung der Konstruktreliabilität mit sich bringt, sollte eine Elimination von Faktoren in Erwägung gezogen werden.Es wird empfohlen, Indikatoren zu eliminieren, deren Faktorladungen unter 0,4 liegen (Churchill 1979).
2. **Interne Konsistenz:** Üblicherweise wird hierzu das Cronbachs Alpha als Kriterium herangezogen, das einen Reliabilitätsschätzer auf Basis der Indikatorinterkorrelationen liefert (Cronbach 1951).Dabei geht man beim Cronbachs Alpha von einer gleichen Reliabilität aller Indikatoren aus, während der PLS Algorithmus Indikatoren nach ihrer jeweiligen Reliabilität priorisiert und dadurch eine reliablere Konstruktzusammensetzung liefert. Da so das Cronbachs Alpha dazu neigt, eine deutliche Unterschätzung der internen Konsistenz der latenten Variablen vorzunehmen, wird für PLS-Pfadmodelle in der Regel ein anderes, für die Methodik geeigneteres Gütemaß für die Konstruktreliabilität eingesetzt: ρ_c(Werts et al. 1974). Dieses berücksichtigt, dass Indikatoren verschiedene Reliabilitäten aufweisen, wird aber genauso wie das Cronbachs Alpha interpretiert. Der Schätzer für die interne Konsistenz eines Konstrukts, der nach aktuellem Forschungsstand empfohlen wird, ist jedoch ρ_A. Dieses wurde – quasi als Mittelweg zwischen den beiden ersten – aufgrund der Tendenz zur Überschätzung der Indikatorladungen durch den PLS-Algorithmus Dijkstra und Henseler (2015) vorgeschlagen, welches nach aktuellem Stand der Forschung den akura-

testen Schätzer für die interne Konsistenz darstellt. Bei allen Gütekriterien wird ein Wert von über 0,7 als akzeptabel erachtet (Nunnally und Bernstein 1994, Henseler et al. 2009).

3. **Konvergenzvalidität:** Konvergenzvalidität stellt sicher, dass die zu einer latenten Variablen gehörenden Indikatoren gemeinsam dieses Konstrukt darstellen, was durch ihre Eindimensionalität überprüft werden kann. Fornell und Larcker (1981) empfehlen die durchschnittlich erklärte Varianz (DEV) als Kriterium für die Konvergenzvalidität. Ein DEV-Wert von mindestens 0,5 belegt eine ausreichende Konvergenzvalidität, was bedeutet, dass die latente Variable durchschnittlich mehr als die Hälfte der Varianz der Indikatoren erklärt.
4. **Diskriminanzvalidität:** Die Diskriminanzvalidität ist das Gegenstück zur Konvergenzvalidität und gibt an, ob sich die Indikatoren einer latenten Variablen von denen einer anderen ausreichend unterscheiden.Bei der Strukturgleichungsmodellierung mit PLS werden drei Kriterien zur Diskriminanzvalidität eingesetzt: Das sogenannte Fornell-Larcker-Kriterium (Fornell und Larcker 1981), die Kreuzladungen und die HTMT-Ratio, die nach aktuellem Forschungsstand empfohlen wird (Henseler et al. 2015). Das Fornell-Larcker-Kriterium besagt, dass die DEV einer latenten Variablen größer als die größte quadrierte Korrelation mit jeder anderen latenten Variablen sein sollte. Als ergänzendes Kriterium auf Indikatorebenezur Beurteilung der Diskriminanzvalidität sollte jeder Indikator zu dem ihm zugeordneten Konstrukt die stärkste Beziehung aufweisen, das heißt die Faktorladung zwischen Indikator und Konstrukt sollte größer sein als die Kreuzladungen. Ein neueres Kriterium für die Diskriminanzvaliditätist die „Heterotrait-Monotrait Ratio" (HTMT), die von Henseler et al. (2015) für varianzbasierte Strukturgleichungsmodelle vorgeschlagen wurde. Dieses Maß gibt eine Schätzung für die Korrelation zweier Konstrukte. Dementsprechend ist die Interpretation simpel – sofern sich die HTMT deutlich von 1 unterscheidet, ist von zwei sich unterscheidenden Konstrukten auszugehen (Henseler et al. 2015).

Tabelle 17 zeigt die Kriterien zur Beurteilung des Messmodells nochmal als Übersicht. Ein reflektives Messmodell ist dann als zuverlässig und valide zu betrachten, wenn alle Gütekriterien erfüllt werden. Ist das nicht der Fall, ist zu überlegen, ob einzelne Indikatoren zu eliminieren sind oder sogar das Pfadmodell zu überarbeiten ist (Henseler et al. 2009, Nitzl 2010). Jedoch sind inhaltlich bedeutsame Indikatoren in jedem Fall beizubehalten, sofern sie theoretisch fundiert sind, auch wenn diese gegebenenfalls die Konstruktreliabilität negativ beeinflussen (Homburg und Klarmann 2006).

Tabelle 17: Übersicht Gütemaße Messmodell

Gütemaß	Beschreibung	Empfohlener Wertebereich
Indikatorreliabilität	Erklärungsgrad der Indikatorvarianz durch das Konstrukt; entspricht der absoluten Faktorladung $\lambda_i$des Indikators i.	$\lambda_i \geq 0{,}7$
Konstruktreliabiliät ($\boldsymbol{p_c}, \boldsymbol{p_A}$)	Maße für die interne Konsistenz eines Konstrukts, erklärt also wie stark die einem Konstrukt zugeordneten Indikatoren miteinander korrelieren; ist bei der PLS-Methode dem üblichen Cronbachs Alpha vorzuziehen	$p > 0{,}7$
Durchschnittlich erfasste Varianz (DEV)	Gibt an, wie hoch die durch die latente Variable erklärte Varianz im Verhältnis zum Messfehler ist	$DEV > 0{,}5$
Fornell-Larcker Kriterium	Maß zur Überprüfung der Diskriminanzvalidität auf Konstruktebene	Jede Variable sollte eine höhere Korrelation mit dem ihr zugeordneten Indikatorbündel ($\sqrt{DEV}$) aufweisen als mit den anderen Konstrukten.
Kreuzladungen	Weiteres Maß zur Überprüfung der Diskriminanzvalidität auf Indikatorebene	Jeder Indikator sollte zu seinem ihm zugeordneten Konstrukt eine höhere Korrelation aufweisen als zu allen anderen latenten Variablen
HTMT-Ratio	Neueres Maß zur Überprüfung der Diskriminanzvalidität auf Konstruktebene, entspricht einem Schätzer für die Korrelation zwischen zwei Konstrukten	$HTMT_{ij} \neq 1$, $HTMT_{ij} < 0{,}85$

b) Operationalisierung der Arbeitszufriedenheit

Die Messung der Arbeitszufriedenheit wie sie hier durchgeführt wurde ist als formative Operationalisierung einzustufen, da sich die Arbeitszufriedenheit aus der Zufriedenheit mit einzelnen Aspekten der Arbeit ergibt.Trotzdem ist für dieses Konstrukt davon auszugehen, dass die einzelnen Zufriedenheitsaspekte hoch miteinander korrelieren. Da dies zu Problemen bei der formativen Operationalisierung führen kann,wurde die Arbeitszufriedenheit zwar als formatives Konstrukt operationalisiert, aber entsprechend der ursprünglichen Empfehlung von Neuberger und Allerbeck (1978) und aufgrund der theoretischen und empirischen Fundierung dieser validen und reliablen Skala in zahlreichen Kontexten der gleichgewichtete Durchschnitt aus den Indikatoren zur Berechnung der latenten Variable eingesetzt.

6.6.2.3 Überprüfung und Beurteilung der Güte des Strukturmodells

Wenn sichergestellt wurde, dass die Konstrukte zuverlässig und valide gemessen werden, kann in einem zweiten Schritt das Strukturmodell geprüft werden(Henseler et al. 2009, Nitzl 2010).

Für die Vorstellung der vier relevanten Gütekriterien zur Beurteilung des Strukturmodells wird ebenfalls auf die Ausführungen von Henseler et al. (2009) und Nitzl (2010) zurückgegriffen:

1. Bestimmtheitsmaß: Das Bestimmtheitsmaß R^2 gibt als ein wesentliches Kriterium zur Beurteilung eines Strukturmodells an, welcher Anteil der Varianz einer endogenen Variablen durch das Modell erklärt wird im Verhältnis zur Gesamtvarianz. Der mögliche Wertebereich liegt dementsprechend zwischen 0 und 1. Gemäß Chin (1998) sind Werte von 0,67, 0,33 und 0,19 als „substanziell", „mittelgut" und „schwach" anzusehen. Jedoch ist die Beurteilung des R^2-Wertes stark von der Forschungsfrage abhängig.
2. Pfadkoeffizienten: Pfadkoeffizienten lassen sich analog zu Regressionskoeffizienten, die sich aus der Kleinstquadratemethode ergeben, hinsichtlich ihres Vorzeichens, ihrer Höhe und der Signifikanz interpretieren. Standardisierte Pfadkoeffizienten können Werte zwischen -1 und 1 annehmen, wobei Werte nahe |1| einen starken Zusammenhang und Werte nahe 0 einen schwachen Zusammenhang zwischen zwei Konstrukten nahelegen. Werte größer als |0,2| werden üblicherweise als bedeutsam angesehen. Die Signifikanz der Pfadkoeffizienten kann mithilfe des Bootstrapping-Verfahrens in smartPLS getestet werden.
3. Effektstärke: Die Effektstärke f^2 gibt an, inwieweitvon einer exogenen Variablen ein starker oder schwacher Einfluss auf eine endogene Variable wirkt. Dieser Einfluss ergibt sich dabei aus der Änderung des Bestimmtheitsmaßes R^2 die endogenen Variable bei Einschluss der exogenen Variable gegenüber dem bei Ausschluss der exogenen Variable. f^2-Werte ab 0,02, 0,15 und 0,35 sprechen jeweils für einen geringen, mittleren oder großen Einfluss auf die endogene Variable an. Die Effektgröße nimmt dabei immer Bezug auf den totalen Effekt einer Variablen auf eine andere.
4. Prognoserelevanz: Zur Bestimmung der Prognoserelevanz Q^2 wird der nicht-parametrische Stone-Geisser-Test herangezogen, der mithilfe der Blindfolding-Prozedur erfolgt. Dabei wird systematisch ein Teil der empirischen Daten für die endogenen Variablen als fehlend angenommen. Anschließend werden die fehlenden Datenpunkte mit dem aufgestellten Modell geschätzt. Dieses Vorgehen wird so oft wiederholt bis alle Datenpunkte durch eine Schätzung ersetzt wurden. Daraus ergibt sich dann, wie gut das aufgestellte Modell die empirischen Daten vorhersagen kann. Ein Wert größer 0 bedeutet, dass das Modell eine akzeptable Prognoserelevanz aufweist, ein Wert kleiner 0 bedeutet hingegen, dass das Modell die

Daten nicht besser prognostiziert als eine Mittelwertschätzung. Die Prognoserelevanz kann außer auf Modellebene auch auf Konstruktebene (q^2) berechnet werden, wobei sie sich dann analog zur Effektstärke berechnet.

Tabelle 18 zeigt die Gütekriterien des Struktumodells für den PLS-Ansatz nochmals als Übersicht.

Tabelle 18: Übersicht Gütemaße Strukturmodell

Gütemaß	Beschreibung	Empfohlener Wertebereich
Bestimmtheitsmaß $\boldsymbol{R^2}$	Anteil der erklärten Varianz einer endogenen Variablen	$R^2 \geq 0{,}67$ „substanziell“ $0{,}33 \leq R^2 \geq 0{,}67$ „mittelgut“ $0{,}19 \leq R^2 \geq 0{,}33$ „schwach“ Akzeptabler Wertebereich jedoch abhängig von der untersuchten Variablen
Pfadkoeffizienten	Lassen sich wie Regressionskoeffizienten interpretieren, geben Ausmaß der Wirkbeziehungen zwischen latenten Variablen an	Werte größer als |0,2| werden üblicherweise als bedeutsam angesehen; Signifikanztest via Bootstrapping
Effektstärke f^2	Maß für den Einfluss beziehungsweise den Anteil am Erklärungsbeitrag einer exogenen Variablenfür eine endogene Variable	$f^2 > 0{,}35$ „groß “ $0{,}15 < f \leq 0{,}35$ „mittel“ $0{,}15 \geq f^2 \geq 0{,}02$ „wenig “
Prognoserelevanz ($\boldsymbol{Q^2}$)	Gibt an, wie gut das geschätzte Modell die empirischen Daten rekonstruieren kann, durch die Blindfolding-Prozedur	$Q^2 > 0$ Prognoserelevanz liegt vor

6.6.2.4 Gesamtbeurteilung des Modells

Einer der Nachteile der PLS-Modellierung gegenüber den kovarianzbasierten Ansätzen ist, dass keine allgemein anerkannten globalen Gütemaße existieren (siehe zum Beispiel Henseler und Sarstedt 2013, Hair et al. 2012). Die Gesamtbeurteilung des Modells ergibt sich deshalb aus einer ganzheitlichen Betrachtung der eben vorgestellten Kriterien. Von einer zuverlässigen Schätzung des Gesamtmodells kann ausgegangen werden, wenn die Ergebnisse allen Gütekriterien gerecht werden (Weiber und Mühlhaus 2014).Als wichtigste Kriterien sieht Chin (1998) insbesondere die Prognoserelevanz Q^2 sowie das Bestimmtheitsmaß R^2 der Zielvariablen an.

6.6.3 Mediationsanalyse

Da die in Kapitel 5 abgeleiteten Forschungsmodelle explizit einen Mediationseffekt enthalten, sollen im Folgenden kurz die Hintergründe und das Vorgehen bei der Mediationsanalyse vorgestellt werden.

Grundsätzlich wird unter einem Mediationseffekt verstanden, dass eine unabhängige Variable X einen indirekten Einfluss auf eine abhängige Variable Y über eine Mediatorvariable M hat.

Während in vielen Forschungsarbeiten immer noch das Vorgehen von Baron und Kenny (1986) angewandt wird, existieren inzwischen zahlreiche Überarbeitungen dieser ursprünglichen Variante und eine neuere Empfehlung zur Vorgehensweise bei der Analyse von Mediationseffekten (Zhao et al. 2010).

Zhao et al. (2010) schlagen ein zweistufiges Vorgehen vor:

1. Um einen Mediationseffekt zu belegen, reicht nach dem aktuellen Stand der Forschung ein signifikanter indirekter Effekt von X auf Y via M aus (im Gegensatz zu dem wesentlich einschränkenderen und restriktiveren Vorgehen von Baron und Kenny 1986). Existiert kein indirekter Effekt, so kann entweder gar kein Zusammenhang zwischen X und Y oder nur ein direkter Zusammenhang zwischen X und Y vorliegen. Letzteres ist der Fall, wenn der direkte Pfad von X zu Y signifikant ist. Existiert ein signifikanter indirekter Effekt zwischen X und Y über M, so besteht ein Mediatoreffekt, den es zu klassifizierengilt.
2. Dieser zweite Schritt entspricht eben dieser Klassifizierung des Mediationseffekts. Nach Zhao et al. (2010) sind folgende Fälle zu unterscheiden:
    - Der indirekte Effekt von X auf Y ist signifikant, der direkte Zusammenhang von X und Y jedoch nicht – es handelt sich um eine vollständige, ausschließlich indirekte Mediation.
    - Der indirekte Effekt von X auf Y ist signifikant, der direkte Effekt von X auf Y ebenfalls und beide Effekte weisen das gleiche Vorzeichen auf – es handelt sich um eine komplementäre Mediation, die der teilweisen Mediation von Baron und Kenny (1986) entspricht.
    - Der indirekte Effekt von X auf Y ist signifikant, der direkte Effekt von X auf Y ebenfalls, aber die beiden Effekte weisen unterschiedliche Vorzeichen auf – es handelt sich um eine gegenläufige Mediation („competitive mediation"). Dieser Fall macht eine tiefergehende Interpretation und Diskussion notwendig sowie eine Überarbeitung der zugrundeliegenden theoretischen Argumentation, insbesondere dahingehend, ob weitere Mediatoren im direkten Pfad zum Tragen kommen könnten.

Methodisch empfehlen Zhao et al. (2010) zur Überprüfung der Signifikanz der Pfade das Bootstrapping-Verfahren sowie die Angabe von Konfidenzintervallen, was durch smartPLS unterstützt wird. Für eine detaillierte Vorgehensweise zur Mediationsanalyse speziell im Rahmen der PLS-Strukturgleichungsmodellierung siehe Nitzl et al. (2016).

7 Auswertung und Ergebnisse auf Individualebene

7.1. Vorgehensweise

Zunächst wurde das Pfadmodell analog zum Forschungsmodell auf individueller Ebene in smartPLS integriert unter Verwendung aller Indikatoren der in Kapitel 6.4 beschriebenen Skalen als reflektive Indikatoren für die jeweils zugeordneten latenten Variablen. Die Arbeitszufriedenheitsskala entspricht einer formativen Operationalisierung des Konstrukts und wurde wie in 6.6.2.2 als gleichgewichtete Summenskala operationalisiert, wie sie auch von Neuberger und Allerbeck (1978) konzipiert wurde.

Die Durchführung des PLS-Algorithmus zeigte bei manchen Aspekten Verbesserungspotenzial bei den Messmodellen. Einzelne Itemswiesen nur eine geringe Faktorladung auf, was mit einer geringen DEV einherging. Deshalb wurden den Empfehlungen in Henseler et al. (2009), Homburg und Klarmann (2006) sowieWeiber und Mühlhaus (2014) entsprechend Indikatoren herausgenommen, die eine geringe Faktorladung aufwiesen und deren Herausnahme einerseits theoretisch begründbar und sinnvoll erscheint sowie andererseits eine Erhöhung der DEV über den geforderten Wert von 0,5 erbrachten. Dieses Vorgehen brachte folgende Änderungen der Messmodelle der folgenden latenten Variablen:

1. Team-Member Exchange: Problematisch bei der Messung des Team-Member Exchanges waren die ersten vier Items der eingesetzten TMX-Skala. Die ersten drei Items zielen dabei auf gegenseitiges Feedback im Team ab. In der Studie von Trippel (2012), in der eine sehr ähnliche deutschsprachige Version der TMX-Skala eingesetzt wurde, gab es auch vergleichbare Schwierigkeiten mit der Güte der TMX-Messung. Bei Durchsicht der Daten fiel auf, dass die ersten Punkte generell relativ niedrig bewertet wurden, was dafürsprechen könnte, dass allgemein sehr wenig Feedback unter Kollegen gegeben wird. Da es sich bei dieser Studie um Mitarbeiter ohne Führungsaufgabe im Vertrieb handelt, ist dies durchaus plausibel, da sie nur wenig Verantwortung für die Leistung ihrer Kollegen zu tragen haben. Eine Trennung der TMX-Skala in die Subskalen „Feedback" und „gegenseitiges Verständnis und Unterstützung" im Strukturgleichungsmodell ergab, dass „Feedback" keine relevante Rolle für das Forschungsmodell spielte. Aufgrund dieser Beobachtung, der niedrigen Faktorladungen und der damit einhergehenden problematischen Konstruktvalidität (AVE=0,45) wurden die Items zum gegenseitigen Feedback eliminiert. Nach Elimination der drei Feedback-Items aus der TMX-Skala weist das vierte Item („Wie oft bitten **Sie** Ihre Teamkollegen um Hilfe, wenn viel zu tun ist?") immer noch eine geringe Faktorladung von 0,498 auf. Auch hier ist

auffällig, dass eher niedrige Bewertungen abgegeben werden. Dies könnte auf die soziale Erwünschtheit der Antworten zurückzuführen sein, da Mitarbeiter ungern zugeben, dass sie ihre Kollegen oft um Hilfe bitten. Aufgrund der Bedeutung der gegenseitigen Hilfe im Team für das Konstrukt des Team-Member Exchanges wurde das Item jedoch in der Skala belassen.

2. Negativer Affekt: Die Items 2 (bekümmert) und 7 (schuldig) der PANAS wiesen nach der PLS-Schätzung Faktorladungen von jeweils 0,60 auf, die damit deutlich unter der Grenze von 0,7 liegen. Aufgrund des Feedbacks aus dem Pretest des Fragebogens, das bereits auf Schwierigkeiten mit dem Begriff „bekümmert" hinwies, wurde dieses Item eliminiert. „Schuldig" hingegen kann als eine Emotion betrachtet werden, die insbesondere auf der untersten Hierarchiestufe mit verhältnismäßig geringer Verantwortungeine untergeordnete Rolle spielen, aber je nach Unternehmenskultur und Führungsverhalten für den Alltag prägend sein kann. Da die Herausnahme des zweiten Items bereits zu einer Erhöhung der DEV um jeweils 0,02 von 0,49 auf 0,51 führte, wurde lediglich dieses Item, das sich bereits im Pretest als schwierig herausstellte, eliminiert und das andere beibehalten.
3. Organisationales Commitment: Zur Messung des organisationalen Commitments wurde eine Skala gewählt, die neun positiv und sechs negativ formulierte Items beinhaltet. Häufig wird sie auch in einer Kurzform eingesetzt, die nur die positiv formulierten Items enthält (Riketta 2002). Obwohl sie als eindimensionale Skala konzipiert wurde, existieren Studien, die von einer Zweidimensionalität der Skala ausgehen, die sich aus den neun positiven und den sechs negativen Items ergibt (zum Beispiel Angle und Perry 1981). Die PLS-Schätzung ergab, dass alle negativ formulierten Items sehr geringe Faktorladungen aufweisen. In der deutschen Version sind diese in einer besonders negativen Formulierung enthalten, die durchaus sozial erwünschte Antworttendenzen erwarten lässt. Bei Einschluss aller Items beträgt die DEV nur 0,42. Die negativen Items wurden aufgrund dieser Überlegungen und Ergebnisse herausgenommen. Diese Modifikation der Skala entspricht der ebenfalls validierten und als reliabel getesteten Kurzskala (Maier und Woschée 2002, Maier und Woschée 2012).
4. Organizational Citizenship Behavior:Die OCB-Skala als eindimensionale Skala wies schlechte Gütekriterien auf, weshalb sie auch in dem Strukturgleichungsmodell in die drei Dimensionen „Helping Behavior" (OCB_Help), „Civic Virtue" (OCB_CV) und „Sportsmanship" (OCB_Sports), wie in der englischsprachigen Originalskala von Podsakoff und Mackenzie (1994) konstruiert, aufgeteilt wurde.

Die obigen Ausführungen zeigen, dass einzelne Veränderungen an den Messinstrumenten durch Indikatorelimination und die Berücksichtigung mehrerer Dimensionen vorgenommen wurden. Diese waren in allen Fällen theoretisch begründet und nicht ausschließlich datengetrieben, weshalb sie als legitim und für die Forschungsfrage zielführend erachtet werden.Die Ergebnisse des Strukturmodells vor und nach Indikatorelimination unterscheiden sich jedoch kaum.

Das endgültige Strukturgleichungsmodell, wie es zur Überprüfung der Hypothesen in smartPLS (Screenshot) implementiert wurde, ist in Abbildung 20 dargestellt.

Im Folgenden wird das Mess- und Strukturmodell mit den modifizierten Skalen evaluiert. Dazu wurde mittels smartPLS zur Modellschätzung der PLS-Algorithmus eingesetzt und anschließend mithilfe der Bootstrapping-Prozedur (Einstellung 500 Samples) die Signifikanz der Gütekriterien überprüft. Zur Beurteilung der Prognoserelevanz des Modells für die endogenen Variablen wurde die Blindfoldingprozedur in smartPLS eingesetzt (Ringle et al. 2015).

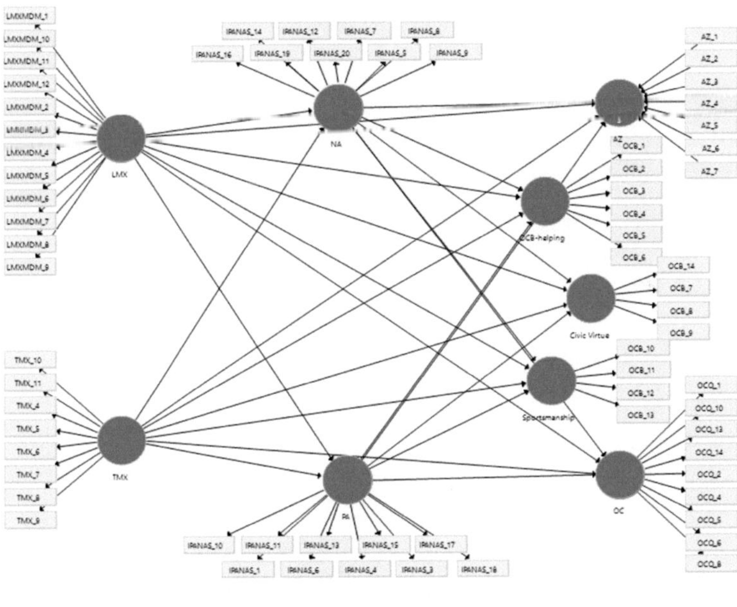

Abbildung 20: Strukturgleichungsmodell (Individualebene)

7.2 Ergebnisse der Überprüfung des Messmodells

7.2.1 Indikatorreliabilität

Nach Elimination der Items, wie in der Vorgehensweise im vorherigen Kapitel beschrieben, ergibt sich eine akzeptable Indikatorreliabilität. Zwar liegen immer noch Faktorladungen einzelner Items unter der in der Literatur idealerweise geforderten Grenze von 0,7, diese liegen jedoch deutlich über dem Wert von 0,4, ab dem eine Elimination eindeutig empfohlen wird (Churchill 1979). Darüber hinaus gehen sie nicht zu Lasten der Konstruktreliabilität und -validität. Das Bootstrapping-Verfahren bestätigt für alle Indikatoren die Signifikanz der Faktorladungen, weshalb insgesamt von reliablen Indikatoren auszugehen ist. Die Faktorladungen der einzelnen finalen Items, die sich aus der PLS-Prozedur ergeben, und die Ergebnisse des Bootstrappings sind in Tabelle Anhang 4.1 (siehe Anhang 4) zu sehen.

7.2.2 Konstruktreliabilität

Zur Bewertung der Konstruktreliabilität werden von smartPLS drei alternative Gütekriterien für die interne Konsistenz berechnet, die in Tabelle 19 als Übersicht dargestellt sind. Alle untersuchten Konstrukte,mit Ausnahme der OCB-Dimension Sportsmanship, weisen für die drei Kriterien zur Evaluation der Konstruktreliabilität Werte auf, die deutlich über dem in der Literatur üblicherweise geforderten Mindestwert von 0,7 liegen, weshalb von einer reliablen Messung auszugehen ist.Der ρ_C liegt jedoch auch für dieses Konstrukt deutlich über der geforderten Mindestgrenze. Dass die Reliabilitätskriterien für dieses Konstrukt vergleichsweise schlecht ausfallen, ist insbesondere auf das Item „Ich sehe alles, was unsere Filiale/unser Unternehmen macht, als falsch an“ zurückzuführen, das positive Antworttendenzen aufgrund der negativen Absolutheit in der Formulierung verstärkt. Deshalb ist es auch als richtig zu erachten, dass durch den PLS-Algorithmus dieses Item etwas weniger stark gewichtet in das Konstrukt einfließt (äußere Gewichte siehe Anhang 4).

Tabelle 19: Konstruktreliabilität und Validität (Individualebene)

	ρ_C	ρ_A	Cronbachs α	DEV
LMX	0,95	0,95	0,95	0,63
TMX	0,90	0,89	0,88	0,55
NA	0,90	0,91	0,88	0,51
PA	0,94	0,93	0,93	0,60
OC	0,92	0,91	0,90	0,55
OCB_CV	0,83	0,73	0,72	0,54
OCB_Help	0,89	0,87	0,85	0,58
OCB_Sports	0,79	0,67	0,65	0,49

7.2.3 Validität

Die Inhalts- und Konvergenzvalidität der verwandten Konstrukte wurde durch die Experten im Prozess der Fragebogenerstellung sowie durch den Einsatz validierter Skalen sichergestellt. In dieser

Stichprobe empirisch überprüfbar ist die durchschnittlich erfasste Varianz, die ebenfalls aus Tabelle 19 hervorgeht, und die Diskriminanzvalidität anhand des Fornell-Larcker Kriteriums und der Kreuzladungen sowie der HTMT-Ratio. Die durchschnittlich erfasste Varianz liegt für alle Konstrukte über dem geforderten Schwellenwert von 0,5 mit Ausnahme der latenten Variablen „Sportsmanship“. Dieses liegt mit 0,49 aber nur knapp darunter, was aber mit hoher Wahrscheinlichkeit auf die negative Formulierung zurückzuführen ist.

Das Fornell-Larcker-Kriterium zur Überprüfung der Diskriminanzvalidität fordert, dass die Wurzel aus der durchschnittlich erfassten Varianz eines Konstrukts höher sein sollte als die Korrelation dieses Konstrukts mit den anderen Konstrukten.In Tabelle 20 entsprechen die Diagonale der Wurzel aus der durchschnittlich erfassten Varianz der Konstrukte und die anderen Einträge der Korrelation der verschiedenen Konstrukte miteinander. Aufgrund der formativen Messung der Arbeitszufriedenheit mittels gleichgewichtetem Summenwert existiert kein Eintrag auf der Diagonalen für Arbeitszufriedenheit. Die Korrelationen der anderen Konstrukte mit Arbeitszufriedenheit liegen aber auf relativ niedrigen Niveaus.Das Fornell-Larcker Kriterium ist alsoals erfüllt zu betrachten.

Tabelle 20: Fornell-Larcker Kriterium (Individualebene)

	AZ	LMX	TMX	NA	PA	OC	OCB_ CV	OCB_ Help	OCB_ Sports
LMX	0,60	0,79							
TMX	0,57	0,54	0,74						
NA	-0,43	-0,35	-0,32	0,71					
PA	0,57	0,49	0,57	-0,42	0,77				
OC	0,62	0,59	0,57	-0,31	0,66	0,74			
OCB_CV	0,35	0,46	0,47	-0,19	0,53	0,59	0,74		
OCB_Help	0,43	0,50	0,64	-0,25	0,53	0,57	0,65	0,76	
OCB_Sports	0,35	0,30	0,28	-0,47	0,36	0,29	0,10	0,24	0,70

Als zweites Kriterium zur Evaluation der Diskriminanzvalidität sind die Kreuzladungen heranzuziehen, die ebenfalls das in der Literatur geforderte und in 6.5.2 erläuterte Kriterium erfüllen, weshalb auch diese die Diskriminanzvalidität bestätigen (siehe Anhang 4, Tabelle 4.3).

Das für PLS-Modelle empfohlene und aktuellste Kriterium ist die HTMT-Ratio, die in Tabelle 21 zu finden ist. Diese zeigt, dass alle Werte unter dem empfohlenen Schwellenwert von 0,85 liegen, weshalb die Diskriminanzvalidität eindeutig als gegeben einzustufen ist.

Tabelle 21: Heterotrait-Monotrait Ratio (Individualebene)

	LMX	TMX	NA	PA	OC	OCB_ CV	OCB_ Help	OCB_ Sports
LMX								
TMX	0,56							
NA	0,35	0,32						
PA	0,52	0,62	0,46					
OC	0,62	0,61	0,32	0,71				
OCB_CV	0,53	0,55	0,22	0,63	0,72			
OCB_Help	0,53	0,71	0,27	0,58	0,63	0,81		
OCB_Sports	0,39	0,36	0,59	0,46	0,37	0,18	0,31	

Auf Basis der Überprüfung des Messmodells, die dem Strukturgleichungsmodell eine angemessene, das heißt reliable und valide Operationalisierung der latenten Variablen attestiert, wird nun im nächsten Schritt die Überprüfung des Strukturmodells vorgenommen.

7.3 Überprüfung der Strukturgleichungsmodelle

7.3.1 Hypothesenüberprüfung: Pfadkoeffizienten, Effektstärke und indirekte Effekte

Zur Analyse der Zusammenhänge zwischen den Variablen sind die Pfadkoeffizienten und die Effektstärke zu betrachten. Tabelle 22 gibt die Pfadkoeffizienten aller im Forschungsmodell vermuteten Zusammenhänge an und zeigt, dass alle Pfadkoeffizienten der vermuteten Beziehungen signifikant (p=0,00) sind mit Ausnahme des postulierten negativen Zusammenhangs zwischen dem negativen arbeitsbezogenen Affekt und dem organisationalen Commitment beziehungsweiseder OCB-Facette Helping Behaviorsowie des direkten Zusammenhangs von LMX und TMX mit der OCB-Facette Sportsmanship. Auch die jeweiligen Konfidenzintervalle (2,5% und 97,5%) der Pfadkoeffizienten sind der Tabelle 22 zu entnehmen.

Als Kontrollvariablen wurden Geschlecht, Alter, Anzahl der Mitarbeiter im Team und die Unternehmenszugehörigkeit überprüft, die jedoch erwartungsgemäß keinen signifikanten Einfluss auf die Pfadkoeffizienten hatten.

Entsprechend des Forschungsmodells weisen LMX und TMX einen direkten positiven Zusammenhang mit dem positiven arbeitsbezogenen Affekt sowie der Arbeitszufriedenheit, dem organisationalen Commitment und den beiden OCB Facetten Helping Behavior und Civic Virtue auf sowie einen signifikant negativen zum negativen arbeitsbezogenen Affekt. Diese Ergebnisse stützen vollständig die Hypothesenblöcke 1.1, 1.2, 1.3 und 1.4 mit Ausnahme von 1.1c und 1.2c, da nur zwei der drei OCB-Dimensionen einen direkten signifikanten Zusammenhang mit der LMX- beziehungsweise TMX-Qualität aufweisen und die OCB-Dimension Sportsmanship nicht.

Tabelle 22: Pfadkoeffizienten (Individualebene)

	Mittelwert (Original-stichprobe)	Standardabweichung	T-Statistik	P-Werte	2,5%	97,5%
LMX -> AZ	0,32	0,04	7,65	0,00	0,23	0,40
LMX -> NA	-0,25	0,05	5,07	0,00	-0,35	-0,16
LMX -> PA	0,26	0,04	6,06	0,00	0,18	0,35
LMX -> OC	0,29	0,05	6,29	0,00	0,20	0,38
LMX ->OCB_CV	0,22	0,04	4,96	0,00	0,13	0,31
LMX -> OCB_Help	0,17	0,05	3,54	0,00	0,08	0,26
LMX -> OCB_Sports	0,08	0,06	1,47	0,14	-0,04	0,19
TMX -> AZ	0,22	0,04	5,01	0,00	0,13	0,30
TMX -> NA	-0,18	0,05	3,32	0,00	-0,28	-0,08
TMX -> PA	0,43	0,04	10,50	0,00	0,35	0,51
TMX -> OC	0,18	0,05	3,74	0,00	0,08	0,27
TMX ->OCB_CV	0,17	0,05	3,19	0,00	0,06	0,27
TMX -> OCB_Help	0,44	0,04	9,87	0,00	0,35	0,53
TMX ->OCB_Sports	0,04	0,05	0,68	0,50	-0,06	0,14
NA -> AZ	-0,15	0,04	4,01	0,00	-0,23	-0,08
NA -> OC	0,02	0,04	0,68	0,50	-0,05	0,09
NA ->OCB_CV	0,09	0,05	1,91	0,06	0,00	0,19
NA -> OCB_Help	0,03	0,04	0,72	0,47	-0,05	0,12
NA ->OCB_Sports	-0,37	0,06	6,67	0,00	-0,48	-0,27
PA -> AZ	0,22	0,05	4,88	0,00	0,13	0,31
PA -> OC	0,43	0,05	8,95	0,00	0,34	0,52
PA ->OCB_CV	0,37	0,06	6,68	0,00	0,26	0,48
PA -> OCB_Help	0,21	0,05	4,48	0,00	0,11	0,30
PA ->OCB_Sports	0,14	0,06	2,38	0,02	0,03	0,25

Der direkte Einfluss von LMX und TMX ohne die Kontrolle des arbeitsbezogenen Affekts auf die Ergebnisvariablen wurde zusätzlich durch ein Forschungsmodell ohne die Affektkomponenten überprüft. Dies ergibt erwartungsgemäß höhere Koeffizienten für die Pfade zwischen LMX beziehungsweise TMX und den Ergebnisvariablen (siehe Tabelle 23). Damit kann der Hypothesenblock

H1.1 und H1.2 bestätigt werden, insofern, dass LMX und TMX jeweils direkten Einfluss auf die Arbeitszufriedenheit, das organisationale Commitment und das OCB nehmen – bei Nicht-Berücksichtigung des negativen und positiven Affekts. Bei Einschluss des Affekts wird der direkte Zusammenhang zwischen LMX beziehungsweise TMX und der OCB-Komponente „Sportsmanship" insignifikant (siehe Pfadkoeffizienten im Gesamtmodell auf Individualebene in Tabelle 20).

Der positive arbeitsbezogene Affekt weist entsprechend dem Hypothesenblock 1.5 ebenfalls einen signifikant positiven Zusammenhang mit allen drei Ergebnisfaktoren auf. Der negative arbeitsbezogene Affekt wirkt sich hingegen nur auf die Arbeitszufriedenheit und die OCB-Dimension Sportsmanship signifikant negativ aus, nicht aber auf das OC oder die anderen beiden OCB-Dimensionen. Dies spricht für eine teilweise Bestätigung des Hypothesenblocks 1.6.

Tabelle 23: Pfadkoeffizienten ohne Affektkomponente

	Mittelwert (Original-stichprobe)	Standardab-weichung	T-Statistik	P-Werte
LMX -> AZ	0,50	0,04	13,09	0,00
LMX -> OC	0,39	0,05	8,55	0,00
LMX ->OCB_CV	0,29	0,05	6,39	0,00
LMX -> OCB_Help	0,21	0,05	4,58	0,00
LMX ->OCB_Sports	0,23	0,06	3,77	0,00
TMX -> AZ	0,34	0,04	8,06	0,00
TMX -> OC	0,37	0,04	8,20	0,00
TMX ->OCB_CV	0,31	0,05	6,34	0,00
TMX -> OCB_Help	0,53	0,04	13,38	0,00
TMX ->OCB_Sports	0,16	0,06	2,86	0,00

Zur Überprüfung der Hypothesenblöcke 1.7 bis 1.10, die die Mediation des Effekts von LMX und TMX auf die Einstellungen und Verhaltensweisen durch den positiven und negativen Affekt betreffen, sind entsprechend der in Kapitel 6.6.3 aufgezeigten Vorgehensweise, die indirekten Effekte zu betrachten (siehe Tabelle 24).

Die Bootstrapping-Prozedur in smartPLS zur Überprüfung der Signifikanz der indirekten Effekte von LMX und TMX auf die Arbeitszufriedenheit, das organisationale Commitment sowie alle drei OCB-Dimensionen via den arbeitsbezogenen Affekt (PA und NA) ergibt, dass die indirekten Effekte ausgehend von LMX und TMX signifikant sind auf einem Niveau von p=0,00 beziehungsweise p=0,01 für die OCB-Dimension Helping Behavior.

Tabelle 24: Indirekte Effekte (Individualebene)

	Mittelwert (Original-stichprobe)	Standard-abweichung	T-Statistik	P-Werte	2,5%	97,5%
LMX -> AZ	0,10	0,02	5,00	0,00	0,06	0,14
LMX -> OC	0,11	0,02	4,48	0,00	0,06	0,16
LMX -> OCB_CV	0,07	0,02	3,23	0,00	0,03	0,12
LMX -> OCB_Help	0,05	0,02	2,75	0,01	0,02	0,08
LMX -> OCB_Sports	0,13	0,03	4,65	0,00	0,08	0,19
TMX -> AZ	0,12	0,02	5,25	0,00	0,08	0,17
TMX -> OC	0,18	0,03	6,48	0,00	0,13	0,24
TMX -> OCB_CV	0,14	0,03	4,95	0,00	0,09	0,20
TMX -> OCB_Help	0,09	0,02	4,11	0,00	0,05	0,13
TMX -> OCB_Sports	0,13	0,03	3,99	0,00	0,07	0,19

Dabei ist zu beachten, dass hier sowohl der indirekte Effekt über den positiven als auch über den negativen Affekt kumuliert angegeben wird. Jedoch nimmt der negative Affekt lediglich signifikant Einfluss auf die Arbeitszufriedenheit und die OCB-Facette „Sportsmanship". Es besteht kein signifikanter Zusammenhang zwischen dem negativen Affekt und dem organisationalen Commitment und den beiden anderen OCB-Dimensionen. Der Zusammenhang zwischen LMX beziehungsweise TMX und dem organisationalen Commitment sowie den OCB-Dimensionen Helping Behavior und Civic Virtue wird also ausschließlich über den positiven arbeitsbezogenen Affekt mediiert.

Der indirekte Effektvon LMX auf die Arbeitszufriedenheit setzt sich aus der Mediation über den positiven Affekt (0,06) und der Mediation über den negativen Affekt (0,038) zusammen. Der indirekte Effekt des TMX auf die Arbeitszufriedenheit hingegen teilt sich auf den positiven Affekt mit 0,095 und auf den negativen Affekt mit nur 0,02 auf. Da der Mediationseffekt über den negativen Affekt nur einen sehr geringen Anteil am Gesamteffekt hat, ist nicht von einem signifikanten und relevanten Mediationseffekt auszugehen (Nitzl et al. 2016).

Es liegen also signifikante Mediationseffekte vor, wobei jedoch für alle indirekten Effekte die relevante Mediatorvariable der positive arbeitsbezogene Affekt ist. Die einzige Ausnahme bilden die die Ergebnisvariable Sportsmanship betreffenden Zusammenhänge, bei denen beide Affektkomponenten gleichermaßen eine mediierende Rolle einnehmen.

Gemäß dem in 6.5.3 vorgestellten Vorgehen bei der Mediationsanalyse sind die Mediationseffekte noch zu klassifizieren. Dass sich der direkte Effekt (siehe Pfadkoeffizienten) von LMX und TMX auf die Ergebnisvariablen(mit Ausnahme des Sportsmanship), durch die Berücksichtigung des arbeitsbezogenen Affekts verringert, aber weiterhin signifikant ist (p=0.00) und bezüglich der Richtung dem Mediationseffekt entspricht, weist auf eine partielle, komplementäre Mediation hin. Dies entspricht der theoretischen Herleitung des Forschungsmodells, dass sich die Austauschbeziehungen direkt im Sinne der schwerpunktmäßig rational argumentierenden sozialen Austauschtheorie auf die Verhaltensweisen und Einstellungen von Mitarbeitern sowie indirekt entsprechend der Affective Events Theorie über Emotionen auswirken.

Der Zusammenhang zwischen LMX beziehungsweise TMX und der OCB-Facette Sportsmanship wird vollständig über den arbeitsbezogenen Affekt mediiert, das heißt der direkte Effekt von LMX und TMX ist nicht mehr signifikant unter Berücksichtigung des arbeitsbezogenen Affekts.

Damit sind die Hypothesenblöcke 1.7 und 1.9 als bestätigt zu betrachten und H1.8c und H1.10c teilweise, da der negative Affekt nur eine signifikante mediierende Wirkung beim Zusammenhang zwischen LMX respektive TMX und dem OCB Sportsmanshipzeigt. Letzterer wird vollständig durch den positiven und negativen Affekt anstatt wie vermutet teilweise mediiert. H1.8a und b sowie H1.10a und b sind abzulehnen.

Die Einflussstärke der einzelnen Variablen auf die Ergebnisvariablen lässt sich durch die in Tabelle 25 aufgelisteten Effektstärken qualifizieren. Aufgrund des Modellaufbaus haben die Effektstärken jedoch nur beschränkte Aussagekraft, da sie sich aus der R^2-Veränderung bei Ein- oder Ausschluss der jeweiligen Variablen berechnen. Fällt eine Variable weg, fließt wegen der Mediationseffekte deren Wirkung durch die Berücksichtigung der anderen Variablen trotzdem zu einem gewissen Anteil ein. Demnach können die Effektstärken hier nur den isolierten Einfluss einer Variablen wiedergeben, der nicht durch andere Variablen im Modell und deren Zusammenhang mit der betreffenden Variable kompensiert werden.Demnach sind die Pfadkoeffizienten für die Beurteilung der Zusammenhänge entscheidend. Aufgrund der hohen Zahl an potenziellen Einflussfaktoren auf die Einstellungen und Verhaltensweisen von Mitarbeitern werden hier Effektstärken von >0,2 als starke Einflussgrößen qualifiziert.

Die Effektstärken zeigen, dass die LMX-Qualität einen signifikanten, mittelstarken Einfluss auf die Arbeitszufriedenheit und das organisationale Commitment nimmt sowie geringen bis mittleren Einfluss auf das Civic Virtue-Verhalten und den positiven Affekt und geringen auf den negativen und das Helping Behavior. Entsprechend des insignifikanten direkten Zusammenhangs zwischen LMX beziehungsweise TMX und Sportsmanship-Verhalten sowie zwischen negativem Affekt und OC und dem Civic Virtue-Verhalten und dem Helping Behavior, liegt hier auch die Effektstärke nahe 0.

Relativ starken Einfluss hingegen hat der negative Affekt auf die Sportsmanship-OCB-Komponente und der positive Affekt auf das organisationale Commitment.

Tabelle 25: Effektstärke f^2 (Individualebene)

	Mittelwert (Originalstichprobe)	Standardabweichung	T-Statistik	P-Werte	2,5%	97,5%
LMX -> AZ	0,13	0,04	3,29	0,00	0,07	0,23
LMX -> NA	0,05	0,02	2,32	0,02	0,02	0,11
LMX -> OC	0,12	0,04	2,87	0,00	0,05	0,21
LMX ->OCB_CV	0,05	0,02	2,36	0,02	0,02	0,10
LMX -> OCB_Help	0,03	0,02	1,65	0,10	0,01	0,08
LMX -> OCB_Sports	0,01	0,01	0,67	0,50	0,00	0,03
LMX -> PA	0,08	0,03	2,71	0,01	0,03	0,15
NA -> AZ	0,04	0,02	1,82	0,07	0,01	0,09
NA -> OC	0,00	0,00	0,23	0,81	0,00	0,01
NA ->OCB_CV	0,01	0,01	0,83	0,41	0,00	0,05
NA -> OCB_Help	0,00	0,01	0,25	0,80	0,00	0,02
NA ->OCB_Sports	0,15	0,05	2,71	0,01	0,07	0,28
PA -> AZ	0,06	0,03	2,25	0,02	0,02	0,12
PA -> OC	0,23	0,06	4,12	0,00	0,14	0,36
PA ->OCB_CV	0,12	0,04	2,99	0,00	0,06	0,22
PA -> OCB_Help	0,05	0,02	2,10	0,04	0,01	0,10
PA ->OCB_Sports	0,01	0,01	1,09	0,27	0,00	0,05
TMX -> AZ	0,06	0,03	2,24	0,03	0,02	0,12
TMX -> NA	0,03	0,02	1,51	0,13	0,00	0,07
TMX -> OC	0,04	0,02	1,82	0,07	0,01	0,10
TMX ->OCB_CV	0,03	0,02	1,53	0,13	0,00	0,07
TMX -> OCB_Help	0,21	0,05	4,43	0,00	0,12	0,32
TMX ->OCB_Sports	0,00	0,00	0,21	0,83	0,00	0,02
TMX -> PA	0,21	0,05	4,22	0,00	0,13	0,33

Der TMX hingegen nimmt starken Einfluss auf das Helping Behavior und den positiven Affekt, geringen bis mittleren Einfluss auf die Arbeitszufriedenheit und das organisationale Commitment, aber dafür keinen signifikanten Einfluss auf den negativen Affekt (p=0,13) und das Civic Virtue-Verhalten (p=0,13). Der positive Affekt nimmt signifikanten, mittleren bis starken Einfluss auf alle Ergebnisvariablen bis auf das Sportsmanship-Verhalten. Diese Ergebnisse passen zu den Pfadkoeffizienten und indirekten Effekten: Die Pfade mit starken indirekten Effekten gehen mit niedrigen Effektstärken einher, da die Effekte hinsichtlich des Erklärungsbeitrags zum Teil von den anderen Variablen „übernommen" werden.

7.3.2 Bestimmtheitsmaß

Tabelle 26 zeigt die Bestimmtheitsmaße der endogenen Variablen des Strukturgleichungsmodells auf individueller Ebene. Für die Arbeitszufriedenheit, das organisationale Commitment und OCB liegen diese durchschnittlich zwischen 0,26 (OCB_Sports) und 0,55 (OC). Das Bootstrapping-Verfahren bestätigt die Signifikanz der Bestimmtheitsmaße aller endogenen latenten Variablen auf einem Signifikanzniveau p=0.00.

Für das OC (R^2=0,55), die Arbeitszufriedenheit (R^2=0,51) und die OCB-Dimension Helping Behavior (R^2=0,47) bedeuten die in Tabelle 24 dargestellten Bestimmtheitsmaße, dass rund die Hälfte der Varianz durch das Forschungsmodell erklärt wird. Aufgrund der zahlreichen potenziellen Einflussfaktoren, wie zum Beispiel Persönlichkeitsmerkmale, auf individuelle Einstellungen und Verhaltensweisen von Mitarbeitern ist dieser Wert nicht nur als mittelmäßig entsprechend der üblicherweise herangezogenen Grenzwerte ab 0,33 („mittelgut") und ab 0,67 („substanziell") einzuschätzen, sondern als substanziell zu beurteilen. Die beiden OCB-Dimensionen Civic Virtue und Sportsmanship werden zu einem geringeren Anteil erklärt als die übrigen (R^2=0,36 bzw. 0,26), was aber immer noch als mittelgut zu beurteilen ist.

Tabelle 26: Bestimmtheitsmaße R^2 der endogenen Variablen (Individualebene)

	Mittelwert (Originalstichprobe)	Standard-abweichung	T-Statistik	P-Werte	2,5%	97,5%
AZ	0,51	0,04	11,86	0,00	0,42	0,59
NA	0,15	0,03	4,68	0,00	0,10	0,22
PA	0,38	0,03	10,80	0,00	0,31	0,45
OC	0,55	0,03	17,38	0,00	0,49	0,61
OCB_CV	0,36	0,04	8,93	0,00	0,29	0,45
OCB_Help	0,47	0,04	12,97	0,00	0,40	0,54
OCB_Sports	0,26	0,04	6,01	0,00	0,19	0,36

Die Bestimmtheitsmaße des positiven (R^2=0,38) und negativen Affekts (R^2=0,16) sind ebenfalls trotz ihres relativ geringen Werts als mittelgut einzustufen, da auch hier eine Vielzahl von anderen Parametern, insbesondere die persönliche Affektivität oder das gesamte Wohlbefinden in der aktuellen Lebenssituation, Einfluss nehmen könnte.

Insgesamt lässt sich also mit Blick auf die Bestimmtheitsmaße sagen, dass das Modell einen relevanten Erklärungsbeitrag für interindividuelle Unterschiede bei Arbeitszufriedenheit, organisationalem Commitment und OCB liefert.

7.3.3 Prognoserelevanz

Die Blindfolding-Prozedur attestiert dem Modell auf Individualebene Prognoserelevanzfür die Arbeitszufriedenheit, dasorganisationale Commitment und OCB-Dimensionen ebenso wie für den arbeitsbezogenen Affekt. Tabelle 27 zeigt, dass das Q^2 für alle endogenen Variablen deutlich über 0 liegt. Die Werte zwischen 0,21 und 0,27 weisen auf eine mittlere Prognoserelevanz hin. Darüber hinaus geht daraus auch hervor, dass die LMX- und TMX-Qualität auch für den positiven Affekt eine mittelstarke Prognoserelevanz aufweisen (Q^2=0,21). Für den negativen Affekt hingegen ist nur eine geringe Prognoserelevanz mit Q^2=0,06 angezeigt. Gleiches gilt für die OCB-Komponenten Sportsmanship (Q^2=0,11) und Civic Virtue (Q^2=0,17).

Tabelle 27: Prognoserelevanz (Individualebene)

	SSO	SSE	Q^2 (=1-SSE/SSO)
AZ	4.004,00	3.142,13	0,22
NA	5.148,00	4.831,78	0,06
OC	5.148,00	3.772,07	0,27
OCB_CV	2.288,00	1.888,84	0,17
OCB_Help	3.432,00	2,590,70	0,25
OCB_Sports	2.288,00	2.031,29	0,11
PA	5.720,00	4.535,45	0,21

7.4 Zusätzliche Analysen

7.4.1 Zusammenhang LMX-TMX

In der LMX- und TMX-Literatur wird auch immer wieder der Zusammenhang von LMX und TMX diskutiert. Mithilfe der sozialen Austauschtheorie und der Vorbildwirkung von Führungskräften lässt sich, wie in Kapitel 3.3.3.1 beschrieben, der Zusammenhang begründen. Zur Untersuchung dieses Zusammenhangs in diesem Forschungskontext wurde ein Pfad zwischen LMX und TMX dem Forschungsmodell hinzugefügt. Dieser zeigte im Bootstrappingverfahren einen signifikanten Zusammenhang zwischen LMX und TMX mit einem Pfadkoeffizienten von 0,54, der zu einem Niveau von p=0,00 signifikant ist. Das R^2 für TMX unter Berücksichtigung von LMX als erklärende Variable erreicht immerhin einen Wert von 0,29, der ebenfalls zu einem p-Wert von 0,00 signifikant ist. Für die Effektstärke f^2 ergab sich ein signifikanter Wert von 0,45, der als starker Einfluss von LMX auf TMX interpretiert werden kann. Die individuelle LMX-Qualität ist demnach entsprechend der sozialen Austauschtheorie, aber auch aufgrund der zu vermutenden Vorbildwirkung der Führungskraft als starker Einflussfaktor der TMX-Qualität eines Mitarbeiters anzusehen.

7.4.2 Unternehmensspezifische Auswertung

Aufgrund der teilweise unterschiedlichen Kontexte der Vertriebseinheiten – Größe, Branche, Unternehmenskultur – sowie der systematischen Mittelwertunterschiede bezüglich der untersuchten Konstrukte wurden auch Auswertungen auf Unternehmensebene durchgeführt, indem die Unternehmenszugehörigkeit als Gruppe in smartPLS angelegt wurde. Dies führte jedoch zu einem jeweils relativ geringen Stichprobenumfang, weshalb die Ergebnisse des Bootstrapping zur Signifikanz wenig aussagekräftig sind.

Jedoch könnte es sich lohnen, die Pfadkoeffizienten, Bestimmtheitsmaße und Prognoserelevanz auf Unternehmensebene zu beleuchten und zu vergleichen, um eventuelle Rückschlüsse auf die Bedeutung von Kontextfaktoren ziehen zu können beziehungsweise auf die Verallgemeinerungsfähigkeit der Ergebnisse.

Abbildung 21 zeigt die Pfadkoeffizienten je Unternehmen in Form von Säulendiagrammen, sodass die Muster auf einen ersten Blick Ähnlichkeiten und Unterschiede erkennen lassen. In der Gesamtschau weisen die Pfadkoeffizienten zwischen den Unternehmen große Übereinstimmungen auf. Zur statistischen Überprüfung der Unterschiede wurde die in smartPLS implementierte Multi-Gruppen Analyse (MGA) durchgeführt (Ringle et al. 2015). SmartPLS liefert Ergebnisse aus einem nicht-parametrischen Mehrgruppenvergleich (PLS-MGA) sowie einem parametrischen Mehrgruppenvergleich (Parametric test). Aufgrund der nicht-parametrischen Eigenschaften des PLS-Ansatzes empfiehlt es sich, auch bei der Multigruppenanalyse auf einen nicht-parametrischen Test zur Überprüfung von Intergruppenunterschieden zurückzugreifen (Henseler 2012, Sarstedt et al. 2011). Im vorliegenden Fall liefern die verschiedenen Tests jedoch keine wesentlichen Unterschiede hinsichtlich der Ergebnisse. Die detaillierten Ergebnisse der MGA aus smartPLS sind in Anhang 4.4 nachzulesen.

Unternehmen 1

Unternehmen 2

Unternehmen 3

Unternehmen 4

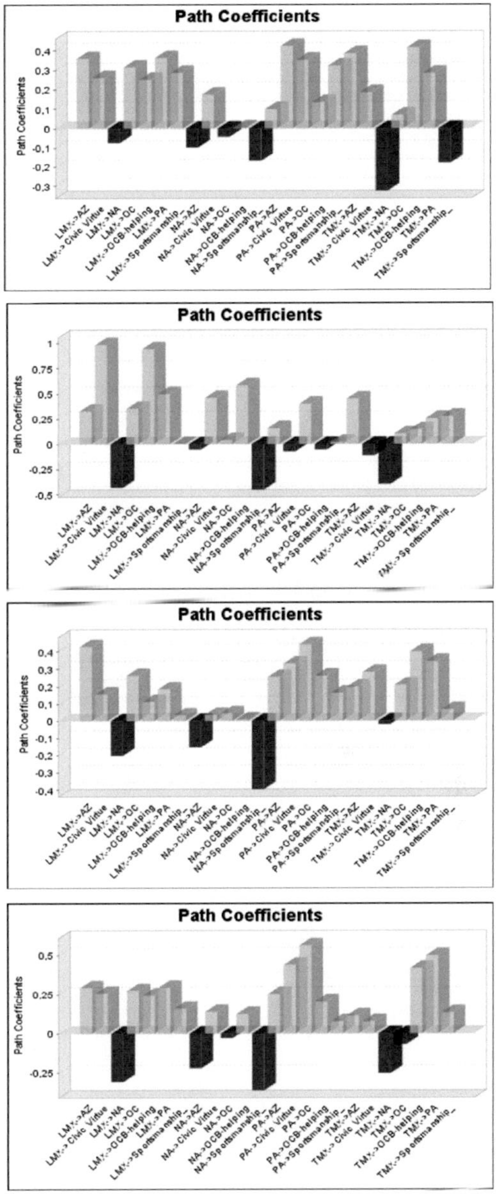

Abbildung 21: Pfadkoeffizienten nach Unternehmen (Individualebene)

Sowohl die Säulendiagramme als auch die Signifikanztests zeigen, dass die Pfadkoeffizienten für die einzelnen Unternehmen ein ähnliches Muster aufweisen. Signifikante Unterschiede lassen sich nur an folgenden Stellen erkennen und mithilfe der MGA belegen:

- Der Pfadkoeffizient zwischen LMX und der OCB-Dimension Civic Virtue nimmt im Unternehmen 2 einen sehr hohen Wert von 0,98 an, weshalb er sich signifikant von den Pfadkoeffizienten der anderen Unternehmen unterscheidet, aber für alle Unternehmen signifikant positiv ist. Die der anderen Unternehmen liegen hingegen zwischen 0,16 und 0,26. Die gleiche Auffälligkeit zeigt sich auch bei der zweiten OCB Dimension Helping Behavior.
- Für das zweite Unternehmen lässt sich im Gegensatz zu allen anderen Unternehmen dafür kein signifikanter Zusammenhang zwischen positivem Affekt und den beiden eben genannten OCB-Dimensionen feststellen. Für den Zusammenhang positiver Affekt und Civic Virtueweisen die Mehrgruppenvergleiche auf einen signifikanten Unterschiedhin.
- Der Zusammenhang zwischen TMX und Arbeitszufriedenheit ist mit Pfadkoeffizienten zwischen 0,13 und 0,49 zwar für alle Unternehmen gleichgerichtet und signifikant, jedoch weist auch hier das zweite Unternehmen einen signifikant höheren als das dritte und vierte Unternehmen auf zu einem p-Wert von 0,05 beziehungsweise 0,04.
- Die Pfadkoeffizienten für den direkten Zusammenhang zwischen TMX und OCB_CV weisen die größte Heterogenität zwischen den Unternehmen auf. Die Pfadkoeffizienten von Unternehmen 1 und 3 weisen zwar keine signifikanten Unterschiede auf, jedoch unterscheidet sich das Unternehmen 3 vom zweiten und vierten Unternehmen, in denen kein signifikanter Zusammenhang zwischen TMX und OCB_CV aus den Daten hervorgeht,signifikant zu einem p-Wert von 0,04.
- Auch beim Zusammenhang zwischen TMX und negativem Affekt sticht das Unternehmen 3 hervor. Unternehmen 1, 2 und 4 unterscheiden sich hinsichtlich ihrer Pfadkoeffizienten nicht signifikant voneinander. Alle drei Unternehmen weisen signifikant negative Pfadkoeffizienten zwischen -0,39 und -0,25 auf. Für Unternehmen 3 zeigen die Daten keinen signifikanten Zusammenhang auf.
- Ein weiterer Unterschied zwischen den Unternehmen zeigt sich hinsichtlich des Zusammenhangs zwischen TMX und positivem Affekt, wobei hier das Unternehmen 4 hervorsticht durch einen relativ hohen Pfadkoeffizienten von 0,5, was zu dem Ergebnis führt, dass dieser sich signifikant von denen der anderen unterscheidet zu einem p-Wert von 0,05. Trotzdem ist dieser Pfadkoeffizient für jedes Unternehmen signifikant positiv – lediglich die Stärke des Zusammenhangs scheint im vierten Unternehmen wesentlich ausgeprägter zu sein.

Zusammenfassend lässt sich also festhalten, dass die Ergebnisse der Überprüfung der Zusammenhänge des Forschungsmodells im Großen und Ganzen unabhängig vom Unternehmenskontext Bestand haben. Die MGA lässt eher vermuten, dass es unternehmensspezifisch zu Verschiebungen hinsichtlich der Gewichtung der direkten und indirekten Effekte kommen kann – die generellen Wirkungszusammenhänge aber über verschiedene Kontexte hinweg Bestand haben.

Lediglich Unterschiede bei einzelnen Zusammenhängen, die insbesondere die Ergebnisvariable OCB oder die exogene Variable TMX betreffen, zeichnen sich ab. Diese könnten darauf zurückzuführen sein, dass gerade diese Variablen unternehmensspezifisch eine unterschiedliche Relevanz aufweisen – je nachdem wie stark die laterale Arbeitsteilung und Aufgabeninterdependenz und damit die Relevanz der Zusammenarbeit im Team für den Arbeitsalltag – ausgeprägt ist.

Auch die Bestimmtheitsmaße weisen im Vergleich zwischen den Unternehmen keine signifikanten Unterschiede für die Ergebnisvariablen AZ, OC und OCB auf (siehe Abbildung 22). Die R^2-Werte für den positiven und vor allem den negativen Affekt unterscheden sich jedoch signifikant zwischen den Unternehmen. Dies könnte darauf zurückzuführen sein, dass je nach Unternehmenskultur und -situation äußere Einflüsse, wie Marktsituation oder das Zusammenspiel mit der Zentrale, die einheitsinternen Faktoren wie LMX und TMX überlagern.

Die Prognoserelevanz des Gesamtmodells (siehe Tabelle 28) bestätigt die bisherige Vermutung, dass das Forschungsmodell unabhängig vom Unternehmenskontext die Wirkungszusammenhänge in Vertriebseinheiten gut abbildet und die untersuchten Konstrukte prognoserelevant sind: Das Q^2 liegt für alle Ergebnisvariablen deutlich über 0,0.

Tabelle 28: Prognoserelevanz auf Individualebene je Unternehmen

	Q^2 insgesamt	Q^2 (U1)	Q^2 (U2)	Q^2 (U3)	Q^2 (U4)
AZ	0,22	0,18	0,18	0,18	0,15
OC	0,27	0,13	0,16	0,23	0,25
OCB_CV	0,17	0,15	0,14	0,16	0,17
OCB_Help	0,25	0,15	0,18	0,18	0,21
OCB_Sports	0,11	0,06	0,07	0,10	0,11

Unternehmen 1

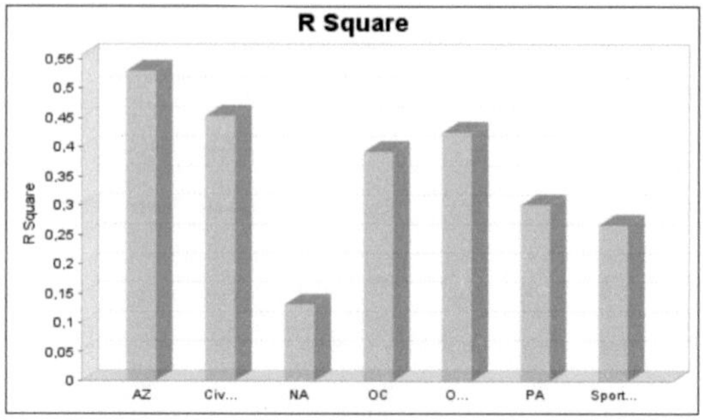

Unternehmen 2

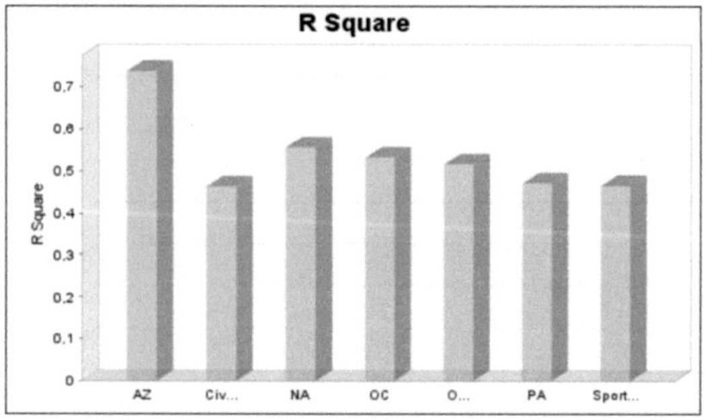

Unternehmen 3

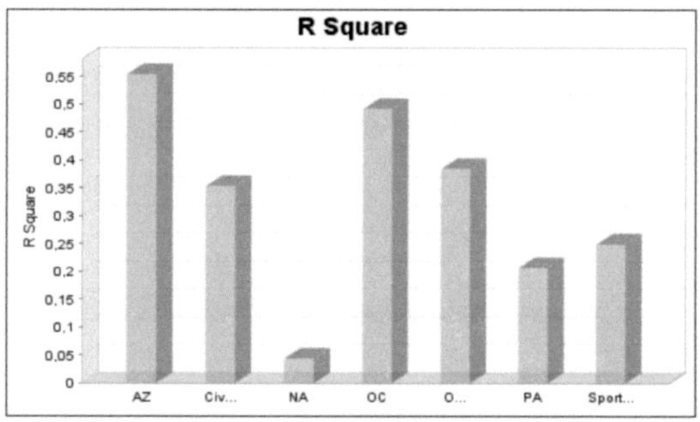

Unternehmen 4

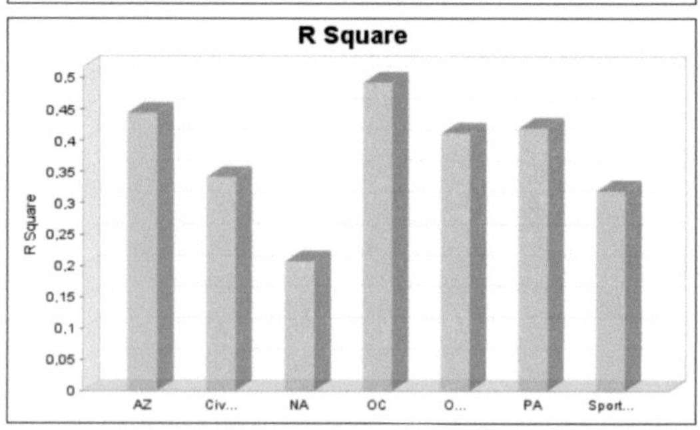

Abbildung 22: Bestimmtheitsmaße je Unternehmen (Individualebene)

7.5 Gesamtbeurteilung des Modells und Zusammenfassung der Ergebnisse

Da es keine Gütekriterien für den Modellfit als Ganzes bei der Strukturgleichungsmodellierung mit PLS gibt, die anerkannt und ausreichend fundiert sind, empfehlen – wie in 6.6.2 erläutert – Chin et al. (1998), zur Gesamtbeurteilung des Modells als wichtigste Kriterien die Prognoserelevanz Q^2 sowie das Bestimmtheitsmaß R^2 der Zielvariablen heranzuziehen. Die Signifikanz der Pfadkoeffizienten gibt analog zu Regressionsanalysen die Signifikanz der Zusammenhänge zwischen den Variablen an.

In der Gesamtschau ist das Forschungsmodell als sehr passend einzuschätzen: Es liefert einen signifikanten Erklärungsbeitrag sowie eine relativ hohe Prognoserelevanz zur Arbeitszufriedenheit, zum organisationalen Commitment und zum OCB. Darüber hinaus werden die Zusammenhänge zwischen der Austauschbeziehungsqualität, Emotionen und Einstellungen und Verhaltensweisen sehr deutlich und stützen größtenteils die Hypothesen. Die Ergebnisse der Hypothesenüberprüfung sind in Abbildung 23 nochmals als Übersicht dargestellt. Lediglich die vermuteten Zusammenhänge von negativem Affekt mit OC und den beiden OCB-Dimensionen Civic Virtue und Helping Behavior konnten nicht als signifikant belegt werden. Damit eignet sich das Forschungsmodell gut, um die Frage zu beantworten, welche Rolle Beziehungen und Emotionen für die individuellen Einstellungen und Verhaltensweisen, die wiederum die Leistung des Mitarbeiters für das Unternehmen beeinflussen, spielen. Die Ergebnisse zeigen, dass diese Faktoren eine relevante Rolle spielen, einen großen Erklärungsbeitrag liefern und eine hohe Prognoserelevanz für die individuellen Ergebnisvariablen aufweisen.

Zur insgesamten Modellevaluation berechnet smartPLS zwar einen „Standardized Root Mean Square Residuals" (SRMR), welcher als Gütemaß für den Modellfit einzusetzen ist. Jedoch ist dessen Einsatz noch umstritten, da bislang keine ausreichende Fundierung mit klaren Empfehlungen für einen anzustrebenden Wertebereich vorliegt und noch weitere Forschungen nötig sind, um die Eignung dieses Fit Indexes genau abzuschätzen (https://www.smartpls.com/documentation/functionalities/model-fit). Das Modell erreicht auf Individualebene einen SRMR-Wert von 0,077, der die Beurteilung des Modells als für die Fragestellung passend auf Basis der R^2- und Q^2-Werte bestätigt. Als guter Modell-Fit werden hier Werte unter 0,08 empfohlen (Henseler et al. 2016). Darüber hinaus werden von smartPLS weitere Fitindizes berechnet, von deren Verwendung jedoch explizit noch aufgrund des nicht weit fortgeschrittenen Forschungsstands abgeraten wird (Henseler et al. 2016). Zur Beantwortung der Forschungsfragen ist ein Fitindex zur Modellbewertung und -vergleich außerdem weniger relevant als die analysierten Gütekriterien, da dieForschunsgfragen ebenso wie die PLS-Methodik den Schwerpunkt auf die Prognoserelevanz, den Erklärungsbeitrag der einzelnen Variablen sowie die Überprüfung von Haupteinflusstreibern legen.

Hypothese	Zusammenhang	Ergebnis der Hypothesenüberprüfung
H1.1a)	LMX -> AZ	bestätigt
H1.1b)	LMX -> OC	bestätigt
H1.1c)	LMX -> OCB	bestätigt für OCB_CV, OCB_Help, aber nicht für OCB_Sports
H1.2a)	TMX -> AZ	bestätigt
H1.2b)	TMX -> OC	bestätigt
H1.2c)	TMX -> OCB	bestätigt für OCB_CV, OCB_Help, aber nicht für OCB_Sports
H1.3a)	LMX -> PA	bestätigt
H1.3b)	LMX -> NA (-)	bestätigt
H1.4a)	TMX -> PA	bestätigt
H1.4b)	TMX -> NA (-)	bestätigt
H1.5a)	PA-> AZ	bestätigt
H1.5b)	PA -> OC	bestätigt
H1.5c)	PA -> OCB	bestätigt
H1.6a)	NA-> AZ (-)	bestätigt
H1.6b)	NA -> OC (-)	abgelehnt
H1.6c)	NA -> OCB (-)	nur für OCB_Sports bestätigt, für OCB_CV und OCB_Help abgelehnt
H1.7a)	LMX -> PA -> AZ	bestätigt, teilweise Mediation
H1.7b)	LMX -> PA -> OC	bestätigt, teilweise Mediation
H1.7c)	LMX -> PA -> OCB	bestätigt, teilweise Mediation, vollständige Mediation für OCB_Sports
H1.8a)	LMX -> NA -> AZ	sehr schwacher Mediationseffekt, abgelehnt
H1.8b)	LMX -> NA -> OC	abgelehnt
H1.8c)	LMX -> NA -> OCB	für OCB_Sports bestätigt, für OCB_CV und OCB_Help abgelehnt
H1.9a)	TMX -> PA -> AZ	bestätigt, teilweise Mediation
H1.9b)	TMX -> PA -> OC	bestätigt, teilweise Mediation
H1.9c)	TMX -> PA -> OCB	bestätigt, teilweise Mediation, vollständige Mediation für OCB_Sports
H1.10a)	TMX -> NA -> AZ	abgelehnt
H1.10b)	TMX -> NA -> OC	abgelehnt
H1.10c)	TMX -> NA -> OCB	nur für OCB_Sports bestätigt, für OCB_CV und OCB_Help abgelehnt

Abbildung 23: Ergebnisse der Hypothesenüberprüfung (Individualebene)

Zusammenfassend lassen sich die Ergebnisse der empirischen Studie auf individueller Ebene wie folgt formulieren:

- Die Arbeitszufriedenheit von Mitarbeitern wird signifikant positiv von der LMX- und TMX-Qualität sowie dem individuellen positiven Affekt und dem individuellen negativen arbeitsbezogenen Affekt negativ beeinflusst und wird durch diese vier Variablen zu einem substanziellen Anteil erklärt. Die LMX- und TMX-Qualität wirken entsprechend der Hypothesenformulierung jeweils sowohl direkt (durch die rationale Beurteilung der Arbeitssituation entsprechend der sozialen Austauschtheorie) als auch indirekt via den positiven arbeitsbezogenen Affekt (entsprechend der AET) auf die Arbeitszufriedenheit.
- Das organisationale Commitment von Mitarbeitern wird signifikant positiv von der LMX- und TMX-Qualität sowie dem individuellen positiven Affekt positiv beeinflusst und durch diese drei Variablen zu einem substanziellen Anteil erklärt. Die LMX- und TMX-Qualität wirken entsprechend der Hypothesenformulierung jeweils sowohl direkt (auf rationalem Weg entsprechend der Sozialen Austauschtheorie) als auch indirekt via den positiven arbeitsbezogenen Affekt (entsprechend der AET) auf das organisationale Commitment.
- Die beiden OCB-Dimensionen Civic Virtue und Helping Behavior von Mitarbeitern werden signifikant positiv von der LMX- und TMX-Qualität sowie dem individuellen positiven Affekt beeinflusst und durch diese drei Variablen zu einem mittelgroßen Anteil erklärt. Die LMX- und TMX-Qualität wirken entsprechend der Hypothesenformulierung jeweils sowohl direkt (auf rationalem Weg entsprechend der Reziprozitätsnorm der sozialen Austauschtheorie) als auch indirekt via den positiven arbeitsbezogenen Affekt (entsprechend der AET) auf das organisationale Commitment.
- Eine Sonderrolle nimmt die OCB-Dimension Sportsmanship ein. Für diese ließ sich kein signifikanter direkter Einfluss von TMX- und LMX-Qualität bestätigen, sondern nur der indirekte über den positiven und negativen Affekt, wobei der Einfluss des negativen Affekts auf „Sportsmanship“ deutlich stärker ist als der des positiven Affekts. Dies könnte allerdings an der negativen Formulierung der Items zur Erfassung von Sportsmanship liegen – hier wurden im Gegensatz zu den anderen beiden OCB-Dimensionen ausschließlich negativ formulierte Items eingesetzt, was die stärkere Korrelation mit dem negativen Affekt erklären könnte.
- LMX und TMX nehmen jeweils wie erwartet signifikanten Einfluss auf den individuellen arbeitsbezogenen Affekt.
- Es besteht ein signifikanter, sehr starker Zusammenhang zwischen LMX und TMX auf individueller Ebene.
- Die Ergebnisse weisen keine starken Unterschiede für verschiedene Vertriebskontexte in Flächenorganisationen auf. Lediglich die Gewichtung verschiedener Pfade unterscheidet

sich je nach Kontext. Das generelle Muster der Zusammenhänge scheint jedoch verallgemeinerungsfähig über verschiedene Unternehmenskontexte hinweg.

8 Auswertung und Ergebnisse auf Gruppenebene

8.1 Vorgehensweise

Zur Auswertung auf Gruppenebene wurden die auf individueller Ebene erhobenen Daten für die LMX- und TMX-Qualität sowie die wahrgenommene Stimmung und die Leistungsfähigkeit (Gruppenwirksamkeit) im Team auf Gruppenebene aggregiert. Da die LMX- und TMX-Qualität Konstrukte darstellen, die auf individueller Ebene definiert sind, wurde wie in 6.6.1 erläutert für den Gruppenwert (durchschnittlicher LMX und TMX) der Mittelwert aus den Konstruktwerten der Mitarbeiter einer Filiale, die sich aus dem Strukturgleichungsmodell auf individueller Ebene ergeben haben, gebildet. Bei den Konstrukten, die auf Gruppenebene definiert sind, aber auf individueller Ebene erhoben wurden (positiver und negativer Gruppenaffekt, Gruppenwirksamkeit), wurden je Filiale die durchschnittlichen Bewertungen der einzelnen Items als Indikatoren für die latenten Variablen eingesetzt. Die subjektive Performance-Einschätzung wurde auf Gruppenebene durch den Filialleiter vorgenommen. Der aus dem Vertriebscontrolling hervorgehende Rankingplatz als objektive Leistungsgröße ist ebenfalls auf Gruppenebene erhoben.

Analog der Vorgehensweise auf individueller Ebene wurde das Strukturgleichungsmodell mit allen Indikatoren in einem ersten Schritt mit dem PLS-Algorithmus in smartPLS geschätzt. Die Indikatoren aus dem Fragebogen wurden bis auf eine Ausnahme alle beibehalten. Ebenso wie bei der PANAS auf individueller Ebene wies auch auf Gruppenebene das Item „bekümmert" eine Faktorladung unter 0,7 auf, weshalb er aufgrund der Rückmeldungen aus dem Pretest aus der Skala für den negativen Affekt entfernt wurde (siehe Kapitel 7.1).

Daraus ergibt sich das folgende Strukturgleichungsmodell, das in Abbildung 24 schematisch analog des Modellaufbaus in smartPLS dargestellt ist.

Da die Vorgehensweise und Methodik denen auf individueller Ebene entsprechen, werden im Folgenden die Ergebnisse auf Gruppenebene knapper und ergebnisorientierter dargestellt.

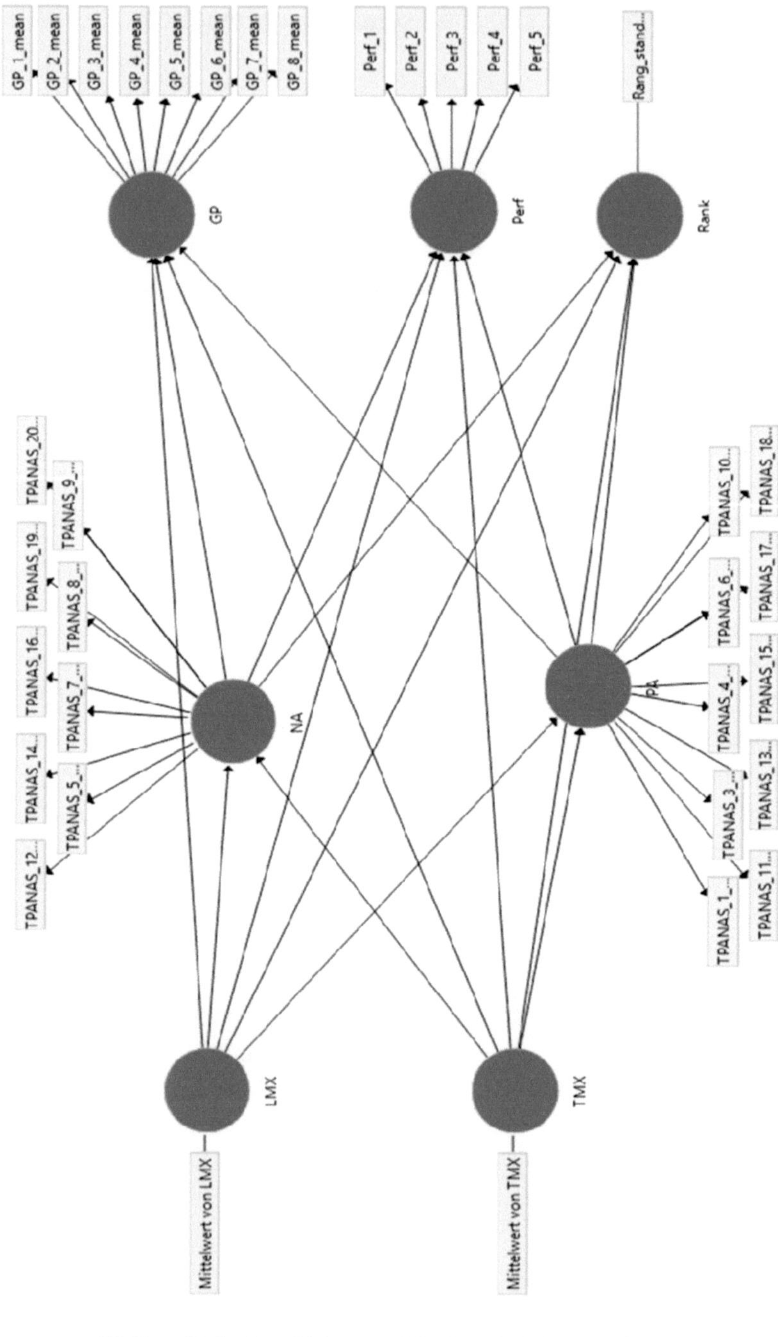

Abbildung 24: Strukturgleichungsmodell schematisch (Gruppenebene)

8.2 Überprüfung des Messmodells

8.2.1 Indikatorreliabilität

Die Indikatorreliabilität für die latenten Variablen auf Gruppenebene kann als gegeben betrachtet werden. Alle Faktorladungen liegen, mit Ausnahme des zweiten Items zur Performanceeinschätzung durch den Filialleiter („Wie zufrieden sind Sie im Allgemeinen mit der Leistung Ihrer Filiale?"), über dem Wert von 0,7, ab dem eine hohe Indikatorreliabiliät als gegeben angesehen wird. Das zweite Item der Performance-Skala wurde beibehalten, da seine Faktorladung mit 0,669 nahe an dem Richtwert von 0,7 liegt und nicht zu Lasten der Konstruktreliabilität und -validität geht, wie die folgenden Ausführungen zeigen werden. Die einzelnen Faktorladungen sind im Anhang 5 nachzulesen.

8.2.2 Konstruktreliabilität und -validität

Für die Reliabilitätskriterien auf Konstruktebene erreichen alle latenten Variablen sehr hohe Werte über 0,9, weshalb von einer reliablen Messung ausgegangen werden kann (siehe Tabelle 29). Auch die durchschnittlich erfasste Varianz als Validitätskriterium liegt für alle Konstrukte jenseits der mindestens geforderten 0,5, was für eine valide Messung der Variablen spricht.

Tabelle 29: Konstruktreliabilität und -validität (Gruppenebene)

	Cronbachs α	ρ_A	ρ_C	Durchschnittlich erfasste Varianz (DEV)
PA	0,96	0,97	0,97	0,76
NA	0,93	0,95	0,94	0,63
GP	0,96	0,96	0,96	0,77
Perf	0,90	0,94	0,95	0,80

Tabelle 30 zeigt das Fornell-Larcker-Kriterium zur Überprüfung der Diskriminanzvalidität. Da alle Felder deutlich unter den Werten der Diagonalen liegen, gilt das Fornell-Larcker-Kriterium als erfüllt.

Die Kreuzladungen als ergänzendes Kriterium zum Fornell-Larcker-Kriterium genügen ebenfalls der Anforderung, dass die Ladungen der Indikatoren zu den ihnen zugeordneten latenten Variablen höher sind als die zu anderen latenten Variablen (siehe Anhang 6).

Als weiteres, neueres Kriterium zur Überprüfung der Diskriminanzvalidität wird auch auf Gruppenebene die HTMT-Ratio herangezogen, die inzwischen für PLS empfohlen wird. Auch die HTMT-

Ratio, die zwischen allen Konstrukten unter 0,85 liegt, bestätigt die Diskriminanzvalidität im Messmodell (siehe Tabelle 31).

Tabelle 30: Fornell-Larcker-Kriterium (Gruppenebene)

	GP	LMX	NA	PA	Perf	Rank	TMX
GP	0,875						
LMX	0,573	1,000					
NA	-0,468	-0,504	0,795				
PA	0,787	0,742	-0,598	0,870			
Perf	0,512	0,530	-0,339	0,593	0,892		
Rank	0,011	0,006	-0,041	-0,067	0,065	1,033	
TMX	0,611	0,651	-0,521	0,714	0,495	0,187	1,000

Tabelle 31: HTMT-Ratio (Gruppenebene)

	GP	LMX	NA	PA	Perf	Rank	TMX
GP							
LMX	0,580						
NA	0,470	0,493					
PA	0,811	0,751	0,610				
Perf	0,537	0,539	0,352	0,613			
Rank	0,040	0,006	0,055	0,077	0,068		
TMX	0,621	0,651	0,510	0,723	0,488	0,193	

Insgesamt ist das Messmodell also als reliabel und valide einzuschätzen, da es allen Anforderungen genügt.

8.3 Überprüfung desStrukturmodells

8.3.1 Hypothesenüberprüfung: Pfadkoeffizienten, Effektstärke und indirekte Effekte

Tabelle 32 zeigt die durch die PLS-Prozedur von smartPLS ermittelten Pfadkoeffizienten sowie die zugehörigen p-Werte und Signifikanzintervalle als Ergebnis des Bootstrapping-Verfahrens, die zur Überprüfung der Hypothesen herangezogen werden. Die fett gedruckten Zeilen markieren die signifikanten Zusammenhänge. Daraus geht hervor, dass die Signifikanz des positiven Zusammenhangs von LMX und TMX mit dem positiven Gruppenaffekt sowie deren negativen Zusammenhangs mit dem negativen Gruppenaffekt bestätigt wird. Dies bestätigt die Hypothesenblöcke H2.3 und H2.4.

Dass der positive Affekt alle Ergebnisvariablen stark beeinflusst, zeigen die hohen Pfadkoeffizienten von 0,753 für die Gruppenwirksamkeit, 0,391 für die subjektive Performance-Einschätzung und -0,417 für den Zusammenhang zum Rankingplatz. Dies bestätigt den Hypothesenblock H2.5. Eine relativ hohe, signifikante Effektstärke (f^2=0,493) für den Zusammenhang zwischen positivem Affekt und Gruppenwirksamkeit betont darüber hinaus den starken, auch isolierten Einfluss des positiven Affekts auf die Gruppenwirksamkeit, der über seine Mediatorwirkung hinausgeht. Für alle weiteren Zusammenhänge sind die Effektstärken für diese Modellstruktur mit Mediationseffekt ebenfalls wie auf individueller Ebene nur bedingt aussagekräftig, weshalb die Effektstärken nicht im Detail erläutert werden (Effektstärken siehe Tabelle 33). Der negative Affekt weist keinen signifikannten Zusammenhang zu den endogenen Variablen auf, was für eine Ablehnung des Hypothesenblocks H2.6 spricht – auch wenn zumindest das Vorzeichen der Pfadkoeffizienten der Hypothesenformulierung entspricht.

Tabelle 32: Pfadkoeffizienten (Gruppenebene)

	Mittelwert (Original-stichprobe)	Standardabweichung	T-Statistik	P-Werte	2,5%	97,5%
LMX -> GP	-0,054	0,118	0,458	0,647	-0,307	0,153
LMX -> NA	**-0,287**	**0,101**	**2,827**	**0,005**	**-0,513**	**-0,104**
LMX -> PA	**0,481**	**0,077**	**6,242**	**0,000**	**0,319**	**0,613**
LMX -> Perf	0,166	0,126	1,316	0,189	-0,070	0,419
LMX -> Rank	-0,009	0,154	0,061	0,951	-0,311	0,277
TMX -> GP	0,117	0,094	1,239	0,216	-0,069	0,291
TMX -> NA	**-0,334**	**0,106**	**3,156**	**0,002**	**-0,543**	**-0,141**
TMX -> PA	**0,401**	**0,071**	**5,653**	**0,000**	**0,267**	**0,542**
TMX -> Perf	0,107	0,114	0,940	0,348	-0,115	0,326
TMX -> Rank	0,456	0,134	3,402	0,001	0,193	0,700
NA -> GP	0,016	0,068	0,230	0,818	-0,119	0,141
NA -> Perf	0,055	0,109	0,502	0,616	-0,230	0,220
NA -> Rank	-0,056	0,104	0,541	0,589	-0,232	0,185
PA -> GP	**0,753**	**0,093**	**8,081**	**0,000**	**0,568**	**0,939**
PA -> Perf	**0,391**	**0,167**	**2,347**	**0,019**	**0,059**	**0,702**
PA -> Rank	**-0,417**	**0,158**	**2,648**	**0,008**	**-0,685**	**-0,059**

Tabelle 33: Effektstärken f² (Gruppenebene)

	Mittelwert (Original-stichprobe)	Standardabweichung	T-Statistik	p-Werte	2,5%	97,5%
LMX -> GP	0,003	0,023	0,138	0,890	0,000	0,084
LMX -> NA	0,070	0,070	0,993	0,321	0,006	0,277
LMX -> PA	**0,374**	**0,178**	**2,103**	**0,036**	0,128	0,787
LMX -> Perf	0,021	0,038	0,545	0,586	0,000	0,142
LMX -> Rank	0,000	0,020	0,002	0,998	0,000	0,059
TMX -> GP	0,016	0,040	0,414	0,679	0,000	0,131
TMX -> NA	0,095	0,080	1,187	0,236	0,014	0,306
TMX -> PA	**0,259**	**0,115**	**2,247**	**0,025**	0,112	0,564
TMX -> Perf	0,009	0,025	0,367	0,713	0,000	0,088
TMX -> Rank	0,113	0,078	1,454	0,147	0,018	0,299
NA -> GP	0,000	0,012	0,035	0,972	0,000	0,040
NA -> Perf	0,003	0,019	0,174	0,862	0,000	0,067
NA -> Rank	0,002	0,014	0,175	0,861	0,000	0,046
PA -> GP	**0,493**	**0,207**	**2,383**	**0,018**	0,228	1,022
PA -> Perf	0,090	0,090	1,006	0,315	0,002	0,326
PA -> Rank	0,069	0,056	1,219	0,223	0,002	0,195

Der direkte Zusammenhang von LMX mit den Ergebnisvariablen ist auf Gruppenebene im Gegensatz zur Individualebene nicht signifikant, was zu einer Ablehnung desHypothesenblocks H2.1 führt. Bei Ausschluss des Gruppenaffekts jedoch zeigen sich eindeutig signifikante Pfadkoeffizienten (siehe Tabelle 34), die auch mit großen Effektstärken einhergehen.Ein ähnliches Bild ergibt sich hinsichtlich der Zusammenhänge des TMX mit Ergebnisvariablen. Die Pfadkoeffizienten für die Zusammenhänge TMX-Gruppenwirksamkeit und TMX-subjektive Performanceeinschätzung sind zwar wie erwartet positiv, jedoch nicht signifikant bei Berücksichtigung der Affektkomponente. Bei Ausschluss der Affektkomponente sind sie, wie Tabelle 3 zu entnehmen ist, signifikant positiv.Der Zusammenhang zwischen TMX und dem von der Filiale belegten Rankingplatz weist jedoch sowohl im ursprünglichen Forschungsmodell als auch in dem ohne Affektkomponenten einen signifikant positiven Pfadkoeffizienten auf. Erwartet wurde ein negativer Zusammenhang, da der Rankingplatz so definiert ist, dass niedrigere Ränge von leistungsstärkeren Filialen belegt werden. Diese Befunde sprechen für eine Ablehnung des Hypothesenblocks H2.2.

Tabelle 34: Pfadkoeffizienten bei Modell ohne Affektkomponente (Gruppenebene)

	Mittelwert Original-stichprobe	Standard-abweichung	T-Statistik	P-Werte	2,5%	97,5%
LMX -> GP	0,307	0,108	2,842	0,005	0,083	0,517
LMX ->Perf	0,338	0,103	3,286	0,001	0,115	0,514
LMX -> Rank	-0,194	0,148	1,307	0,192	-0,444	0,122
TMX -> GP	0,415	0,099	4,187	0,000	0,220	0,607
TMX -> Perf	0,253	0,100	2,518	0,012	0,072	0,476
TMX -> Rank	0,307	0,123	2,509	0,012	0,043	0,534

Zur genaueren Untersuchung dieser Ergebnisse hinsichtlich der direkten Effekte von LMX und TMX auf die Gruppenergebnisse ist die Betrachtung der indirekten Effekte erforderlich, die auch die Grundlage zur Überprüfung der Hypothesenblöcke H2.7 bis H2.10 darstellen.

Tabelle 35 zeigt, dass der indirekte Effekt des LMX-Konstrukts über den Gruppenaffekt auf die Gruppenwirksamkeit, die subjektive Performance wie erwartet signifikant positiv und den Rankingplatz signifikant negativ ist. Aufgrund der Insignifikanz des direkten Effekts von LMX auf die Ergebnisvariablen liegt entsprechend der Klassifizierung von Mediationseffekten nach Zhao et al. (2010) eine vollständige Mediation auf Gruppenebene vor.

Aufgrund des nichtsignifikanten Zusammenhangs zwischen negativem Gruppenaffekt und den Ergebnisvariablen wirkt nur der positive Gruppenaffekt als mediierende Variable. Dies bestätigt den Hypothesenblock H2.7 teilweise insofern, dass es sich dabei um eine vollständige statt um eine teilweise Mediation handelt. Der Hypothesenblock H2.8 ist aufgrund der Insignifikanz der Pfadkoeffizienten von negativem Gruppenaffekt zu den Ergebnisvariablen ebenso wie der Hypothesenblock H.1.10 abzulehnen.

Wie Tabelle 35 zu entnehmen ist, gilt gleiches für den Zusammenhang zwischen TMX und der Gruppenwirksamkeit sowie der subjektiven Gruppenperformance, wobei bei letzterer der indirekte Effekt nur auf Basis eines p-Werts von 0,056 signifikant ist. Dies spricht für eine teilweise Bestätigung der Hypothesen H2.9a und b., insofern, dass es sich um eine vollständige statt um eine teilweise Mediation handelt, die für H2.9b wiederum nur auf einem Signifikanzniveau von 0,1 als signifikant zu bewerten ist.

Der Zusammenhang zum TMX und dem von der Filiale belegten Rankingplatz weist überraschenderweise einen signifikant positiven Pfadkoeffizienten auf, was dem theoretischen Modell widerspricht. Erwartet wurde ein negativer Zusammenhang, da der Rankingplatz so definiert ist, dass niedrigere Ränge von leistungsstärkeren Filialen belegt werden.Auch der Pfadkoeffizient von TMX zum Rankingplatz ist im Modell ohne Berücksichtigung der Affektkomponenten signifikant positiv, aber um den Betrag des indirekten Effekts geringer als im Ursprungsmodell. Der indirekte Effekt des TMX auf den Rankingplatz ist hingegen wie erwartet signifikant negativ zu einem p-Wert von 0,03.Dies entspricht gemäß der Klassifikation von Mediationseffekten nach Zhao et al. (2010) einer gegenläufigen Mediation („Competitive Mediation"), die für eine Überarbeitung der theoretischen Ableitung oder des Forschungsdesigns für zukünftige Untersuchungen sprechen könnte. H2.9c ist dementsprechend abzulehnen.

Tabelle 35: Indirekte Effekte (Gruppenebene)

	Indirekter Effekt (Original-stichprobe)	Standard-abweich-ung	T-Statistik	P-Werte	2,5%	97,5%
LMX -> GP	0,358	0,082	4,375	0,000	0,201	0,525
LMX -> Perf	0,172	0,075	2,285	0,023	0,012	0,312
LMX -> Rank	-0,185	0,083	2,221	0,027	-0,335	-0,029
TMX -> GP	0,296	0,061	4,878	0,000	0,187	0,430
TMX -> Perf	0,138	0,072	1,917	0,056	0,006	0,288
TMX -> Rank	-0,148	0,068	2,180	0,030	-0,277	-0,011

Diese unerwarteten Ergebnisse werden im anschließenden Kapitel unter 9.1 ausführlicher diskutiert.

8.3.2 Bestimmtheitsmaß

Die Bestimmtheitsmaße zeigen, dass das Forschungsmodell einen signifikanten Beitrag zur Erklärung der endogenen Variablen leistet (siehe Tabelle 36). Insbesondere bei der Gruppenwirksamkeit mit einem R^2 von 0,626 kann von einem substanziellen Erklärungsbeitrag gesprochen werden. Auch die subjektive Performance-Einschätzung durch den Filialleiter mit einem R^2 von 0,377 lässt sich als mittlerer bis substanzieller Erklärungsbeitrag interpretieren. Auch der positive und negative Affekt werden zu einem substanziellen beziehungsweise mittelgroßen Anteil durch LMX und TMX erklärt.

Der eingenommene Rankingplatz im Vorjahr der Erhebung wird allerdings lediglich zu einem geringen Anteil durch das Modell erklärt, der auch nicht signifikant ist zu einem Niveau von 0,05 (p=0,053). Außerdem ist der aus dem Modell empirisch berechnete direkte positive Einfluss des

TMX auf den Rankingplatz, der sich nicht aus der theoretischen Herleitung ergab, hauptverantwortlich für den erklärten Anteil am Rankingplatz. Daraus lässt sich schließen, dass das Modell keinen nennenswerten Beitrag zur Erklärung des Rankingplatzes liefert.

Tabelle 36: BestimmtheitsmaßeR² (Gruppenebene)

	Mittelwert (Original-stichprobe)	Standard-abweichung	T-Statistik	P-Werte	2,5%	97,5%
NA	0,319	0,095	3,372	0,001	0,188	0,543
PA	0,643	0,061	10,525	0,000	0,526	0,748
GP	0,626	0,095	6,574	0,000	0,439	0,803
Perf	0,377	0,070	5,389	0,000	0,263	0,537
Rank	0,120	0,062	1,941	0,053	0,052	0,292

8.3.3 Prognoserelevanz

Auch die Prognoserelevanz ergänzt die positive Beurteilung des Modells durch das Bestimmtheitsmaß. Die Blindfolding-Prozedur in smartPLS ergibt eine hohe, signifikante Prognoserelevanz für die Gruppenwirksamkeit (Q^2=0,441) und den positiven Affekt (Q^2=0,448) sowie eine signifikante, mittelhohe für die subjektive Performance (Q^2=0,232) und eine niedrige (Q^2=0,049) für den Rankingplatz (siehe Tabelle 37).

Tabelle 37: Prognoserelevanz Q² (Gruppenebene)

	SSO	SSE	Q² (=1-SSE/SSO)
NA	855,000	714,052	0,165
PA	950,000	524,176	0,448
GP	760,000	424,768	0,441
Perf	420,000	322,708	0,232
Rank	89,000	84,606	0,049

8.4 Zusätzliche Analysen

8.4.1 Einfluss der LMX-Differenzierung

Zur Vollständigkeit des Modells mit Blick auf den aktuellen Forschungsstand der LMX-Theorie muss auch der mögliche Einfluss der Zusammensetzung der LMX-Qualität innerhalb eines Teams, also der LMX-Differenzierung, hinterfragt werden. Dazu wurde in das Forschungsmodell die LMX-Differenzierung als Standardabweichung der durchschnittlichen LMX-Qualität innerhalb einer Filiale als exogene Variable analog zur durchschnittlichen LMX und TMX-Qualität im Team mit aufgenommen. Tabelle 38 zeigt allerdings, dass von der LMX-Differenzierung keine signifikanten Pfadkoeffizienten ausgehen zu einem p-Wert von 0,05. Zu einem Signifikanzniveau von 0,1 ist zumindest der Pfadkoeffizient von der LMX-Differenzierung zum Rankingplatz signifikant negativ zu einem p-Wert von 0,08. Das heißt, je höher die Differenzierung im Team, umso niedriger, das heißt besser, der Rankingplatz. Dementsprechend erhöht eine Einbeziehung derLMX-Differenzierung auch das Bestimmtheitsmaß des Rankingplatzes um 0,03, was einer relativ hohen Effektstärke von f^2=0,25 entspricht.

Die Bestimmtheitsmaße der anderen endogenen Variablen werden durch die Berücksichtigung der LMX-Differenzierung nur marginal bis gar nicht erhöht (siehe Tabelle 39). Die Prognoserelevanz Q^2 bleibt durch die Aufnahme der LMX-Differenzierung für den Rankingplatz ebenso wie für die beiden anderen endogenen Variablen auf dem gleichen Niveau wie ohne Berücksichtigung der LMX-Differenzierung (siehe Tabelle 40).

Tabelle 38: Pfadkoeffizienten LMX-Differenzierung

	Mittelwert (Original-stichprobe)	Standard-abweichung	T-Statistik	P-Werte
LMX_diff_ -> NA	-0,146	0,115	1,264	0,207
LMX_diff_ -> PA	0,068	0,080	0,855	0,393
LMX_diff_ -> GP	0,134	0,093	1,433	0,152
LMX_diff_ -> Perf	-0,072	0,107	0,677	0,498
LMX_diff_ -> Rank	-0,225	0,128	1,752	0,080

Tabelle 39: Bestimmtheitsmaße R^2 (Gruppenebene unter Einschluss LMX-Differenzierung)

	Mittelwert (Original-stichprobe)	Standard-abweichung	T-Statistik	P-Werte
NA	0,334	0,093	3,572	0,000
PA	0,646	0,059	11,016	0,000
GP	0,636	0,094	6,752	0,000
Perf	0,380	0,066	5,789	0,000
Rank	0,153	0,069	2,225	0,026

Dieses Ergebnis ist nur bedingt verlässlich interpretierbar, da aufgrund der fehlenden Werte auf Gruppenebene keine vollständigen Informationen zur Bestimmung der LMX-Differenzierung vorliegen. Es ist durchaus wahrscheinlich, dass objektiv erfolgreichere Einheiten eine höhere Beteiligung aufweisen und sich der Zusammenhang vor allem aus der Erhöhung der Teilnehmer ergibt –

insbesondere, weil die LMX-Differenzierung keine Erhöhung der Prognoserelevanz im Vergleich zum Ursprungsmodell bewirkt.

Tabelle 40: Prognoserelevanz Q^2 (Gruppenebene mit Einschluss LMX-Differenzieung)

	SSO	SSE	Q^2 (=1-SSE/SSO)
NA	855,000	710,993	0,168
PA	950,000	522,192	0,450
GP	760,000	420,831	0,446
Perf	420,000	323,520	0,230
Rank	89,000	84,627	0,049

Auch die Überprüfung eines moderierenden Effekts der LMX-Differenzierung auf den Zusammenhang zwischen durchschnittlicher LMX-Qualität und Gruppenergebnissen ergab, dass die LMX-Differenzierung auf Basis der vorliegenden Daten keine signifikante moderierende Rolle einnimmt.

8.4.2 Alternatives Modell auf Gruppenebene

Da die Berechnung des ursprünglichen Strukturgleichungsmodells zeigte, dass Bestimmtheitsmaß und Prognoserelevanz des Modells für den Rankingplatz deutlich niedriger ausfielen als für die beiden anderen Ergebnisvariablen und auch die direkten und indirekten Effekte zwischen TMX und Rankingplatz nicht komplementär sind, wurde ein alternatives Modell aufgestellt, in dem der Rankingplatz als endogene Variable eliminiert wurde. Darüber hinaus wurden der negative Affekt sowie die direkten Pfade von LMX und TMX aufgrund ihrer Insignifikanz für die Erklärung und Prognose der endogenen Variablen eliminiert. Daraus ergibt sich das in Abbildung 25 dargestellte alternative Strukturgleichungsmodell. Die Ergebnisse dieses vereinfachten Modells werden im Folgenden kurz erläutert.

Da nur das Strukturmodell, nicht aber das Messmodell, verändert wurde, wird an dieser Stelle nur die Beurteilung des inneren Modells anhand von Pfadkoeffizienten, Effektstärken, Bestimmtheitsmaßen und Prognoserelevanz vorgenommen.

Tabelle 41 zeigt, dass sich die verbliebenen Pfadkoeffizienten durch die Vereinfachung des Modells stark erhöhen, dementsprechend weiterhin signifikant bleiben und zwischen 0,4 (TMX->PA) und 0,787 (PA->GP) liegen. Die Effektstärken (siehe Tabelle 42) sind für dieses alternative Modell ebenfalls deutlich höher für alle Zusammenhänge, sodass definitiv von einem mittelstarken, wenn nicht sogar starken Einfluss von LMX und TMX auf den positiven Gruppenaffekt sowie einem eindeutig substanziellen Einfluss des positiven Gruppenaffekts auf die Gruppenwirksamkeit und die

Performance des Teams (gemäß der Beurteilung durch den Vorgesetzten) ausgegangen werden kann.

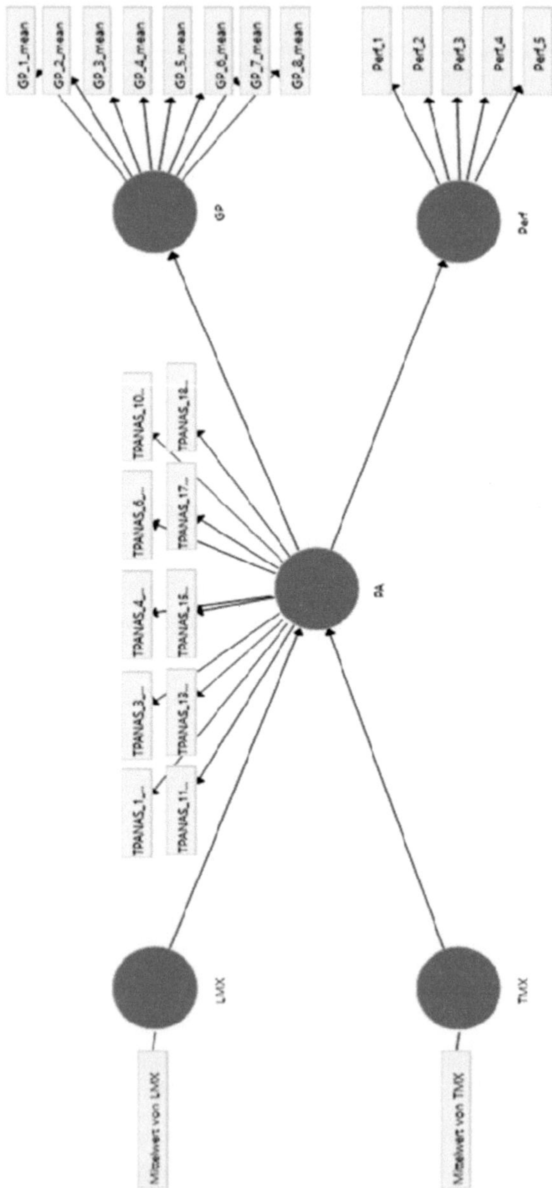

Abbildung 25: Alternatives vereinfachtes Strukturgleichungsmodell (Gruppenebene)

Tabelle 41: Pfadkoeffizienten (Gruppenebene, alternatives Modell)

	Mittelwert (Original-stichprobe)	Standard-abweichung	T-Statistik	P-Werte	2,5%	97,5%
LMX -> PA	0,481	0,074	6,472	0,000	0,299	0,607
TMX -> PA	0,401	0,066	6,033	0,000	0,282	0,539
PA -> GP	0,787	0,060	13,232	0,000	0,642	0,886
PA -> Perf	0,555	0,059	9,471	0,000	0,443	0,684

Tabelle 42: Effektstärken f^2 (Gruppenebene, alternatives Modell)

	Mittelwert (Original-stichprobe)	Standard-abweichung	T-Statistik	P-Werte	2,5%	97,5%
LMX -> PA	0,374	0,171	2,188	0,029	0,109	0,771
TMX -> PA	0,259	0,103	2,511	0,012	0,114	0,499
PA -> GP	1,631	0,757	2,154	0,032	0,703	3,637
PA -> Perf	0,535	0,191	2,803	0,005	0,309	1,054

Die eindeutig signifikanten Pfadkoeffizienten und die Betrachtung der indirekten Effekte (siehe Tabelle 43) zeigen, was auch das Ursprungsmodell ergab, dass LMX und TMX signifikant positiv indirekt über den positiven Affekt die Gruppenwirksamkeit und die Performance beeinflussen.

Tabelle 43:Indirekte Effekte (Gruppenebene, alternatives Modell)

	Mittelwert (Original-stichprobe)	Standard-abweichung	T-Statistik	P-Werte	2,5%	97,5%
LMX -> GP	0,379	0,067	5,623	0,000	0,234	0,498
LMX -> Perf	0,267	0,049	5,458	0,000	0,168	0,362
TMX -> GP	0,316	0,060	5,289	0,000	0,211	0,449
TMX -> Perf	0,223	0,049	4,588	0,000	0,143	0,333

Die geschätzten Bestimmtheitsmaße für die drei latenten Variablen Gruppenwirksamkeit, Performance und positiver Gruppenaffekt sind in Tabelle 44 inklusive Konfidenzintervallen dargestellt. Diese zeigen, dass der positive Gruppenaffekt und die Gruppenwirksamkeit zu einem substanziellen Anteil durch das Modell erklärt werden und die Performance nach Einschätzung durch den Vorgesetzten zumindest zu einem mittleren Anteil.

Tabelle 44: Bestimmtheitsmaße R^2 (Gruppenebene, alternatives Modell)

	Mittelwert(Originalstichprobe)	Standardabweichung	T-Statistik	P-Werte	2,5%	97,5%
PA	0,643	0,059	10,962	0,000	0,525	0,753
GP	0,620	0,092	6,750	0,000	0,413	0,784
Perf	0,349	0,071	4,908	0,000	0,236	0,513

Auch die Prognoserelevanz Q^2 des Modells weist für die exogenen Variablen mit 0,22 (Performance) und 0,44 (Gruppenwirksamkeit) Werte auf, die deutlich über dem Wert von 0 liegen und für eine signifikante mittelstarke Prognoserelevanz sprechen (siehe Tabelle 45).

Tabelle 45: Prognoserelevanz Q^2 (Gruppenebene, alternatives Modell)

	SSO	SSE	Q^2 (=1-SSE/SSO)
PA	950,000	524,145	0,448
GP	760,000	426,491	0,439
Perf	420,000	327,794	0,220

8.5 Gesamtbeurteilung des Modells und Zusammenfassung der Ergebnisse

In der Gesamtschau ist das Forschungsmodell als passend einzuschätzen für die abhängigen Variablen Gruppenwirksamkeit und subjektive Leistungseinschätzung durch den Vorgesetzten: Es liefert einen signifikanten, mittleren bis substanziellen Erklärungsbeitrag sowie eine relativ hohe, signifikante Prognoserelevanz für diese beiden endogenen Variablen. Für den Rankingplatz als Ergebnisvariable wurden nur mäßige, aber dennoch signifikante Ergebnisse erzielt (R^2=0,12; Q^2=0,049). Deshalb sindentwederdas Modell zur Erklärung und Prognose von objektiven Performancekriterien oder die Performancemessung über den Rankingplatz als weniger geeignet einzuschätzen.

Die Ergebnisse der Hypothesenprüfung sind in Abbildung 26 nochmals als Übersicht dargestellt.

Die Hypothesenüberprüfung ergab folgende Erkenntnisse, die nicht oder zumindest nur teilweise so erwartet wurden:

1. Der Einfluss der durchschnittlichen LMX-Qualität wirkt auf Gruppenebene ausschließlich indirekt signifikant positiv über den positiven Gruppenaffekt auf die Gruppenwirksamkeit, die subjektive Performance und signifikant negativ auf den Rankingplatz.
2. Der Einfluss der durchschnittlichen TMX-Qualität auf Gruppenwirksamkeit und subjektive Performance wirkt ebenfalls ausschließlich indirekt über den positiven Gruppenaffekt. Der

direkte Einfluss des TMX auf den Rankingplatz hingegen wirkt sich signifikant positiv auf den Gruppenaffekt aus, während der indirekte Effekt wie erwartet signifikant negativ ist.

3. Der negative Gruppenaffekt spielt keine signifikante Rolle bei der Erklärung und Prognose der Outcomevariablen.

Hypothese	Zusammenhang	Ergebnis der Hypothesenüberprüfung in smartPLS
H2.1a)	meanLMX -> GP	abgelehnt, kein direkter Effekt bei Berücksichtigung des Gruppenaffekts
H2.1b)	meanLMX -> subjPerf	
H2.1c)	meanLMX -> objPerf	
H2.2a)	meanTMX -> GP	
H2.2b)	meanTMX -> subjPerf	
H2.2c)	meanTMX -> objPerf	
H2.3a)	meanLMX -> TPA	bestätigt
H2.3b)	meanTMX -> TPA	bestätigt
H2.4a)	meanLMX -> TNA	bestätigt
H2.4b)	meanTMX -> TNA	bestätigt
H2.5a)	TPA -> GP	bestätigt
H2.5b)	TPA -> subjPerf	bestätigt
H2.5c)	TPA -> objPerf	bestätigt, aber inkonsistent mit TMX-Effekt
H2.6a)	TNA -> GP (-)	abgelehnt
H2.6b)	TNA -> subjPerf (-)	abgelehnt
H2.6c)	TNA -> objPerf (-)	abgelehnt
H2.7a)	meanLMX -> TPA -> GP	bestätigt, aber vollständige Mediation
H2.7b)	meanLMX -> TPA -> subjPerf	bestätigt, aber vollständige Mediation
H2.7c)	meanLMX -> TPA ->objPerf	bestätigt, aber kein hoher Erklärungsbeitrag
H2.8a)	meanLMX -> TNA -> GP	abgelehnt
H2.8b)	meanLMX -> TNA -> subjPerf	abgelehnt
H2.8c)	meanLMX -> TNA ->objPerf	abgelehnt
H2.9a)	meanTMX -> TPA -> GP	bestätigt, aber vollständige Mediation
H2.9b)	meanTMX -> TPA -> subjPerf	teilweise bestätigt, signifikant zu p=0,056
H2.9c)	meanTMX -> TPA ->objPerf	abgelehnt, gegenläufige Mediation
H2.10a)	meanTMX -> TNA -> GP	abgelehnt
H2.10b)	meanTMX -> TNA -> subjPerf	abgelehnt
H2.10c)	meanTMX -> TNA ->objPerf	abgelehnt

Abbildung 26: Ergebnisse der Hypothesenüberprüfung (Gruppenebene)

Eindeutig bestätigt wurde der positive Einfluss des positiven Affekts sowie die Mediation des Einflusses der durchschnittlichen LMX- und TMX-Qualität durch den positiven Gruppenaffekt aufdie Ergebnisvariablen. Ebenso konnte bestätigt werden, dass die LMX- und TMX-Qualität im Team die Stimmung im Team (sowohl positiver und negativer Gruppenaffekt) signifikant beeinflussen.

Zur insgesamten Modellevaluation kann auch hier der noch nicht ausgereifte Fit-Index für die PLS-Methodik, der „Standardized Root Mean Square Residuals“ (SRMR), angeführt, aber nicht abschließend bewertet werden. Das ursprüngliche Forschungsmodell erreicht auf Gruppenebene einen SRMR-Wert von 0,086. Das alternative vereinfachte Forschungsmodell immerhin 0,081. Diese liegen zwar geringfügig über dem Richtwert von 0,08, nachdem aber auch perfekte Modelle in Simulationen Werte von 0,08 erreichen, wird auch häufig der Schwellenwert von 0,1 angesetzt (Henseler und Sarstedt 2013, Henseler et al. 2014). Demnach sind diese Werte wahrscheinlich als akzeptabler Modelfit zu betrachten.

Zusammenfassend lassen sich die Ergebnisse der empirischen Studie auf Gruppenebene wie folgt formulieren:

- Die Gruppenwirksamkeit einer Filiale wird sehr stark vom positiven Gruppenaffekt beeinflusst.
- Die subjektive Performance einer Filiale ist ebenfalls signifikant vom positiven Gruppenaffekt abhängig.
- Der negative Gruppenaffekt nimmt keinen Einfluss auf die Gruppenergebnisse.
- Die LMX- und TMX-Qualität im Team beeinflussen signifikant die Stimmung im Team (sowohl positiver als auch negativer Gruppenaffekt).
- Die durchschnittliche LMX- und TMX-Qualität nimmt indirekt über den positiven Gruppenaffekt Einfluss auf die Gruppenwirksamkeit und die subjektive Leistungsbeurteilung durch den Vorgesetzten.
- Das Modell eignet sich nicht zur Erklärung und Prognose des objektiven Performancekriteriums „Rankingplatz".
- Die Rolle der LMX-Differenzierung bleibt unklar. In diesem Kontext konnte der LMX-Differenzierung auf Gruppenebene keine signifikante Rolle attestiert werden.

9 Diskussion und Implikationen

Die Ergebnisdiskussion ist wie folgt aufgebaut: Zunächst werden die empirischen Ergebnisse mit Fokus auf den nicht erwarteten Befunden diskutiert (Kapitel 9.1). Anschließend werden die Limitationen der Studie aufgezeigt (Kapitel 9.2) und der Beitrag für die Forschung zusammengefasst (Kapitel 9.3). Aus diesen drei Aspekten werden jeweils Implikationen für die zukünftige Forschung abgeleitet. Die Implikationen für die Unternehmenspraxis werden abschließend erläutert. Im Zuge dessen werden praxisrelevante Erkenntnisse in Form von Kernaussagen (fett markiert) formuliert.

9.1 Diskussion der empirischen Ergebnisse

Die Ergebnisse der empirischen Studie bestätigen die meisten der theoretisch vermuteten Zusammenhänge.Die Studie zeigte insbesondere, dass die Intra-Gruppenbeziehungen einen sehr starken Einflussfaktor auf den individuellen und kollektiven arbeitsbezogenen Affekt darstellen und vor allem der positive individuelle und kollektive Affekt wiederum sehr stark die individuellen und kollektiven Ergebnisse beeinflusst. Der Trend in der Organizational Behavior Forschung, dass zunehmend auch emotionale Faktoren explizite Aufmerksamkeit erfahren, sollte dementsprechend weiter gefördert und verstärkt werden.

Drei Aspekte, die sich nicht wie ursprünglich erwartet darstellten, sollen jedoch im Folgenden noch diskutiert und Implikationen für die Forschung und Unternehmenspraxis daraus abgeleitet werden: Die Rolle des negativen Affekts, die mediierende Rolle des Affekts zwischen Austauschqualität und Indikatoren der individuellen und kollektiven Leistungsfähigkeit sowie die geringe Prognoserelevanz und der schwache Erklärungsbeitrag zur objektiven Leistungskennzahl des Rankingplatzes der Filiale.

9.1.1 Die Rolle des negativen Affekts

Bereits die Literaturrecherche und die theoretische Ableitung des Forschungsmodells zeigten die Schwierigkeiten der Definition der Rolle des negativen Affekts für individuelle Einstellungen und Verhaltensweisen auf individueller Ebene und die Leistung und Leistungsfähigkeit auf kollektiver Ebene.

Die Ergebnisse der theoretischen Herleitung in Kombination mit den empirischen Ergebnissen haben bestätigt, dass positiver Affekt, ob unterdrückt, individuell „geheim gehalten“ oder offen gezeigt und geteilt in der Gruppe, immer positive Auswirkungen auf individuelle und kollektive Ergebnisse hat. So einfach ist die Wirkung negativer Emotionen hingegen nicht; sie scheint wesentlich vielschichtiger zu sein. Das theoretische Rahmenkonzept der sozialen Austauschtheorie (Homans 1961, Foa und Foa 1980, Lawler und Thye 1999, Lawler 2001, Lawler und Thye 2006) in Verbindung mit der Affective Events Theorie (Weiss und Cropanzano 1996) liefert in Einklang mit den neuesten Erkenntnissen der Neurowissenschaft und Sozialpsychologie einen stimmigen Erklärungsansatz.

Der offene Austausch von Emotionen, ob positiv oder negativ, ist sowohl auf individueller als auch auf kollektiver Ebene ein Ergebnis oder Bestandteil vertrauensvoller, echter sozialer Austauschbeziehungen (Blau 1964, Foa und Foa 1980,Lawler und Thye 2006, Walter und Bruch 2008). Dementsprechend könnenauch negative Emotionen auf interpersoneller Ebene zu einer stärkeren Bindung an den Vorgesetzten und das Team führen und erhöhen damit das organisationale Commitment (Yang und Kelly 2016). Damit geht auch eine erhöhte Bereitschaft einher, sich für das Team im Sinne von OCB einzusetzen. Diese positive Wirkung negativer Emotionen ist fürdie Arbeitszufriedenheit allerdings nicht nachvollziehbar, da die Arbeitszufriedenheit nicht als „Austauschressource“ betrachtet werden kann. Dem entsprechen die empirischen Daten, die erwartungsgemäß bestätigen, dass sich negative Emotionen signifikant negativ auf die Arbeitszufriedenheit auswirken.

Latente, unterdrückte negative Emotionen können den gegenteiligen Effekt haben: Sie können das Ergebnis schlechter Austauschbeziehungen sein oder im Sinne der AET die Folge negativer affektiver Ereignisse, die wiederum die Einstellungen und Verhaltensweisen (wie zum Beispiel die Arbeitszufriedenheit, das organisationale Commitment und das OCB) beeinflussen (Weiss und Cropanzano 1996).

Diese beiden möglichen Wirkmechanismen erklären die Insignifikanz der Zusammenhänge zwischen negativem Affekt und organisationalem Commitment beziehungsweise OCB auf individueller Ebene. Zukünftige Forschungen, die die Wirkung negativer Emotionen untersuchen, sollten als moderierenden Faktor das Ausmaß der Offenheit im Umgang mit Emotionen berücksichtigen.

Auf Gruppenebene ist die Wirkung des negativen Affekts und damit die Erklärung der Insignifikanz des negativen Affekts als Prädiktor von Teamergebnissen ähnlich. Geteilte negative Emotionen auf Gruppenebene als Charakteristika des Intra-Gruppenaustauschs können ebenso als zusammenschweißendes Element wirken und so den Zusammenhalt und die Gruppeneffektivität steigern. Dafür ist aber insbesondere die Quelle der negativen Emotionen entscheidend, ob sie innerhalb oder außerhalb des Teams liegt. Bei internen Ursachen ist eher von einer destruktiven Wirkung auszugehen; externe Ursachen für negative Stimmung können hingegen als Ansporn wirken, einen „gemeinsamen Feind zu bekämpfen“, „gemeinsam stark zu sein“ und so den Teamerfolg durchaus auch positiv beeinflussen. Diese moderierende Wirkung der „Quelle“ des negativen Affekts im

Team wurde auch bereits von Knight und Eisenkraft (2015) in einer Metastudie zu moderierenden Kontextfaktoren der Wirkung des negativen Affekts auf soziale Integration und Task Performance empirisch belegt.

Außerdem können negative Emotionen und Unzufriedenheit im Team – sofern sie konstruktiv ausgetauscht und hinterfragt werden – Anlass geben zu positiven Veränderungen im Sinne von Konfliktbeseitigung, Problembehebung und Effizienzsteigerung. Ein Team, in dem eine ausschließlich heiter-positive Stimmung herrscht, wird immer in alten Mustern verharren und keine Weiterentwicklung erfahren (Yang und Kelly 2016, Tsai et al. 2012). Dies steht im Einklang mit den Erkenntnissen der Neurowissenschaft und Sozialpsychologie, die zeigen, dass für bestimmte Aufgabenstellungen eine bestimmte Stimmungslage förderlich ist und insbesondere der gezielte Wechsel zwischen positiven, gedämpften und negativen Stimmungen erst die Nutzung des gesamten natürlich angelegten Verhaltensrepertoires des Menschen ermöglicht (siehe zum Beispiel die PSI-Theorie von Kuhl (2001) sowie die Ausführungen dazu in Kapitel 2.2.3). Das heißt, insbesondere wenn es darum geht, Probleme zu erkennen und alte Muster zu durchbrechen, ist eine überschwänglich positive Grundstimmung eher hinderlich. Negative Emotionen sollten also nicht unterdrückt werden, sondern im Sinne der Teamentwicklung gezielt genutzt werden.Yang und Kelly (2016) beschreiben, wie das soziale Teilen von negativen Emotionen positive kollektive Effekte haben kann.

Unterdrückte oder zwischenmenschliche negative Emotionen im Team, die nicht geteilt oder gelöst, sondern individuell aus unterschiedlichen Gründen empfunden werden, sind hingegen dysfunktional für die Gruppeneffektivität, erhöhen das destruktive Konfliktpotenzial, verstärken kontraproduktive Verhaltensweisen (siehe auch Matta et al. 2014) und schmälern somit die Leistungsfähigkeit von Teams.

Aufgrund dieser beschriebenen potenziell gegensätzlichen Wirkungen negativer Emotionen im Team ist die Insignifikanz des negativen Gruppenaffekts auf Gruppenebene nachvollziehbar. Zukünftige Studien zur Wirkung negativen Gruppenaffekts sollten potenzielle moderierende Faktoren wie die Ursache (intern/extern) ebenso wie der Umgang mit den negativen Emotionen im Team (konstruktiv zur Weiterentwicklung, destruktiv zum offenen Ausleben von Konflikten oder unterdrückt) mitberücksichtigen.

9.1.2 Affekt als Mediator für den Zusammenhang zwischen sozialen Beziehungen und individueller und kollektiver Leistungsfähigkeit

Die empirische Studie hat gezeigt, dass der individuelle arbeitsbezogene positive Affekt als partieller Mediator des Zusammenhangs zwischen individueller LMX- und TMX-Qualität und individuellen Einstellungen- und Verhaltensweisen fungiert. Dies entspricht dem aufgestellten Forschungsmodell, dass LMX- und TMX-Qualität entsprechend der SET (Homans 1961, Thibaut und Kelley 1959, Blau 1964, Foa und Foa 1980) und der AET (Weiss und Cropanzano 1996) einerseits direkt über die kognitive Bewertung und der damit einhergehenden gefühlten Verpflichtung zur Reziprozität auf diese Outcome-Faktoren wirken sowie andererseits indirekt, indem sie den Rahmen für positive oder negative Austauschereignisse setzen (Lawler und Thye 2006), die wiederum emotionale Reaktionen hervorrufen und dadurch auf Einstellungen und Verhaltensweisen Einfluss nehmen.Einziger Ausreißer diesbezüglich war die OCB-Dimension Sportsmanship, die lediglich indirekt über den positiven und negativen Affekt von LMX und TMX beeinflusst wurde. Dies könnte ein Hinweis darauf sein, dass die Sportsmanship-Verhaltensweisen entsprechend der AET ausschließlich emotionsgetriebenes Verhalten abbilden und deshalb nur über die Affektkomponenten beeinflusst werden (Weiss und Cropanzano 1996).

Auf Gruppenebene hingegen zeigten die empirischen Ergebnisse, dass der direkte Effekt zwischen durchschnittlicher LMX- und TMX-Qualität auf die Gruppenwirksamkeit und die subjektive Leistung nicht signifikant ist. Dies spricht für eine vollständige Mediation des Zusammenhangs der LMX- beziehungsweise TMX-Qualität im Teamund diesen beiden Indikatoren der Leistungsfähigkeit. Das heißt, auf Gruppenebene wirken die durchschnittliche LMX- und TMX-Qualität – im Gegensatz zur Individualebene – ausschließlich über die positiven emotionalenWirkungen. Die durchschnittliche LMX- und TMX-Qualität wirken also nicht direkt als Einflussfaktoren der rein sachlich-rationalen Effektivität der Zusammenarbeit, wie zum Beispiel durch effizientere Kommunikation oder Prozessgestaltung, sondern ausschließlich über den affektiven Faktor „positiver Gruppenaffekt“. Dies zeigt, dass die durchschnittliche LMX- und TMX-Qualität als Einflussfaktor der Gruppenergebnisse relevant sind, aber ausschließlich die emotionalen Folgen für das Team wirken, weshalb Führungskräfte eine hohe LMX- und TMX-Qualität im Team anstreben sollten.

Dies entspricht insofern der LMX-Forschung, dass eine Betrachtung der rationalen austauschtheoretisch fundierten Auswirkungen der durchschnittlichen LMX-Qualität der ursprünglichen (dyadischen) Theorie widerspricht (siehe Kapitel 3, Dansereau 1995, Graen und Uhl-Bien 1995, Sparrowe und Liden 1997). Eine effektiv ausgestaltete Zusammensetzung der LMX-Beziehungen im Team im Sinne einer Fokussierung der Führungskraft auf die relevanten Dyaden kann rein rational und aus

Effektivitätsgründen durchaus sinnvoll sein (Henderson et al. 2009, Sparrowe und Liden 1997). Jedoch finden bei dieser Argumentation die emotionalen Wirkungen keine Berücksichtigung. Genau für diese ist, wie die vorliegende Studie gezeigt hat, durchaus die durchschnittliche Beziehungsqualität im Team zu betrachten.

Darüber hinaus könnten sowohl für die„rationalen" als auch „emotionalen" Effekte der LMX- und TMX-Qualität im Team Konstrukte wie die LMX- und TMX-Zusammensetzung Relevanz haben, da diese die Effektivität und mögliche Fairnessaspekte der Teaminteraktionen widerspiegeln können. Erste Hinweise für die Relevanz der LMX-Konfiguration für die Gruppeneffektivität sind in Li und Liao (2014) zu finden. Die Betrachtung der Muster der LMX- und TMX-Konfiguration im Team bietet großes Potenzial für weitere Forschungen.

9.1.3 Der Rankingplatz als objektives Leistungskriterium im Forschungsmodell

9.1.3.1 Operationalisierung der objektiven Performance

Als wenig aussagekräftig erwiesen sich die Ergebnisse hinsichtlich der Zusammenhänge zwischen exogenen Variablenund Rankingplatzes. Die Prognoserelevanz und der Erklärungsbeitrag des Modells auf Gruppenebene für den Rankingplatz als objektivem Leistungskriterium waren zwar signifikant, aber relativ gering. Dies könnte an der Operationalisierung des Konstrukts liegen: In der vorliegenden Studie wurde zur Vergleichbarkeit der Unternehmen der Rankingplatz der Filiale als Kriterium zur objektiven Leistungsmessung herangezogen und für alle Unternehmen auf 27 Rankingplätze standardisiert. Die Wahl des Rankingplatzes als Leistungskriterium zwischen Unternehmen ist mit Schwierigkeiten behaftet, da Unterschiede zwischen Unternehmen nicht berücksichtigt werden. Ein Rankingplatz 1 kann sich in einem generell sehr leistungsschwachen Unternehmen völlig anders darstellen als ein Rankingplatz 1 in einer durchweg leistungsstarken Vertriebsorganisation. Außerdem werden Leistungsunterschiede durch die Standardisierung etwas nivelliert.

Letztlich kann die punktuelle, objektive Leistungsmessung von Vertriebseinheiten und insbesondere bei Filialsystemen grundsätzlich durch Sondereinflüsse, wie zum Beispiel einzelne glückliche Großaufträge, Baustellen vor der Filiale, extrem hoher zufälliger Krankenstand oder die Neueröffnung von Konkurrenzfilialen mit Fehlern, behaftet sein. Um diese Sondereinflüsse zu kontrollieren, wurde zwar im Fragebogen an die Filialleiter die zusätzliche Fragestellung „Gab es Sondereinflüsse, die Ihre Zielerreichung im letzten Jahr stark beeinflusst haben?" ergänzt, die Antworten spiegelten – wenn überhaupt welche angegeben wurden – allerdings in erster Linie großpolitische, flächendeckende Einflüsse wider, die für alle Filialen des Unternehmens relevant waren.

Im Idealfall sollten zukünftige Forschungsstudien entweder Stichproben heranziehen, die eine hohe Anzahl von Gruppen aus einem Unternehmen anstelle von mehreren verschiedenen enthalten oder die Auswahl der Unternehmen nach Ähnlichkeit der Unternehmenskultur, Leistungsstand und Spannweite der Leistungsstärke der einzelnen Teams vornehmen. Alternativ dazu würden sich objektive Leistungskriterien wie Umsatzzielerreichung, Erreichung des angestrebten Deckungsbeitrags oder Fluktuation anbieten. Diese sind jedoch einerseits nur schwer zugänglich und andererseits ebenfalls mit möglichen Fehlern behaftet, da die Unternehmenskultur der Zielformulierung verzerrend wirken kann. Aspekte, die hier ebenfalls zu Unternehmensunterschieden führen können und die es zu berücksichtigen gilt, sind beispielsweise: Werden die Ziele möglichst hoch oder möglichst realistisch gesteckt? Und wie sehr wird auf regionale Besonderheiten geachtet?

9.1.3.2 Mediationseffekt zwischen TMX und Rankingplatz

Die empirischen Ergebnisse zeigten eine Auffälligkeit hinsichtlich des Mediationszusammenhangs TMX – positiver Gruppenaffekt – Rankingplatz. Der direkte Zusammenhang zwischen TMX und Rankingplatz war signifikant positiv, was bedeutet, je besser die durchschnittliche TMX-Qualität im Team umso höher, das heißt schlechter, der Rankingplatz. Dies würde eine negative (rationale) Auswirkung der TMX-Qualität im Team auf die objektive Teamperformance bedeuten. Beobachtbare Phänomene aus der Teamforschung wie Group Think (Janis 1982) wären eine potenzielle Erklärung für dieses Ergebnis. Je höher die Austauschqualität im Team, umso wohler fühlen sich die Mitarbeiter und desto geringer ist die Unsicherheit und Bedrohung, die durch geringe Leistung empfunden wird. Dementsprechend kann dies zu einer geringeren individuellen Motivation im Team und höheren Risikobereitschaft führen, was sich in einer schlechteren objektiven Teamperformance niederschlagen kann. Der indirekte (emotionale) Zusammenhang jedoch ist wie erwartet negativ: Eine hohe TMX-Qualität führt zu einer ausgeprägteren positiven Grundstimmung im Team und diese führt wiederum zu einem besseren (niedrigeren) Rankingplatz. Dies ergänzt die teilweise inkonsistenten Forschungsergebnissen in der Literatur, in denen einerseits ein signifikant positiver Einfluss des TMX auf die Teamleistung (Dierdorff et al. 2011, Liu et al. 2011, Jordan et al. 2002, Seers et al. 1995) und andererseits kein signifikanter Zusammenhang gefunden werden konnte (Kamdar und van Dyne 2007).

Aufgrund der Limitationen der Aussagekraft der Messung der objektiven Performance und der mäßigen Gesamtergebnisse des Modells für den Rankingplatz sind keine verallgemeinerungsfähigen Rückschlüsse hinsichtlich einer abschließenden Evaluation der Zusammenhänge zu ziehen und weitere Forschungen notwendig. Zukünftige Forschungen sollten jedoch folgende Aspekte in Betracht ziehen:

- Welche Kontextfaktoren moderieren den Zusammenhang zwischen TMX und objektiver Leistung? Bisherige Studien untersuchten hier insbesondere die Aufgabeninterdependenz im Team (Alge et al. 2003) oder die Qualität der von der Führungskraft zur Verfügung gestellten Ressourcen (Farh 2017).
- Existiert ein umgekehrt U-förmiger Zusammenhang zwischen TMX-Qualität im Team und objektiver Teamperformance (siehe Golden 2006)?
- Wie unterscheiden sich die Zusammenhänge für unterschiedliche objektive Performance-Kriterien?

9.2 Limitationen

9.2.1 Objektive Performance-Kriterien

Die Aussagekraft der Studie für objektive Performance-Kriterien ist, wie in 9.1.3 für die Gruppenebene erläutert, als durchaus begrenzt anzusehen.

Auf individueller Ebene konnten aus mitbestimmungsrechtlichen Gründen gar keine objektiven Leistungskennzahlen erhoben und berücksichtigt werden. Allerdings stellen die untersuchten Ergebnisvariablen der Mitarbeiterzufriedenheit, Organisationales Commitment und OCB durchaus auch Zielvariablen für Unternehmen im War for Talents dar. Darüber hinaus können diese Ergebnisvariablen auch einen engen Zusammenhang mit objektiven Kennzahlen wie der objektiven Vertriebsperformance und der Fluktuationsrate, die insbesondere in Vertriebsorganisationen ein sehr erfolgskritischer Faktor sein kann, aufweisen. Trotzdem wäre es für zukünftige Studien interessant, auch individuelle Leistungskriterien – sowohl objektive Kennzahlen als auch die Leistungsbeurteilung durch den Vorgesetzten – als Zielvariablen zu betrachten und deren Abhängigkeit von emotionalen und sozialen Faktoren zu untersuchen.

Auf Gruppenebene wurde zwar der Rankingplatz als objektives Leistungskriterium analysiert, jedoch ist dieser und die damit zusammenhängenden Ergebnisse, wie in 9.1.3 erläutert, mit einigen Limitationen verbunden. Als Indikatoren für die subjektive Leistungsfähigkeit beziehungsweise Leistung wurde einerseits die Gruppenwirksamkeit bewertet durch die Mitarbeiter sowie andererseits die Leistungsbeurteilung der Filiale durch den Vorgesetzten herangezogen.

Wenn bei der letzteren keine gravierenden Messfehler durch unehrliche Antworten entstanden sind, sollte diese aufgrund der Formulierung der Items nahe an den objektiven Ergebnissen liegen („In der Regel erreichen wir unsere Ziele.“), weshalb diese Leistungsbeurteilung als geeignete, zwischen Unternehmen vergleichbare Alternative zu objektiven Kennzahlen anzusehen ist. Wenn möglich, sollten zukünftige Forschungen versuchen, anhand von Performancekennzahlen objektiv vergleichbare Einheiten, idealerweise ausschließlich Einheiten eines Unternehmens, als Stichprobe mit entsprechenden objektiven Leistungskennzahlen heranzuziehen.

Die Gruppenwirksamkeit als Indikator für die Leistungsfähigkeit eignet sich insoweit, dass Studien gezeigt haben, dass diese ein signifikanter Einflussfaktor für objektive Ergebnisse ist (Guzzo et al. 1993, Stajkovic et al. 2009).

9.2.2 Methodik

Zur Überprüfung der Hypothesensysteme wurden Strukturgleichungsmodelle eingesetzt. Diesen wird als Kritikpunkt immer wieder – ebenso wie Regressionsmodellen – vorgeworfen, dass sie einen Ursache-Wirkungszusammenhang suggerieren, der durch die reine Datenanalyse jedoch nicht belegt ist (siehe zum Beispiel Weiber und Mühlhaus 2014). Aufgrund der hier sehr ausführlichen theoretischen Herleitung der Ursache-Wirkungs-Zusammenhänge wurde dieser Problematik jedoch ausreichend Rechnung getragen. Trotzdem ist davon auszugehen, dass in der Realität spiralförmige Wirkungen auftreten können – insbesondere bei der Betrachtung von Beziehungsqualität, Emotionen und Leistung, da diese sich durchaus wechselseitig beeinflussen können: Nicht nur können positive Beziehungen Emotionen hervorrufen, geteilte Emotionen und positive Austauscherfahrungen können im Zeitablauf ebenso die Beziehungsqualität verbessern. Gleiches gilt für Emotionen und Leistung. Gefühlte Erfolge sorgen für positive Emotionen, Misserfolge für negative. Es ist jedoch davon auszugehen, dass die Beziehungsqualität zeitlich vor langfristig andauernden Erfolgen oder Misserfolgen wirkt. Außerdem stellen Beziehungen und Emotionen beeinflussbare Aspekte dar, während der Erfolg nur indirekt beeinflussbar ist. Für die vorliegende Problemstellung ist also die hier untersuchte Wirkungsrichtung, die der SET und der AET entspricht, die relevante. Zur Klärung möglicherreziproker Zusammenhänge und der damit zusammenhängenden Dynamik zwischen Beziehungen, Emotionen und Leistungsfähigkeit wären zukünftige Längsschnittstudien oder qualitative Untersuchungen wünschenswert.

Im Speziellen wurde zur Berechnung der Strukturgleichungsmodelle ein varianzbasiertes Verfahren, die Partial Least Squares Methodik, eingesetzt, welche in der Forschung inzwischen zwar anerkannt ist und sich in den letzten Jahren einer stärkeren Verbreitung erfreute, aber immer noch bei manchen Forschern, insbesondere bei Verfechtern der kovarianzbasierten Verfahren, umstritten ist (siehe zum Beispiel Rönkkö und Evermann 2013). Die von Rönkkö und Evermann (2013) angesprochenen Kritikpunkte wurden ausführlich von Henseler et al. (2014) aufgegriffen und diskutiert. Zu früheren Zeitpunkten kritisierte Aspekte wurden im Rahmen der Forschung in den letzten Jahren weiterentwickelt und stark verbessert.

Generell ist festzuhalten, dass die PLS-Methodik nicht als konkurrierender Ansatz zu kovarianzbasierten konzipiert wurde und als solcher auch nicht zu verstehen ist (Lohmöller 1989). Vielmehr gibt es Charakteristika von Forschungsvorhaben, denen die eine oder die andere Methodik besser gerecht werden kann (Bliemel et al. 2005). Diese Entscheidungskriterien und die Begründung der Entscheidung wurden ausführlich in Kapitel 6.6.2 dargelegt.

Hair et al. (2011) bringen die Unterscheidung und die Empfehlung, wann welche Methodik zu empfehlen ist auf den Punkt (S. 144):

> *"If the goal is predicting key target constructs or identifying key 'driver' constructs, select PLS-SEM.*
> *If the goal is theory testing, theory confirmation, or comparison of alternative theories, select CB-SEM.*
> *If the research is exploratory or an extension of an existing structural theory, select PLS-SEM."*

Der Fokus der Arbeit liegt eindeutig auf der ersten hier formulierten Zielsetzung sowie auf Gruppenebene darüber hinaus auf der dritten Zielsetzung. Demnach ist die Entscheidung für die PLS-Methodik als gerechtfertigt und zielführend zu erachten.

9.2.3 Stichprobe und Datenerhebung

Aus den vorangegangenen Ausführungen ergaben sich bereits Hinweise auf Limitationen der hier herangezogenen Stichprobe und der Methodik der Datenerhebung, deren Implikationen bereits erläutert wurden:

- Die Anlage der Studie als rein quantitative Querschnittsanalyse ermöglichte keine Untersuchung der Dynamik und damit zusammenhängenden möglichen reziproken Zusammenhängen sowie die Identifikation potenzieller Grenzbedingungen und moderierender Kontextfaktoren, die sich nur im Rahmen von Längsschnittstudien oder qualitativen Untersuchungen klären lassen würden.
- Die Stichprobe auf Gruppenebene weist einige Limitationen für ihre Verallgemeinerungsfähigkeit auf, da es sich hier mit 95 Einheiten aus vier Unternehmen umeine kleine und darüber hinaus auch noch teilweise heterogene Stichprobe handelt. Dementsprechend eignet sich diese Stichprobe nur bedingt für allgemeine Rückschlüsse und Aussagen, vielmehr gibt sie Hinweise auf wahrscheinliche allgemeingültige Zusammenhänge in dem spezifischen Kontext dezentraler Vertriebseinheiten. Da auf Gruppenebene diese Studie auch eher als explorativ angesetzt wurde, entspricht dies dem ursprünglichen Forschungszweck. Zukünftige Untersuchungen sollten die Zusammenhänge einerseits in anderen Unternehmenskontexten

und andererseits idealerweise mit einer größeren Anzahl vergleichbarer Einheiten beleuchten.

Darüber hinaus ergeben sich durch das spezifische Vorgehen bei der Datenerhebung forschungsökonomische Kompromisse, die sich als Limitationen der Studie niederschlagen:

- Durch die Aggregation der Daten auf Gruppenebene gingen Informationen wie die Konfiguration von LMX- und TMX-Qualitäten im Team verloren, ebenso wie mögliche unterschiedliche Gewichtungen von einzelnen Mitgliedern im Team. Eine Berücksichtigung dieser würde allerdings einen anderen Forschungsschwerpunkt bedeuten und entspräche nicht mehr den hier vorliegenden Forschungsfragen. Daraus können sich aber interessante Themen und Konstrukte für zukünftige Untersuchungen ergeben.
- Die Messung der latenten Variablen zeigte an einzelnen Stellen Auffälligkeiten, die als limitierende Faktoren zu erwähnen sind. Insbesondere die eingesetzte Skala zur TMX-Messung wies eher schlechte Gütekriterien auf, weshalb drei der Items, die das gegenseitige Feedback abbildeten, eliminiert wurden. Vorangegangene Studien, wie beispielsweise von Trippel (2012), zeigten ähnliche Schwierigkeiten mit dem Konstrukt. Es liegt nahe, dass die Feedback-Komponente nur in bestimmten Kontexten sinnvoll eingesetzt werden kann, da in vielen Unternehmenseinheiten generell wenig Feedback gegeben wird, das heißt, Feedback keinen wesentlichen Bestandteil der Zusammenarbeit darstellt. Für die zukünftige Forschung sollte eine Neukonstruktion einer insbesondere deutschsprachigen TMX-Skala in Erwägung gezogen werden. Dabei könnte eine Anlehnung an die Dimensionen der LMX-MDM Skala vielversprechend sein anstelle einer Fokussierung auf Feedback und gegenseitige Unterstützung. Dadurch könnte die bislang sehr zurückhaltende TMX-Forschung im deutschsprachigen Raum möglicherweise verstärkt werden.
- Eine vergangenheitsbezogene Emotionsmessung, wie sie in der vorliegenden Studie angewandt wurde, könnte dahingehend kritisiert werden, dass sie zu Verzerrungen führen kann, insofern, dass aktuelle Emotionen stärker in die Bewertung einfließen als länger zurückliegende. Aus forschungsökonomischen Gründen kam jedoch keine alternative Messung in Frage. Durch die Konstruktdefinition als langfristig angelegte und auch als solche erfragte emotionale Grundstimmung, die sich im Zeitablauf wenig ändert, sollte die Verzerrung jedoch minimal sein.

9.3 Beitrag der Studiefür die Forschung

9.3.1 Konzeptioneller Beitrag

Der konzeptionelle Beitrag stellt sicherlich den Schwerpunkt dieser Arbeit dar. Im Rahmen der Ableitung des Forschungsmodells wurde durch die intensive Auseinandersetzung mit der Relevanz und Wirkungsweise von Emotionen eine weiterführende Perspektive auf Emotionen in Unternehmen aufgezeigt, insbesondere durch die interdisziplinäre Herleitung der Bedeutung von Emotionen sowie die Klassifikation von Emotionen in Unternehmen nicht nur auf verschiedenen personellen Ebenen, sondern auch im Hinblick auf zeitliche Ebenen.

Die angestellte Verknüpfung der sozialen Austauschtheorie mit den Ansätzen der Emotionsforschung, und im Speziellen der Affective Events Theorie (Weiss und Cropanzano 1996), dem Konzept der emotionalen Ansteckung (Hatfield et al. 1994) sowie dem daraus resultierenden Phänomen des Gruppenaffekts (Barsade 2002, Barsade und Knight 2015, Collins et al. 2013), liefert ein tiefergehendes Verständnis für die direkte und indirekte Wirkungsweise von Austauschbeziehungen auf Verhaltensweisen und Einstellungen von Mitarbeitern ebenso wie für die Leistungsfähigkeit von Unternehmenseinheiten. Darüber hinaus geht daraus hervor, welche Rolle emotionale Faktoren dabei spielen, die in der betriebswirtschaftlichen Forschung immer noch zu wenig Beachtung finden.

Die ausführliche Auseinandersetzung mit dem Rahmenkonzept der Sozialen Austauschtheorie und der Bedeutung, die Emotionen dabei zukommt, ergänzt das in der Literatur bestehende theoretische Gerüst einer „Social Exchange Theory of Emotions" (Lawler und Thye 2006) durch die explizite Anwendung auf Führungs- und Teambeziehungen in Vertriebseinheiten.

Die Betrachtung und die Bestätigung der Relevanz der durchschnittlichen LMX-Qualität im Team könnte als teilweiser Widerspruch zur klassischen LMX-Theorie betrachtet werden. Diese besagt, wie in Kapitel 3 erläutert, dass Führungskräfte aufgrund knapper Ressourcen nicht zu allen Mitarbeitern qualitativ hochwertige Beziehungen aufbauen können und deshalb nur zu einzelnen Mitarbeitern eine qualitativ hochwertige, echte soziale Austauschbeziehung aufbauen (in-group, Dansereau 1995, Graen und Uhl-Bien 1995). Langfristig betrachtet muss diese Annahme jedoch nicht zutreffen. Gelingt es einer Führungskraft, mit möglichst allen Mitarbeitern eine qualitativ hochwertige Beziehung aufzubauen, kann dies sogar Ressourcen der Führungskraft freisetzen, weil die Kommunikation, Abstimmung und Zusammenarbeit effektiver und einfacher wird durch das stabile zugrundeliegende Beziehungsgerüst. Dementsprechend muss das Ziel einer nachhaltig erfolgreichen und effektiven Führung im Sinne der LMX-Theorie sein, zu möglichst vielen Mitarbeitern eine möglichst gute Beziehung im Zeitablauf aufzubauen. Dies entspricht der Forderung der aktuelleren

LMX-Literatur (Graen und Uhl Bien 1995, dritte Entwicklungsstufe der LMX-Forschung, siehe Kapitel 3.3.1).

Da in der Forschung das Konstrukt der durchschnittlichen LMX-Qualität kaum Beachtung findet, besteht hier eindeutig Potenzial für zukünftige Studien hinsichtlich der Entwicklung der durchschnittlichen LMX-Qualität im Team in Kombination mit der LMX-Differenzierung und der LMX-Konfiguration imZeitablauf sowie deren dynamischer Konsequenzen.

Entsprechend der hier vorliegenden empirischen Ergebnisse auf Gruppenebene scheint insbesondere die emotionale Wirkung der durchschnittlichen LMX- beziehungsweise TMX-Qualität im Team relevant zu sein, weshalb dieser mehr Aufmerksamkeit im Rahmen zukünftiger Forschungen geschenkt werden sollte (siehe auch Kapitel 9.1.2).

9.3.2 Empirischer Beitrag

Die Ergebnisse der empirischen Untersuchung bestätigen die Ergebnisse der bestehenden Forschung (siehe Kapitel 3.3) dahingehend, dass sowohl LMX als auch TMX auf individueller Ebene die Einstellungen und Verhaltensweisen von Mitarbeitern signifikant beeinflussen. Die Ergebnisse der empirischen Studie ergänzen die bestehenden Erkenntnisse insofern, dass ein Teil des Einflusses der Austauschbeziehungen indirekt über den arbeitsbezogenen Affekt mediiert werden, der ebenfalls signifikant Einfluss auf die individuellen Einstellungen und Verhaltensweisen nimmt. Damit wird eine empirische Bestätigung der grundlegenden Annahmen der Sozialen Austauschtheorie nach Homans (1961), Thibaut und Kelley (1959) und Lawler und Thye (1999, 2006) und der Affective Events Theorie von Weiss und Cropanzano für Vertriebsmitarbeiter geliefert.

Darüber hinaus konnte gezeigt werden, dass die durchschnittliche LMX- und TMX-Qualität im Team sich – jedoch ausschließlich indirekt über den positiven Gruppenaffekt – auf die Gruppenwirksamkeit und subjektive Performance von Verkaufseinheiten auswirken.Dies spricht für die Relevanz der durchschnittlichen LMX- und TMX-Qualität über ihre emotionale Wirkungin Teams im Allgemeinen und belegt diese im besonderen Kontext von Vertriebseinheiten. Weder die emotionalen Komponenten noch die Konstrukte der durchschnittlichen LMX- und TMX-Qualität finden in der empirischen Organizational Behavior Forschung bislang ausreichend Beachtung. Zukünftige Studien sollten eine Berücksichtigung dieser Konstrukte auf Gruppenebene verstärkt in Betracht ziehen.

Darüber hinaus leistendie empirischen Ergebnisseeinen Beitrag zur Lösung bestehender Unklarheiten in der Literatur bezüglichder Rolle des negativen Affekts sowie der LMX-Differenzierungbei.

Lediglich für die Mitarbeiterzufriedenheit und die OCB-Facette Sportsmanship stellt der negative Affekt einen (linearen) signifikanten Einflussfaktor dar. Für alle Ergebnisvariablen auf Gruppenebene und das individuelle Commitment sowie die anderen OCB-Dimensionen hingegen nicht. Diese Ergebnisse geben Anlässe für zukünftige Forschungen, bestimmte Kontextfaktoren oder neue Charakteristika bei der Untersuchung der Rolle von negativem Affekt zu berücksichtigen, wie zum Beispiel die Quellen des negativen Affekts (intern vs. extern), der Zeitpunkt im Gruppenlebenzyklus (Knight und Eisenkraft 2015), die Dauer negativer Emotionen (kontinuierliche Grundstimmung vs. relativ kurze negative Impulse) oder das Verhältnis positiv zu negativem Affekt sowie mögliche Mediationseffekte über den Zusammenhalt, Effektivität der Zusammenarbeit, Konfliktpotenzial oder die Zufriedenheit im Team. Außerdem bleibt zu untersuchen, ob für den negativen Affekt ein nicht-linearer Zusammenhang mit Ergebnisfaktoren, zum Beispiel in Form eines umgekehrt U-förmigen Zusammenhangs, besteht.

Die hier vorliegenden Ergebnisse bestätigen keinen signifikanten Einfluss der LMX-Differenzierung, was zu den gemischten Ergebnissen in der bestehenden Literatur passt (siehe Kapitel 3.3.1.2, Harris et al. 2014, Le Blanc und González-Romá 2012, Henderson et al. 2009, Liden et al. 2006, Ford und Seers 2006). Auch hier wird von gegensätzlichen potenziellen Auswirkungen ausgegangen (siehe zum Beispiel Henderson et al. 2009, Li und Liao 2014, Ford und Seers 2006, Harris et al. 2014), die sich – wie auch in der vorliegenden Studie – auszugleichen scheinen, weshalb kein signifikanter Zusammenhang gefunden wurde. Letztlich ist dieses Ergebnis aber mit Vorsicht zu betrachten aufgrund der fehlenden Werte auf Gruppenebene, die besonders die Ergebnisse für die LMX-Differenzierung verzerrt haben könnten. Diese gegensätzlichen Wirkungsmechanismen gegebenenfalls über Mediatoren (wie Gerechtigkeitsempfinden oder individuelle Motivation) unter bestimmten Bedingungen (wie zum Beispiel Gruppengröße, Persönlichkeiten der Teammitglieder, Art der Teamzielformulierung, Aufgabeninterdependenz und Teamkoordination) sollten Gegenstand weiterer Forschungen sein, um klären zu können, ob und wann eine LMX-Differenzierung positiv wirken kann oder sie zu vermeiden beziehungsweise einzuschränken ist.

9.4 Implikationen für die Unternehmenspraxis

9.4.1 Für Führungskräfte: Bewusste Beziehungs- und Emotionsgestaltung als eine zentrale Führungsaufgabe

Es konnte gezeigt werden, dass Führungskräfte durch die Gestaltung ihrer Austauschbeziehungen zu ihren Mitarbeitern maßgeblich deren Einstellungen und Verhaltensweisen beeinflussen. Außerdem konnte gezeigt werden, dass der individuelle arbeitsbezogene Affekt von Mitarbeitern stark von den Beziehungen zum Vorgesetzten und zu Kollegen abhängig ist und dieser ebenfalls Einfluss auf die Einstellungen und Verhaltensweisen nimmt. Dabei spielt der positive Affekt eine bedeutendere Rolle, während negativem Affekt eine zwiespältige Wirkung zuzuschreiben ist.

Darüber hinaus konnte gezeigt werden, dass sich die durchschnittliche Führungs- und Teambeziehungsqualität auch auf Gruppenebene positiv im Sinne der Leistungsfähigkeit der Einheit auswirken. Eine herausragende Bedeutung für die Leistungsfähigkeit auf Gruppenebene nimmt der positive Gruppenaffekt ein, während der negative Affekt keine eindeutig positive oder negative Auswirkung hat.

Der empirisch belegte enge Zusammenhang zwischen LMX- und TMX-Qualität auf individueller und kollektiver Ebene weist darauf hin, dass Führungskräfte nicht nur auf die Qualität der Beziehungen zu ihren Mitarbeitern Einfluss nehmen können, sondern indirekt auch auf die Beziehungen ihrer Mitarbeiter untereinander durch ihre Vorbildfunktion bei der Gestaltung von Beziehungen. Dementsprechend gelten die folgenden Ausführungen nicht nur für die direkten Führungsbeziehungen, sondern auch für die Beziehungen im Team.

Die durch die empirische Studie belegte Relevanz der Beziehungsqualität im Team und des arbeitsbezogenen Affekts für individuelle und kollektive Ergebnisse stützt die Erkenntnisse der interdisziplinären Literaturrecherche über die Bedeutung von Beziehungen und Emotionen in Organisationen heute (siehe Kapitel 2). Daraus lässt sich eine Konkretisierung der Anforderungen an erfolgreiches und zeitgemäßes Führungsverhalten aus Kapitel 2 ableiten:

Eine zentrale Führungsaufgabe von Führungskräften in Organisationen heute ist eine bewusste und gezielte Gestaltung von Beziehungen und Beeinflussung von Emotionen.

Tatsächlich geht dieser Aspekt der Führungsarbeit in Unternehmen viel zu häufig im Tagesgeschäft unter – und das, obwohl Führungskräfte den Großteil ihrer Arbeitszeit in Meetings und Interaktionen mit anderen Menschen verbringen, die jedoch mehr Ressourcen verschwenden, als ihren eigentlichen Zweck, Innovation und Zusammenarbeit zu fördern, zu erfüllen (Mintzberg 1973, Perlow et al. 2017). Die meisten Führungskräfte nehmen sich keine Zeit, sich explizit ihre Beziehungen in ihrem Führungsumfeld und die den Arbeitsalltag prägenden Emotionen sowie deren Konsequenzen bewusst zu machen und darauf aktiv und gestaltend Einfluss zu nehmen.

Dies liegt zwar einerseits daran, dass der Arbeitsalltag, immernoch geprägt von Hierarchiedenken und Top-Down-Mechanismen, chronischer Zeitknappheit und hoher Dynamik,Führungskräfte zu sehr in eine reaktive –anstelle einer gestalterischen – Rolle drängt. Dadurch kostet es sehr viel Selbstdisziplin und auch Überwindung, sich aus dem Tagesgeschäft herauszuziehen und sich mit den – wie die Studie gezeigt hat – relevanten zwischenmenschlichen und emotionalen Faktoren zu beschäftigen.

Andererseits scheint es für viele Manager auch schwer zu sein, im Arbeitsalltag relevante Beziehungsaspekte und Stimmungen zu erkennen und zu analysieren. Hier herrscht in Unternehmen noch großer Nachholbedarf dahingehend, Führungskräften in Form von Tools und Systemen oder Möglichkeiten zur Nutzung von Sparringspartnern für solche Themen Unterstützung anzubieten und dadurch die Auseinandersetzung mit Beziehungen und Stimmungen im Unternehmen zu erleichtern und einzufordern. Insbesondere die Möglichkeit mit einem Sparringspartner an diesen Themen zu arbeiten, ist vielversprechend, da so eine höhere Verbindlichkeit, eine objektivere Sichtweise und kreativere Verbesserungsansätze realisiert werden können. Dabei kann sowohl der direkte Vorgesetzte als auch ein externer Coach oder ein vertrauter Kollege als Sparringspartner fungieren.

Nun stellt sich aber noch die Frage, wie Führungskräfte Beziehungen und Emotionen beeinflussen sollten. Die Ergebnisse der Studien haben gezeigt, dass eine hohe LMX-Qualität individuell wie auch im Teamdurchschnitt positive Auswirkungen auf den individuellen und kollektiven Affekt sowie auf individuelle und kollektive, wünschenswerte Ergebnisfaktoren hat.

Demnach sollten Führungskräfte versuchen, eine möglichst hohe LMX-Qualität mit möglichst allen Mitarbeitern zu entwickeln.

Da Führungskräfte durch ihr eigenes Interaktionsverhalten und die Gestaltung von Rahmenbedingungen auch Einfluss auf die TMX-Qualität im Team nehmen können, lässt sich folgende weitere Implikation für Führungskräfte ableiten:

Führungskräfte sind nicht nur für ihre eigenen Führungsbeziehungen verantwortlich, sondern auch für die gesamte Beziehungsqualität in ihrer Einheit, also auch für Beziehungen zwischen Mitarbeitern.

Aufgrund des starken Einflusses des positiven Affekts auf die Gruppenwirksamkeit und subjektive Performance ergibt sich eine weitere Anforderung:

Führungskräfte sollten für eine positive Grundstimmung in ihrer Einheit sorgen.

Diese können sie nicht nur über die Beziehungsgestaltung, sondern auch durch den Einsatz ihrer eigenen Emotionen zur emotionalen Ansteckung ihrer Mitarbeiter beeinflussen (siehe zum Beispiel George 1995, Sy et al. 2005) sowie durch die bewusste Gestaltung von Interaktionsepisoden und der darin vorherrschenden Stimmungen im Sinne einer bewussten Nutzung von Emotionen als Kontextfaktor, Austauschressource und Ergebnise von sozialem Austausch im Sinne der „Social Exchange Theory of Emotions“ (Lawler und Thye 2006).

Bezüglich der Beziehungs- und Stimmungsgestaltung gilt aber darauf zu achten, dass kein überzogenes Wohlfühlklima entsteht, das Phänomene wie Group Think (Janis 1982) begünstigt und zu einer schlechteren objektiven Performance führen kann. Dementsprechend bieten die zwiespältigen Wirkungen negativer Emotionen ebenfalls Potenziale für Führungskräfte und deren Verhalten:

Negative Emotionen sollten konstruktiv genutzt und eingesetzt werden.

Aufgrund der potenziell positiven wie auch negativen Wirkung von negativen Emotionen auf individueller und kollektiver Ebene müssen Führungskräfte mit negativen Emotionen besonders „intelligent“ umgehen. Einerseits müssen negative Emotionen konstruktiv aufgegriffen und in positive Energie für fokussierte und detailorientierte Themen umgewandelt werden, um destruktive Wirkungen zu vermeiden. Andererseits müssen negative Emotionen zugelassen und gezielt eingesetzt werden, um eine einseitig positive Stimmung, die Veränderung und Entwicklung hemmt, zu vermeiden und eine stetige Weiterentwicklung vorantreiben zu können.

Da Einheiten von Unternehmen in ein immer komplexer werdendes Netzwerk von Beziehungen eingebettet sind, sind perspektivisch für Führungskräfte nicht nur die Intra-Gruppenbeziehungen und -emotionen relevant und deshalb aktiv zu gestalten, sondern das gesamte Beziehungsnetzwerk, das im Einflussbereich der Führungskraft liegt und für den Erfolg der Einheit sowie des Gesamtunternehmens bedeutend ist.

9.4.2 Für die Auswahl und Entwicklung von Führungskräften: Beziehungskompetenz und emotionale Intelligenz als notwendige Voraussetzung für erfolgreiche Führung

Die Qualität einer Führungskraft lässt sich am besten ander individuellen und kollektiven Qualität und dem Erfolg ihrer Einheit beurteilen. Wenn also entsprechend den Studienergebnissen die Beziehungsqualität und die Emotionen innerhalb eines Teams signifikante Einflussfaktoren auf diese Ergebnisfaktoren sind, müssen „gute“ Führungskräfte in der Lage sein, die Beziehungsqualität und die Emotionen in ihrer Einheit gezielt zu beeinflussen. Deshalb lässt sich folgende Erkenntnis ableiten:

Notwendige Voraussetzungen für erfolgreiche Führung sind Beziehungskompetenz und emotionale Intelligenz.

Anstelle von Beziehungskompetenz wird an dieser Stelle ganz bewusst nicht der Begriff der sozialen Kompetenz verwandt, der in der Regel als Komplex von Fähigkeiten definiert ist, *„die dazu die-*

nen, dem Individuum die Möglichkeit zu geben, in Kommunikations- und Interaktionssituationen, entsprechend den Bedürfnissen der Beteiligten Realitätskontrolle zu übernehmen." (Runde 2017, o.S.)

Der hier gewählte Begriff der Beziehungskompetenz („relational competence", Clark und Matze 1999, „relational skills", Uhl-Bien 2003)geht über die Fähigkeit, situativ angemessen zu reagieren, hinaus. Vielmehr ist damit die Fähigkeit gemeint, Interaktionsketten im Sinne einer positiven langfristigen Entwicklung von stabilen, echten sozialen Austauschbeziehungen zu gestalten. Dafür ist die soziale und emotionale Kompetenz zwar eine Voraussetzung, aber nicht die alleinige. Darüber hinaus sind Verständnis dafür, wie reziproke Beziehungen funktionieren und sich entwickelnsowie das entsprechende Einfühlungsvermögen, um den jeweiligen Status Quo der Beziehung –und nicht nur der Situation – reflektieren und angemessen darauf reagieren zu können, notwendig. Dabei reicht es nicht nur, die eigenen Eins-zu-Eins Beziehungen analysieren und gestalten zu können; auch deren Wirkungen auf Kollektive und Beziehungen in Kollektiven muss verstanden und gezielt beeinflusst werden können (Uhl-Bien 2003). Goleman (2015) beschreibt "Relationship Management" als Subkompetenz der emotionalen Intelligenz, subsummiert aber nicht explizit die bewusste Gestaltungsfähigkeit von Beziehungen, sondern die Fähigkeit, andere Menschen zu entwickeln, inspirierend zu führen, Veränderungen herbeizuführen, Einfluss auszuüben, Konflikte zu managen und Zusammenarbeit zu fördern. Dies greift aber den Aspekt der aktiven, bewusst-strategischen Beziehungsgestaltung nicht auf.

Da wie in Kapitel 5 aufgezeigt Emotionen Bestandteil und Ergebnis von Beziehungen darstellen (Lawler und Thye 1999, 2006), wird hier emotionale Intelligenz als eine der für Beziehungskompetenz, ebenso wie für Sozialkompetenz, relevanten Fähigkeiten betrachtet. Aufgrund der besonderen Bedeutung von Emotionen für Individuen und Gruppen wird sie hier explizit erwähnt. Unter Emotionaler Intelligenz wird im Allgemeinen

> *"a set of skills hypothesized to contribute to the accurate appraisal and expression of emotion in oneself and in others, the effective regulation of emotion in self and others, and the use of feelings to motivate, plan, and achieve in one's life*" (Salovey und Mayer 1990, S. 185)

verstanden. In dieser Bedeutung ist emotionale Intelligenz notwendige Voraussetzung, um andere Menschen und Kollektive zu verstehen und deren emotionale Verfassung zielgerichtet zu beeinflussen.

Bei der Auswahl von Führungskräften sollte demnach nicht nur auf die soziale Kompetenz, sondern verstärkt auf die Beziehungskompetenz und, als ein elementarer Bestandteil dieser, auf die emotionale Intelligenz geachtet werden.

Indikatoren dafür können das persönliche Netzwerk, der familiäre Hintergrund und Referenzen ehemaliger Arbeitgeber und Kollegen sein.Darüber hinaus ist Beziehungskompetenz und die Fähigkeit zur bewussten Gestaltung des Beziehungsnetzwerks und der emotionalen Faktoren im Führungsumfeld ist durchaus zu einem gewissen Grad erlernbar. Dies wird durch den gezielten Einsatz von Emotionen und die bewusste Handlungskontrolle ermöglicht, die die Nutzung bestimmter Gehirnregionenfördern, die wiederum diese Fähigkeiten unterstützen (Storch und Kuhl 2013). Durch die von der Neurowissenschaft nachgewiesene Plastizität des Gehirns werden im Zuge dessen neue neuronale Verbindungen geschaffen, die das Verhaltensrepertoire erweitern können(Peters und Ghadiri 2011, Storch und Kuhl 2013, Becker 2016).

Trainings können dabei theoretische Wirkmechanismen vermitteln sowie pragmatische Tools an die Hand geben. Idealerweise sollte aber zur Führungskräfteentwicklung ein Coaching oder Sparring in Erwägung gezogen werden, womit die Führungskraft im Dialog dabei unterstützt wird, die Beziehungen und Emotionen in ihrer Einheit zu analysieren und zu entwickeln –durch gezielte Emotions- und Handlungskontrolle, um alte Verhaltensmuster zu durchbrechen (Storch und Kuhl 2013).

Dabei sollte es im Sinne der LMX-Theorie, die eben aus Ressourcengründen von unterschiedlich ausgeprägten Beziehungen ausgeht,nicht um einen Optimierungsanspruch, sondern um einen kontinuierlichen Verbesserungsanspruch gehen.

Der Anspruch einer on-the-job Führungskräfteentwicklunghinsichtlich der sozialen und emotionalen Führungskompetenz sollte sein, die durchschnittliche LMX-Qualität im Team sukzessive zu erhöhen, die TMX-Qualität zu verbessern und die positive Grundstimmung zu verstärken. Negative Emotionen sind konstruktiv einzusetzen und aufzugreifen, sodass eine destruktive Wirkung dieser ebenso wie eine einseitig positive Stimmung vermieden wird.

9.4.3 Für die Weiterentwicklung von Vertriebseinheiten: „Weiche“ Faktoren als erstes Mittel der Wahl

DieAusführungen haben die hohe – und sogar gestiegene – Bedeutung von sozialen Beziehungen und Emotionen für Menschen und Organisationen dargelegt. Insbesondere konnte gezeigt werden, dass individuelle und kollektive Unterschiede in der Leistungsfähigkeit von Vertriebseinheiten zu einem relativ großen Anteil dadurch erklärt werden können.

Vor allem in folgender (Unternehmens-)Situation sollten diese Erkenntnisse handlungsleitend für die Weiterentwicklung von Vertriebsorganisationen sein: Wenn in einer Flächenorganisation große Unterschiede zwischen den einzelnen Filialen hinsichtlich ihrer Leistungsfähigkeit(beispielsweise gemessen am Vertriebserfolg, der Kundenzufriedenheit, der Mitarbeiterfluktuation oder dem Engagement der Mitarbeiter) existieren, obwohl die Rahmenbedingungen über alle Filialen hinweg weitgehend standardisiert sind.In dieser Situation ist es besonders vielversprechend, als Ansatzpunkt zur Steigerung der Vertriebsperformance nicht kosten- und zeitintensive strukturelle, strategische oder produktspezifische Veränderungen vorzunehmen, sondern an den „weichen" sozialen und emotionalen Faktoren in den Einheiten anzusetzen.

Eine mögliche Vorgehensweise, um unternehmensspezifische Besonderheiten, wie der relative Einfluss bestimmter Aspekte, in der Entwicklung dieser „weichen" Faktoren zu berücksichtigen, könnte sein, die Beziehungsqualität und emotionale Grundstimmung in den erfolgreichsten Einheiten herauszuarbeiten. Dieses Ergebnis kann dann als Idealbild für die Weiterentwicklung der Beziehungsqualität und affektiven Charakteristika der leistungsschwächeren Einheiten herangezogen und gegebenenfalls zur Ableitung von Best Practices zur Beziehungsgestaltung und emotionalen Beeinflussung genutzt werden.

Da die Studienergebnisse auf nur wenige Anhaltspunkte für starke Unterschiede zwischen Unternehmen verweisen, sind folgende allgemeine Zielrichtungen zur Weiterentwicklung von Vertriebseinheiten im Sinne von Steigerung der Leistung, der Kundenzufriedenheit oder dem Engagement der Mitarbeiter zu empfehlen:

- Verbesserung der individuellen LMX-Qualität und sukzessive Verbesserung der durchschnittlichen LMX-Qualität
- Optimierung der TMX-Qualität zur Steigerung der Gruppeneffektivität, aber Vermeidung von Bequemlichkeit und übersteigerter Risikofreude
- Generierung von positiven Emotionen und einer positiven Grundstimmung im Team für langfristigen Erfolg
- Gezielte Nutzung von negativen Emotionen zum Generieren von Veränderungen und Verbesserungsimpulsen sowie zur Aufrechterhaltung von Motivation.

Diese Art der Weiterentwicklung von Vertriebsorganisationen bietet den Vorteil, nur wenige kostspielige und langwierige personelle und strukturelle Veränderungen vornehmen zu müssen sowie einer unmittelbaren Wirkung auf den Arbeitsalltag. Die Veränderung von Rahmenbedingungen wie Strategie, Organisation oder Produkten muss erst durch neue Prozesse und neues Führungsverhalten in den Arbeitsalltag übertragen werden und kann darüber hinaus bei nicht-Berücksichtigung der sozialen und emotionalen Faktoren zu gleichen Ergebnissen, nämlich einer heterogenen Leistungsfähigkeit über alle Einheiten hinweg, führen.

10 Ausblick aus Sicht einer Unternehmensberaterin

In der vorliegenden Arbeit wurde die Bedeutung von Emotionen und sozialen Beziehungen für Menschen, Einheiten und Organisationen theoretisch interdisziplinär sowie auf Basis aktueller Entwicklungen in der Arbeitswelt begründet und im Kontext von dezentralen Vertriebseinheiten belegt. Daraus konnten Implikationen für das Verhalten von Führungskräften, für die Auswahl und Entwicklung von Führungskräften sowie für die Weiterentwicklung von Vertriebseinheiten abgeleitet werden. Diese Ergebnisse decken sich weitgehend mit den Erfahrungen, die ich in meiner Tätigkeit als Unternehmensberaterin gesammelt habe.

Als Unternehmensberaterin mit dem Schwerpunkt auf einer menschenorientierten Unternehmensentwicklung stellt sich mir darüber hinaus die Frage: Was bedeutet das für ganze Organisationen, die sich, um im heutigen Marktumfeld wettbewerbsfähig zu bleiben, durch eine hohe Komplexität im Sinne von möglichst flexiblen Netzwerkstrukturen, einer hohen Innovationsfähigkeit und einer sehr ausgeprägten Anpassungsfähigkeit auszeichnen?

Aus den Ergebnissen dieser Arbeit könnte man folgende These ableiten: Für die maximale Effektivität einer komplexen Netzwerkorganisation sowie zur Sicherstellung einer hohen Innovations- und Anpassungsfähigkeit eines Unternehmens ist insbesondere das Beziehungsgefüge und die kollektive Stimmung im Unternehmen ausschlaggebend – sofern die strategische Ausrichtung und die organisatorische Aufstellung dies nicht behindern.

Weymes (2003) stellte eine sehr ähnliche These auf, die er – wie ich finde – sehr treffend formulierte:

> *"The success of an organisation is vested in the formation of sustainable relationships, with the primary purpose of leadership being to influence the feelings and emotions of those associated with the organization."* (S.320)

Um in einem Unternehmen, in dem Strategie und Struktur wettbewerbsfähig sind, eine Leistungssteigerung hinsichtlich Mitarbeiterengagement, Effizienz und Effektivität der Zusammenarbeit, Kundenzufriedenheit und objektiver Performanceherbeizuführen, sollten also – ebenso wie in Vertriebseinheiten – Beziehungen und Emotionen ein vielversprechender Hebel sein.

Dabei kann eine Weiterentwicklung der Intra-Gruppenbeziehungen und -emotionen, wie im vorangegangenen Kapitel beschrieben, zur Steigerung der Leistungsfähigkeit der einzelnen Einheiten im Unternehmen und damit zur Verbesserung deren Beiträge zum Gesamtunternehmen dienen.

Auf organisationaler Ebene müsste die Überlegung jedoch noch viel weiter gehen. Neben den Intra-Gruppenbeziehungen und Emotionen auf individueller und kollektiver Ebene müssen hier auch die einheitenübergreifenden und organisationsweiten Beziehungen und Emotionen berücksichtigt werden.Das Zusammenspiel der verschiedenen Akteure einer Netzwerkorganisation, das nur noch teilweise in Form von starren Prozessenund Strukturen zu organisieren ist, ist vom Inter-Gruppenbeziehungsgefüge und den Emotionen zwischen Einheiten sowie der organisationalen Grundstimmung abhängig. Nur mit einem starken Beziehungsgefüge, in dem Führungskräfte, Mitarbeiter und ganze Einheiten konstruktiv zusammenarbeiten – sprich qualitativ hochwertige Austauschbeziehungen pflegen, können komplexe Organisationen effizient und agil funktionieren. So ist die Zusammenarbeit nicht auf ressourcenbindende, die Flexibilität einschränkende und in Netzwerkstrukturen gegebenenfalls nicht kongruente Kontroll- und Steuerungsmechanismen angewiesen. Die Ausführungen (siehe vor allem Kapitel 2, 3 und 4) haben außerdem gezeigt, dass die emotionale Grundstimmung sowie die Qualität der Austauschbeziehungen insbesondere für das Innovationspotenzial, als wichtige Voraussetzung für die Wettbewerbsfähigkeit heute, ausschlaggebend sind. Die Auseinandersetzung mit der Wirkung von positiven und negativen Emotionen betonte die Wichtigkeit eines bewussten Stimmungsmanagements insbesondere zur Generierung von langfristigem Erfolg und kontinuierlicher Veränderung, die auch auf organisationaler Ebene eine wettbewerbskritische, alltägliche Herausforderung darstellt. Die Ergebnisse legen in Kongruenz zu meinen praktischen Erfahrungen nahe, dass eine positive Grundstimmung anzustreben ist, die jedoch durch konstruktive Nutzung negativer Emotionen und punktuelle Eindämmung der positiven Emotioneneine gewisse Spannung und Aufmerksamkeit für potenzielle Gefahren und Veränderungsbedarfe zulässt und Trägheit und Bequemlichkeit unterbindet.

Was heißt das für die Führungskräfte in einem Unternehmen – und für ein „neues" Führungsverständnis? Eine Führungskraft in einem Unternehmen hat durch ihre Interaktionen im Arbeitsalltag einen bestimmten Wirkungskreis, in dem sie die Qualität von Beziehungen und Stimmungen im Sinne der übergreifenden Unternehmensziele beeinflussen kann. Auf organisationaler Ebene ist eine Führungskraft nicht nur Chef einer Einheit, sondern auch Teil des Führungsteams des Unternehmens. Damit ist sie nicht nur für die Beziehungsqualität zwischen ihr und ihren direkten Mitarbeitern verantwortlich, sondern auch – zumindest anteilig – für alle anderen Beziehungen in ihrem Wirkungskreis.

Das schließt einerseits die Beziehungen in ihrer Einheit ein, also den lateralen Austausch ihrer Mitarbeiter untereinander. Der enge Zusammenhang zwischen durchschnittlicher LMX- und TMX-Qualität wurde im Rahmen dieser Studie ebenso wie im Rahmen anderer Studien belegt. Andererseits müsste ihre Vorbildfunktion auch auf die LMX-Beziehungen ihrer Mitarbeiter zu deren Mitarbeitern wirken, weshalb sie dadurch und durch die persönliche Führung ihrer Mitarbeiter auch darauf Einfluss nehmen kann. Darüber hinaus ist sie verantwortlich, einen Gestaltungsbeitrag zu ihren persönlichen Beziehungen zu Kollegen anderer Einheiten zu leisten, ebenso wie zu der Austauschbeziehung mit ihrem eigenen Vorgesetzten. Neben diesen bilateralen Beziehungen ist sie auch verantwortlich für die Austauschbeziehung auf Gruppenebene zwischen ihrer Einheit und anderen Unternehmenseinheiten – ebenso wie für die kollektiven Emotionen, die die Zusammenarbeit zwischen Einheiten prägen. Sogar die Gestaltung von Beziehungen zu Partnern, Lieferanten und Kunden sowie die Beeinflussung deren Emotionen können zum Wirkungskreis einer Führungskraft gezählt werden.

Nimmt man diese Überlegungen als Grundlage für ein neues Führungsverständnis, lässt sich als zentrale Aufgabe von Führungskräften formulieren:

Führung bedeutet, alle Beziehungen und Stimmungen im organisationalen Wirkungskreis im Sinne der Unternehmensstrategie und -ziele bewusst zu gestalten und zu beeinflussen.

Für eine Umsetzung eines solchen Führungsverständnisses im Führungsalltag heißt das,

1. sich über seinen Wirkungskreis Bewusstsein und Transparenz zu verschaffen.
2. die verschiedenen sozialen und emotionalen Elemente qualitativ zu hinterfragen und zu evaluieren.
3. die prägenden und erfolgskritischen Beziehungen und Stimmungen zu identifizieren.
4. leistungshinderliche Aspekte gezielt anzugehen und bewusst durch neues Verhalten, wie beispielsweise neue Ressourcen in den Austauschprozess einzubringen oder neue Emotionen zu wecken und zu verfestigen durch emotionale Ansteckung, Techniken zur Emotionsregulation oder den sozialen Austausch.
5. stabile, leistungstragende und -förderliche Beziehungen und Stimmungen zu pflegen.

Aufgrund der Vielschichtigkeit und Komplexität eines solchen Beziehungsnetzwerks und der emotionalen Gestimmtheiten kann entsprechend einem systemischen Ansatz dabei kein Optimierungsanspruch verfolgt werden. Vielmehr sollten Führungskräfte an einer kontinuierlichen Verbesserung und Weiterentwicklung im Sinne der Unternehmensziele und unter Berücksichtigung stetig veränderlicher Rahmenbedingungen arbeiten. Mit diesem Führungsverständnis kann es auch gelingen, stetigen Wandel und eine unternehmensweite agile Zusammenarbeit natürlich aus der Organisation heraus zu generieren.

Anhang

Anhang 1: Stylized Facts – Auswirkungen von TMX

Kurzvorstellung der Stylized Facts Methode

Das Stylized Facts Konzept ist eine qualitative Methode, um verschiedene, bestehende Forschungserkenntnisse zusammenzufassen. Kaldor führte sie 1961/1968 erstmals im Kontext der makroökonomischen Wachstumstheorie ein mit folgendem Argument: Jeder Theoretiker *"should be free to start off with a stylized view of the facts"* (Kaldor 1961, p. 178). Genauso wie bei der Metaanalyse ist es Ziel der Stylized Facts Methode, übergreifend stabile und allgemein gültige Muster und Zusammenhänge zu erkennen, die sich aus verschiedenen empirischen Studien zu dem jeweiligen untersuchten Phänomen ergeben – auf systematische und nachvollziehbare Art und Weise. So kann daraus ein Modell entwickelt werden, das die zentralen Zusammenhänge enthält, aber einzelne Details oder Einschränkungen ausklammert, um Verwirrung und Ablenkung zu vermeiden (Kaldor 1961). Die einzelnen Schritte der Stylized Facts Methode sind analog zu Kapitel 3.3.2.2 in Abbildung Anhang 1 dargestellt. Die Ergebnisse der einzelnen Teilschritte werden im Folgenden dargestellt.

Abbildung 27: Schrittweises Vorgehen bei der Stylized Facts Methode

Schritt 1: Definition des zu untersuchenden Phänomens

Im Rahmen dieser systematischen Literaturrecherche sollten empirische Erkenntnisse zu den Auswirkungen von TMX zusammengefasst werden, um den aktuellen Forschungsstand zu erfassen.

Schritt 2: Suche nach relevanter Literatur

Bei der Suche nach relevanten Studien wurde hauptsächlich auf die Datenbank Business Source Ultimate zurückgegriffen, die durch die Datenbanken des Social Science Citation Index und PsychInfo sowie eine zusätzliche Suche via Google Scholar ergänzt wurde. Als Suchbegriffe wurden „team-member exchange", „co-worker exchange" und „work group exchange" verwandt. Der vorliegende

Literaturreview wurde im Rahmen des Dissertationsprojekts bereits im Jahre 2013 erstellt, jedoch im Zuge der Fertigstellung der Dissertationsschrift aktualisiert, sodass Studien aus dem Zeitraum von 1989 bis September 2017 enthalten sind.

Studien, die keine empirische Untersuchung der Konsequenzen lateraler Austauschqualität im Sinne von TMX beinhalteten, wurden ausgeschlossen. Außerdem wurden, um eine hohe Qualität der berücksichtigten Studien sicherzustellen, nur Artikel aus wissenschaftlichen Zeitschriften eingeschlossen. Deshalb wurden auch alle Quellen gleich gewichtet. Diese Vorgehensweise führte zu 37 Studien, die berücksichtigt wurden (siehe Spalte 1 der Literaturauswertung). Aufgrund der ausschließlich englischsprachigen Litertur sind die folgenden Schritte ebenfalls in englischer Sprache dargestellt.

Schritt 3: Auswertung der relevanten Literatur

Source	Findings	Implication
Seers (1989)	"Team-member exchange quality did contribute significantly to predictions of job satisfaction beyond the variance accountable by leader-member exchange quality" (p.131)	TMX quality predicts significantly job satisfaction.
	"Variation of TMX within groups was systematically related to job satisfaction in both concurrent and dynamic analyses" (p.131)	TMX quality is systematically related to job satisfaction.
	"TMX was significantly related to rated performance, and this relationship was moderated by peer motivation." (p.131)	TMX quality is significantly related to rated performance
Dunegan et al. (1992)	"positive correlations were found between higher quality work exchanges (WGX) and perceptions of freedom, recognition, encouragement, and coordination" (p. 232)	Quality of work group exchanges is positively related to positive perceptions of innovative climate.
	"negative correlations existed between WGX and perceptions of disinterest and innovative constraints" (p. 232)	Quality of work group exchanges is negatively related to negative perceptions of innovative climate.
Source	Findings	Implication
Scott und Bruce (1994)	"team-member exchange was not related to innovative behavior or climate perceptions". (p. 602)	TMX is not significantly related to innovative behavior.
	"neither problem-solving style nor team-member exchange were related to innovative climate perceptions here." (p.602)	TMX is not significantly related to climate perceptions.

Source	Findings	Implication
Major et al. (1995)	"met expectations, LMX, and TMX were significant predictors of all outcomes" (organizational commitment, turnover intention, and job satisfaction) (p.418)	Met expectations, TMX and LMX quality are significant predictors of organizational commitment.
		Met expectations, TMX and LMX quality are significant predictors of turnover intention.
		Met expectations, TMX and LMX quality are significant predictors of job satisfaction.
Seers et al. (1995)	"team-member exchange explained differences between the two groups beyond any attributable to the other group dynamics variables" (p.34)	TMX explains uniquely between group differences.
	"team-member exchange emerged from the group-level analysis as the variable most closely associated with gains in group production efficiency" (p.34) "increased efficiency was most notable for teams reporting greater team-member exchange" (p.31)	TMX is significant related to team efficiency.
Witt et al. (1999)	"team-member exchange scores were positively related to team commitment scores" (p. 69)	TMX quality is related to team commitment.
Liden et al. (2000)	"LMX and TMX showed significant direct effects for organizational commitment, even when included in the regression equation with job characteristics and the empowerment dimensions" (p. 413)	TMX and LMX are significantly and directly related to organizational commitment.
	"TMX demonstrated a significant direct effect for job performance when tested with job characteristics, LMX, and the empowerment dimensions" (p. 413)	TMX is significantly and directly related to job performance.
	there are "direct (unmediated) relationships between TMX and LMX and the dependent variables" (work satisfaction, organizational commitment, and job performance). (p. 413)	TMX and LMX are directly and significantly related to job satisfaction.
Jordan et al. (2002)	"TMX was related with commander ratings of team performance" (p.140)	TMX is related to commander ratings of team performance.
	"no association was found between team levels of TMX and team performance as assessed by the mental and physical task performance measures" (p. 140)	TMX is not significantly related to objective team performance.
Murphy et al. (2003)	"interactional justice perceptions were positively related to LMX and TMX" (p. 76)	LMX and TMX are positively related to interactional justice perceptions.

Source	Findings	Implication
Murphy et al. (2003)	they "examined LMX and TMX together, and found that only LMX was significantly related to social loafing." (p. 77) they "did not find a relationship between TMX and social loafing." (p. 77)	TMX is not related to social loafing.
Alge et al. (2003)	"Teams higher in openness/trust and TMX performed better on the high interdependence negotiation tasks" [not in the low interdependence brainstorming task] (p.33)	TMX and openness/trust influence team performance in high interdependence tasks.
Ford and Seers (2006)	"aspects of both leader–member exchange quality relationships, and team–member exchange quality relationships, may affect how, and whether, team members come to consensus with respect to their climate perceptions" (p. 267) there was "partial support for (…) ATMX - both receipts and contributions - as a predictor of within-group agreement on climate" (p.267f)	Average TMX and LMX influence agreement in teams on climate perceptions.
	"higher team average levels of LMX and TMX appear to facilitate consensus even as differentiation across team members in LMX and TMX may work against consensus." there was "partial support for (…) DTMX - both receipts and contributions - as a predictor of within-group agreement on climate" (p. 267)	LMX and TMX differentiation impede agreement on climate perceptions.
Golden (2006)	"results support a curvilinear inverted U-shaped relationship between the extent of telecommuting and job satisfaction, mediated by all three fundamental relationships investigated" (p. 333)	TMX, LMX and work-family conflict mediate the curvilinear inverted U-shaped relationship between telecommuting and job satisfaction.
	"job satisfaction initially increases as a function of TMX quality but then drops at higher levels of TMX" (p. 331)	TMX is significantly related to job satisfaction.
Kamdar und van Dyne (2007)	"Conscientiousness, but not agreeableness, and LMX, but not TMX, predicted task performance" (p. 1295)	TMX does not predict task performance.
	"none of the TMX interactions predicted behaviors targeted at the supervisor, and none of the LMX interactions predicted behavior targeted at coworkers." (p. 1294)	TMX does not predict behavior targeted at the supervisor.
	"TMX moderated the relationship between personality and helping coworkers, with a more positive slope for low TMX than high TMX." (p.1294) "TMX interacted with personality to predict citizenship behavior targeted at coworkers" (p.1294) "personality and TMX predicted helping coworkers." (p.1295)	TMX is related to OCB targeted at coworkers

Source	Findings	Implication
Tse und Dasborough (2008)	"positive emotions, rather than negative emotions, were associated with high-quality TMX relationships." (p. 209) "TMX quality was significantly related to positive emotions (...), but not to negative emotions" (p. 208) "there was a significant relationship between positive emotions and relationship with team members" (p.208) "higher quality team member exchanges (including task- and relationship-oriented exchanges) are associated with positive emotions" (p.208)	High quality TMX is related to positive emotions.
	"participants reported that they experienced a range of positive and negative emotions within their TMX relationships" (p. 209)	TMX is related to emotions.
Love und Forret (2008)	"TMX was significantly related to the aggregate OCB measure" (p. 347)	TMX is significantly related to organizational citizenship behavior.
	"TMX was significantly associated with four of the five OCB subdimensions" (p. 347)	
	TMX was significantly related to altruism, conscientiousness, civic virtue, and courtesy, but not to sportsmanship (p. 347f)	
Magni und Pennerola (2008)	"perceived usefulness and ease of use about technology are influenced by team–member exchange, leader–member exchange, and organizational support" (abstract)	TMX, LMX and POS influence the perception of usefulness and ease of use about technology.
Wech et al. (2009)	"Team-member exchange predicted significant variance in the outcome variables of employee performance and OCB above and beyond what was explained by leader-member exchange." (p. 442) "individuals in customer contact teams with a high quality team-member exchange exhibited higher levels of performance and OCB than was expected based on their individual levels of leader-member exchange." (p. 441)	TMX significantly predicts organizational citizenship behavior.
		TMX significantly predicts employee performance.

Source	Findings	Implication
Liao et al. (2010)	"LMX quality (...) and TMX quality (...) were significantly related to self-efficacy." (p. 1098)	TMX and LMX are significantly related to self-efficacy.
	"the indirect effects of LMX and TMX on creativity via self-efficacy were significant" (p. 1098)	TMX and LMX are significantly, indirectly related to creativity via self-efficacy.
	"TMX differentiation had a positive moderating effect"; "TMX quality was positively related to self-efficacy (...) with high TMX differentiation, whereas when TMX differentiation was low (...), the relationship became non-significant" (p. 1098) "the indirect effect of TMX quality on creativity via self-efficacy was significant (...) under high TMX differentiation, whereas it was nonsignificant under low TMX differentiation. Overall, the difference in the indirect effects of TMX quality was significant" (p. 1098) "the significance of the indirect effects on creativity via self-efficacy of the interaction between LMX quality and LMX differentiation (...), as well as the interaction of TMX and TMX differentiation" is confirmed (p. 1098)	TMX differentiation positively moderates the indirect effect of TMX on creativity via self-efficacy.
Harris et al. (2010)	"team-member exchange was not significantly related to coworker abuse" (p.618)	TMX is not significantly related to coworker abuse.
Liu et al. (2011)	"work unit TMX had a significantly positive relationship with intention to share knowledge" (p. 281)	Work unit TMX is significantly related to the intention to share knowledge.
	"work unit TMX had a significantly positive relationship with team commitment" (p. 281)	Work unit TMX is significantly related to team commitment.
Dierdorff et al. (2011)	"TMX alone accounted for approximately 6% of within-team differences in performance change." (p. 256)	TMX is related to within-team differences in performance change.
Munoz-Doyague und Nieto (2012)	"high-quality exchanges between the employee and their work group and, to a lesser extent, their immediate superior, have a significant positive influence on their creative behavior". (abstract)	TMX is significantly and positively related to creative behavior.
Poortvliet und Giebels (2012)	"Team–member exchange was positively related with job performance, job satisfaction, and organizational commitment." (p. 412)	TMX is positively related to job performance.
		TMX is positively related to job satisfaction.
		TMX is positively related to organizational commitment.

Source	Findings	Implication
Hu et al. (2012)	"the [positive] correlation between TMX quality and LMX quality was significant" (p.790)	TMX and LMX are positively related.
	"KS, LMX, TMX are positively related to TSIP" (p. 794)	TMX, LMX and knowledge sharing are positively related to team service innovation performance.
	KS is positively related to LMX and TMX (p. 794)	TMX and LMX are positively related to knowledge sharing.
Liao et al. (2013)	"there was no significant main effect of TMX on work engagement when controlling for LMX, POS, and the Big-Five personality traits." (p. 70)	TMX is not significantly and directly related to work engagement
Abu Bakar und Sheer (2013)	"This result demonstrated that (a) cooperative communication at the group level was related to LMX (measured by dyadic agreement) and TMX at the individual level respectively; and (b) cooperative communication mediated the relationship between LMX and perceived cohesion, and the relationship between TMX and perceived cohesion." (p. 458)	Individual TMX is significantly related to perceived group cohesion via cooperative communication.
Banks et al. (2014)	"TMX did demonstrate incremental validity and a moderate relative contribution when predicting organizational commitment and job satisfaction, but TMX added little value when predicting job performance and turnover intentions." (p. 290)	TMX significantly predicts organizational commitment (above and beyond LMX).
		TMX significantly predicts job satisfaction (above and beyond LMX).
		TMX does not significantly predict job performance (above and beyond LMX).
		TMX does not significantly predict turnover intentions (above and beyond LMX).
Hill et al. (2014)	"co-founding TMX positively predicted co-founding team collective learning" (p. 153)	TMX positively predicts collective learning.
	"Co-founders' collective efficacy was positively predicted by both co-founding TMX" (p. 153)	TMX positively predicts collective efficacy.
Love und Dustin (2014)	"Results show that TMX and psychological collectivism were significantly related to an individual's propensity to engage in taking charge behavior." (p. 1208)	TMX is positively significantly related to taking change behavior.

Source	Findings	Implication
Farmer et al. (2015)	"Figure 2 shows a significant positive relationship between relative TMX and identification for employees in groups with high average TMX (…), and a weaker but still significant relationship between relative TMX and identification for employees in groups with low average TMX" (p. 589)	Relative TMX and group TMX interact on predicting identification.
	"Hypothesis 3 was supported showing that the mediated relation between relative TMX and helping was significant when group average TMX was high, but not significant when it was low."	Relative TMX and group TMX interact on indirectly predicting helping behavior.
Lee et al. (2015)	"Survey data from 339 employees from 18 hotels in Taiwan indicated that both leader–member and team–member exchange are positively related to employee job performance, job satisfaction, and organizational commitment." (p. 398)	LMX and TMX are positively related to employee job performance.
		LMX and TMX are positively related to job satisfaction.
		LMX and TMX are positively related to organizational commitment.
Chun et al. (2016)	"results supported Hypothesis 1, indicating that TMX fully mediated the relationship between group-focused TFL and team performance" (p. 384)	TMX is related to team performance
	"Hypothesis 3 was supported, indicating that TMX fully mediated the relationship between group-focused TFL and member performance, even in the presence of individual-focused TFL and LMX." (p.384ff)	TMX is related to member performance.
Schermuly und Meyer (2016)	"In support of the hypotheses, Study 2 found that the experience of psychological empowerment fully mediates the effect of LMX and TMX on subsequent general feelings of depression." (p. 685)	TMX is negatively related to feelings of depression via psychological empowerment.
Delobbe et al. (2016)	"training utility, LMX, and TMX predict some of three indicators of newcomers' adjustment, namely, role clarity (training utility and LMX), group integration (TMX), and organizational values understanding (training utility)." (p. 845)	TMX predicts group integration.
Gerlach et al. (2016)	"In support of H1a and H1c, respectively, team-member exchange (γ=.238, p<.01) and age-inclusive climate (γ=.154, p<.01) both positively influence salespersons' customer-oriented attitude."	TMX positively influences salespersons' customer-oriented attitude.

Source	Findings	Implication
Shih und Wijaya (2017)	"Results from the analyses showed positive effects of TMX on both voice behavior and creative work involvement. A positive effect of voice behavior on creative work involvement was found. The results also exhibited a partial mediating effect of voice behavior on the relationship between TMX and creative work involvement." (p. 417)	TMX positively influences voice behavior.
		TMX positively influences creative work involvement.
Farh et al. (2017)	"Supporting Hypothesis 1a, the relationship between TMX and member performance was more positive when teammates'cognitive ability was high (vs. low). Simple slopes analyses (Preacher, Curran, & Bauer, 2006) revealed that the slope for high values of teammates' cognitive ability was positive and significant (…) but not for low teammates' cognitive ability." (p.1124)	TMX is related to member performance when teammates'cognitive ability is high.
	"Simple slopes analyses revealed that the relationship between TMX and performance was positive and significant when leader cognitive ability was low (…) but not high." (p. 1124)	TMX is positively related to performance when leader cognitive ability is low, but not when it is high.
	"Using the methods recommended by Preacher and Hayes (2008), we estimated the conditional indirect effects of TMX on performance via felt obligation to utilize teammates' resources in Mplus (Muth´en & Muth´en, 2007). The indirect effect was positive and significant under high-quality (…), but not under low-quality task information from the teammate" (p.1130)	TMX is positively related to performance via felt obligation to utilize team mates' resources under high-quality task information from the teammate.

Schritt 4: Zusammenfassung ähnlicher Ergebnisse zu stilisierten Aussagen

Source	Implication	Stylized Implication
Seers (1989)	TMX quality predicts significantly job satisfaction.	TMX is positively related to job satisfaction.
	TMX quality is systematically related to job satisfaction.	
	TMX quality is significantly related to rated performance	TMX is significantly related to individual performance.
Dunegan et al. (1992)	Quality of work group exchanges is positively related to positive perceptions of innovative climate.	TMX is related to climate perceptions.
	Quality of work group exchanges is negatively related to negative perceptions of innovative climate.	

Source	Implication	Stylized Implication
Scott und Bruce (1994)	TMX is not significantly related to innovative behavior.	TMX is not related to innovative behavior.
	TMX is not significantly related to climate perceptions.	TMX is not related to climate perceptions.
Major et al.(1995)	Met expectations, TMX and LMX quality are significant predictors of organizational commitment.	TMX is positively related to organizational commitment.
	Met expectations, TMX and LMX quality are significant predictors of turnover intention.	TMX is negatively related to turnover intentions.
	Met expectations, TMX and LMX quality are significant predictors of job satisfaction.	TMX is positively related to job satisfaction.
Seers et al.(1995)	TMX explains uniquely between group differences.	TMX is positively related to team efficiency.
	TMX is significant related to team efficiency.	
Witt et al.(1999)	TMX quality is related to team commitment.	TMX quality is positively related to team commitment.
Liden et al. (2000)	TMX and LMX are significantly and directly related to organizational commitment.	TMX is positively related to organizational commitment.
	TMX is significantly and directly related to job performance.	TMX quality is positively related to individual performance.
	TMX and LMX are directly and significantly related to job satisfaction.	TMX is positively related to job satisfaction.
Jordan et al.(2002)	TMX is related to commander ratings of team performance.	TMX is positively related to (subjective) team performance.
	TMX is not significantly related to objective team performance.	TMX is not related to (objective) team performance.
Murphy et al.(2003)	LMX and TMX are positively related to interactional justice perceptions.	TMX is related to climate perceptions.
	TMX is not related to social loafing.	TMX is not related to social loafing.
Alge et al.(2003)	TMX and openness/trust influence team performance in high interdependence tasks.	TMX is positively related to team performance in high interdependence tasks.
Ford and Seers (2006)	Average TMX and LMX influence agreement in teams on climate perceptions.	TMX is positively related to team climate strength.
	LMX and TMX differentiation impede agreement on climate perceptions.	TMX differentiation impedes team climate strength.

Source	Implication	Stylized Implication
Golden (2006)	TMX, LMX and work-family conflict mediate the curvilinear inverted U-shaped relationship between telecommuting and job satisfaction.	TMX is related (in a curvilinear inverted U-shaped manner) to job satisfaction
	TMX is significantly related to job satisfaction.	
Kamdar und van Dyne (2007)	TMX does not predict task performance.	TMX is not related to task performance.
	TMX does not predict behavior targeted at the supervisor.	TMX is not related to behavior targeted at the supervisor.
	TMX is related to OCB targeted at coworkers	TMX is positively related to OCB.
Tse und Dasborough (2008)	High quality TMX is related to positive emotions.	TMX is related to emotions.
	TMX is related to emotions.	
Love und Forret (2008)	TMX is significantly related to organizational citizenship behavior.	TMX is positively related to OCB.
Magni und Pennerola (2008)	TMX, LMX and POS influence the perception of usefulness and ease of use about technology.	TMX is positively related to attitudes towards technology.
Wech et al.(2009)	TMX significantly predicts organizational citizenship behavior.	TMX is positively related to OCB.
	TMX significantly predicts employee performance.	TMX is positively related to individual performance.
Liao et al. (2010)	TMX and LMX are significantly related to self-efficacy.	TMX is positively related to self-efficacy.
	TMX and LMX are significantly, indirectly related to creativity via self-efficacy.	TMX is positively related to creativity.
	TMX differentiation positively moderates the indirect effect of TMX on creativity via self-efficacy.	TMX differentiation mediates the relationship between TMX and individual outcomes.
Harris et al. (2010)	TMX is not significantly related to coworker abuse.	TMX is not significantly related to coworker abuse.
Liu et al. (2011)	Work unit TMX is significantly related to the intention to share knowledge.	TMX is positively related to knowledge sharing.
	Work unit TMX is significantly related to team commitment.	TMX is positively related to team commitment.
Dierdorff et al. (2011)	TMX is related to within-team differences in performance change.	TMX is positively related to team performance.
Munoz-Doyague und Nieto (2012)	TMX is significantly and positively related to creative behavior.	TMX is positively related to creativity.

Source	Implication	Stylized Implication
Poortvliet und Giebels (2012)	TMX is positively related to job performance.	TMX is positively related to individual performance.
	TMX is positively related to job satisfaction.	TMX is positively related to job satisfaction.
	TMX is positively related to organizational commitment.	TMX is positively related to organizational commitment.
Hu et al. (2012)	TMX, LMX and knowledge sharing are positively related to team service innovation performance.	TMX is positively related to innovation.
	TMX and LMX are positively related to knowledge sharing.	TMX is positively related to knowledge sharing.
Liao et al.(2013)	TMX is not significantly and directly related to work engagement	TMX is not related to work engagement
Abu Bakar und Sheer (2013)	Individual TMX is significantly related to perceived group cohesion via cooperative communication.	TMX is positively related to group cohesion.
		TMX is positively related to cooperative communication.
Banks et al. (2014)	TMX significantly predicts organizational commitment(above and beyond LMX).	TMX is positively related to organizational commitment.
	TMX significantly predicts job satisfaction(above and beyond LMX).	TMX is positively related to job satisfaction.
	TMX does not significantly predict job performance(above and beyond LMX).	TMX is not related to individual performance.
	TMX does not significantly predict turnover intentions(above and beyond LMX).	TMX is not related to turnover intentions.
Hill et al. (2014)	TMX positively predicts collective learning.	TMX is positively related to collective learning.
	TMX positively predicts collective efficacy.	TMX is positively related to collective efficacy.
Love und Dustin (2014)	TMX is positively significantly related to taking charge behavior.	TMX is positively related to OCB.
Farmer et al. (2015)	Relative TMX and group TMX interact on predicting identification.	TMX is positively related to identification.
	Relative TMX and group TMX interact on indirectly predicting helping behavior.	TMX is positively related to OCB.
Lee et al. (2015)	LMX and TMX are positively related to employee job performance.	TMX is positively related to individual performance
	LMX and TMX are positively related to job satisfaction.	TMX is positively related to job satisfaction.
	LMX and TMX are positively related to organizational commitment.	TMX is positively related to organizational commitment.

Source	Implication	Stylized Implication
Chun et al. (2016)	TMX is related to team performance	TMX is positively related to team performance
	TMX is related to member performance.	TMX is positively related to individual performance.
Schermuly und Meyer (2016)	TMX is negatively related to feelings of depression via psychological empowerment.	TMX is negatively related to negative emotions.
		TMX is positively related to psychological empowerment.
Delobbe et al. (2016)	TMX predicts group integration.	TMX is positively related to group integration.
Gerlach et al. (2016)	TMX positively influences salespersons' customer-oriented attitude.	TMX is positively related to customer-oriented attitude.
Shih und Wijaya (2017)	TMX positively influences voice behavior.	TMX is positively related to OCB.
	TMX positively influences creative work involvement.	TMX is positively related to creative behavior.
Farh et al. (2017)	TMX is related to member performance when teammates'cognitive ability is high.	TMX is positively related to individual performance under certain conditions.
	TMX is positively related to performance when leader cognitive ability is low, but not when it is high.	
	TMX is positively related to performance via felt obligation to utilize team mates' resources under high-quality task information from the teammate.	

Schritt 5: Stilisierte Fakten

Stylized Facts	Number of studies confirming the fact	Number of studies rejecting the fact	Number of studies confirming under certain conditions	Stylized Facts Rating
TMX is positively related to job satisfaction.	6	0	1 (curvilinear inverse u-shaped)	B
TMX is positively related to organizational commitment.	5 + 2 (team commitment)	0	0	A
TMX is positively related to individual performance.	4	1	1	C
TMX is positively related to desirable individual behaviors.	6 (OCB) + 2 (knowledge sharing) + 3 (creativity)	0	0 (but 1 study differentiating between behavior targeted at coworkers and supervisors)	A
TMX is positively related to team performance.	4	1	1	C

Anhang 2: Test auf Normalverteilung

Hypothesentestübersicht

	Nullhypothese	Test	Sig.	Entscheidung
146	Die Verteilung von Ich tue für meinen Vorgesetzten mehr, als ich nach meiner Arbeitsbeschreibung müsste. ist normal mit Mittelwert 5 und Standardabweichung 1,738.	Kolmogorov-Smirnov-Test bei einer Stichprobe	,000[1]	Nullhypothese ablehnen
147	Die Verteilung von Um die Ziele meines Vorgesetzten bei der Arbeit zu erreichen, bin ich bereit, mich mehr als gewöhnlich anzustrengen ist normal mit Mittelwert 6 und Standardabweichung 1,671.	Kolmogorov-Smirnov-Test bei einer Stichprobe	,000[1]	Nullhypothese ablehnen
148	Die Verteilung von Es macht mir nichts aus, meinem Vorgesetzten zuliebe sehr hart zu arbeiten. ist normal mit Mittelwert 5 und Standardabweichung 1,781.	Kolmogorov-Smirnov-Test bei einer Stichprobe	,000[1]	Nullhypothese ablehnen
149	Die Verteilung von GP_i ist normal mit Mittelwert 5,61 und Standardabweichung 1,065.	Kolmogorov-Smirnov-Test bei einer Stichprobe	,000[1]	Nullhypothese ablehnen
150	Die Verteilung von TMX_i ist normal mit Mittelwert 4,60 und Standardabweichung 1,048.	Kolmogorov-Smirnov-Test bei einer Stichprobe	,000[1]	Nullhypothese ablehnen
151	Die Verteilung von OC_i ist normal mit Mittelwert 5,52 und Standardabweichung 0,890.	Kolmogorov-Smirnov-Test bei einer Stichprobe	,000[1]	Nullhypothese ablehnen
152	Die Verteilung von AZ_i ist normal mit Mittelwert 5,40 und Standardabweichung 0,935.	Kolmogorov-Smirnov-Test bei einer Stichprobe	,000[1]	Nullhypothese ablehnen
153	Die Verteilung von LMX_i ist normal mit Mittelwert 5,24 und Standardabweichung 1,253.	Kolmogorov-Smirnov-Test bei einer Stichprobe	,000[1]	Nullhypothese ablehnen

Asymptotische Signifikanzen werden angezeigt. Das Signifikanzniveau ist ,05

[1] Lilliefors korrigiert

[2] Dies ist eine Untergrenze der tatsächlichen Signifikanz.

Hypothesentestübersicht

	Nullhypothese	Test	Sig.	Entscheidung
154	Die Verteilung von OCB_i ist normal mit Mittelwert 5,78 und Standardabweichung 0,730.	Kolmogorov-Smirnov-Test bei einer Stichprobe	,000[1]	Nullhypothese ablehnen
155	Die Verteilung von subj. Performance_group ist normal mit Mittelwert 5,26 und Standardabweichung 1,055.	Kolmogorov-Smirnov-Test bei einer Stichprobe	,000[1]	Nullhypothese ablehnen
156	Die Verteilung von FK_LMX ist normal mit Mittelwert 5,33 und Standardabweichung 1,138.	Kolmogorov-Smirnov-Test bei einer Stichprobe	4,000[1]	Nullhypothese ablehnen
157	Die Verteilung von TeamPA ist normal mit Mittelwert 5,13 und Standardabweichung 1,090.	Kolmogorov-Smirnov-Test bei einer Stichprobe	,000[1]	Nullhypothese ablehnen
158	Die Verteilung von TeamNA ist normal mit Mittelwert 2,15 und Standardabweichung 0,928.	Kolmogorov-Smirnov-Test bei einer Stichprobe	,000[1]	Nullhypothese ablehnen
159	Die Verteilung von INA ist normal mit Mittelwert 1,91 und Standardabweichung 0,833.	Kolmogorov-Smirnov-Test bei einer Stichprobe	,000[1]	Nullhypothese ablehnen
160	Die Verteilung von IPA ist normal mit Mittelwert 5,41 und Standardabweichung 0,948.	Kolmogorov-Smirnov-Test bei einer Stichprobe	,000[1]	Nullhypothese ablehnen
161	Die Verteilung von LMX ist normal mit Mittelwert -0,00223 und Standardabweichung 1,000.	Kolmogorov-Smirnov-Test bei einer Stichprobe	,000[1]	Nullhypothese ablehnen
162	Die Verteilung von GP ist normal mit Mittelwert -0,00151 und Standardabweichung 1,001.	Kolmogorov-Smirnov-Test bei einer Stichprobe	,000[1]	Nullhypothese ablehnen

Asymptotische Signifikanzen werden angezeigt. Das Signifikanzniveau ist ,05

[1] Lilliefors korrigiert

[2] Dies ist eine Untergrenze der tatsächlichen Signifikanz.

Hypothesentestübersicht

	Nullhypothese	Test	Sig.	Entscheidung
163	Die Verteilung von TMX ist normal mit Mittelwert 0,00000 und Standardabweichung 1,000.	Kolmogorov-Smirnov-Test bei einer Stichprobe	,000[1]	Nullhypothese ablehnen
164	Die Verteilung von TPA ist normal mit Mittelwert 0,00000 und Standardabweichung 1,000.	Kolmogorov-Smirnov-Test bei einer Stichprobe	3,000[1]	Nullhypothese ablehnen
165	Die Verteilung von TNA ist normal mit Mittelwert 0,00000 und Standardabweichung 1,000.	Kolmogorov-Smirnov-Test bei einer Stichprobe	,000[1]	Nullhypothese ablehnen
166	Die Verteilung von OC ist normal mit Mittelwert 0,00000 und Standardabweichung 1,000.	Kolmogorov-Smirnov-Test bei einer Stichprobe	,000[1]	Nullhypothese ablehnen
167	Die Verteilung von AZ ist normal mit Mittelwert -0,00008 und Standardabweichung 1,001.	Kolmogorov-Smirnov-Test bei einer Stichprobe	,000[1]	Nullhypothese ablehnen
168	Die Verteilung von IPA ist normal mit Mittelwert -0,00000 und Standardabweichung 1,000.	Kolmogorov-Smirnov-Test bei einer Stichprobe	,000[1]	Nullhypothese ablehnen
169	Die Verteilung von INA ist normal mit Mittelwert -0,00000 und Standardabweichung 1,000.	Kolmogorov-Smirnov-Test bei einer Stichprobe	,000[1]	Nullhypothese ablehnen
170	Die Verteilung von OCB ist normal mit Mittelwert -0,00000 und Standardabweichung 1,000.	Kolmogorov-Smirnov-Test bei einer Stichprobe	,000[1]	Nullhypothese ablehnen
171	Die Verteilung von SubjPerf ist normal mit Mittelwert 0,00000 und Standardabweichung 1,000.	Kolmogorov-Smirnov-Test bei einer Stichprobe	1,000[1]	Nullhypothese ablehnen

Asymptotische Signifikanzen werden angezeigt. Das Signifikanzniveau ist ,05

[1] Lilliefors korrigiert

[2] Dies ist eine Untergrenze der tatsächlichen Signifikanz.

Anhang 3: $r_{wg(J)}$ auf Basis zweier alternativer Nullverteilungsannahmen je Konstrukt: Häufigkeitsverteilungen

Tabelle 46: $r_{wg(J)}$ auf Basis zweier alternativer Nullverteilungsannahmen je Konstrukt: Häufigkeitsverteilungen

Klassen	Gleichverteilung	Leichte Schiefe
GP		
0-0,3	2	9
0,31-0,5	1	3
0,51-0,7	3	2
0,71-0,9	13	16
0,91-1	76	65
Team PA		
0-0,3	1	6
0,31-0,5	0	1
0,51-0,7	4	5
0,71-0,9	10	18
0,91-1	80	65
Team NA		
0-0,3	3	6
0,31-0,5	0	2
0,51-0,7	0	9
0,71-0,9	18	18
0,91-1	65	60
TMX		
0-0,3	0	9
0,31-0,5	0	6
0,51-0,7	5	11
0,71-0,9	29	34
0,91-1	61	35
LMX		
0-0,3	4	18
0,31-0,5	2	1
0,51-0,7	5	4
0,71-0,9	12	21
0,91-1	70	51

Anhang 4: Ergänzende Daten (Individualebene)

Tabelle 47: Faktorladungen (Individualebene)

	Mittelwert (Originalstichprobe)	Standard-abweichung	T-Statistik	P-Werte
AZ_1 -> AZ	0,60	0,03	17,81	0,00
AZ_2 -> AZ	0,64	0,03	23,48	0,00
AZ_3 -> AZ	0,67	0,03	23,66	0,00
AZ_4 -> AZ	0,67	0,03	24,16	0,00
AZ_5 -> AZ	0,73	0,02	32,71	0,00
AZ_6 -> AZ	0,63	0,03	23,09	0,00
AZ_7 -> AZ	0,77	0,03	22,10	0,00
IPANAS_1 <- PA	0,81	0,02	41,17	0,00
IPANAS_3 <- PA	0,78	0,03	26,71	0,00
IPANAS_4 <- PA	0,70	0,03	21,14	0,00
IPANAS_5 <- NA	0,75	0,02	31,74	0,00
IPANAS_6 <- PA	0,77	0,03	23,85	0,00
IPANAS_7 <- NA	0,60	0,05	12,83	0,00
IPANAS_8 <- NA	0,73	0,03	21,75	0,00
IPANAS_9 <- NA	0,66	0,05	14,63	0,00
IPANAS_10 <- PA	0,68	0,03	20,44	0,00
IPANAS_11 <- PA	0,79	0,02	37,77	0,00
IPANAS_12 <- NA	0,79	0,02	34,35	0,00
IPANAS_13 <- PA	0,86	0,01	58,35	0,00
IPANAS_14 <- NA	0,63	0,05	13,18	0,00
IPANAS_15 <- PA	0,76	0,03	26,97	0,00
IPANAS_16 <- NA	0,73	0,04	20,37	0,00
IPANAS_17 <- PA	0,81	0,03	26,73	0,00
IPANAS_18 <- PA	0,77	0,03	28,85	0,00
IPANAS_19 <- NA	0,74	0,03	25,78	0,00
IPANAS_20 <- NA	0,76	0,03	24,73	0,00
LMXMDM_1 <- LMX	0,81	0,02	43,79	0,00
LMXMDM_2 <- LMX	0,85	0,01	59,08	0,00
LMXMDM_3 <- LMX	0,87	0,02	48,02	0,00
LMXMDM_4 <- LMX	0,78	0,02	32,22	0,00
LMXMDM_5 <- LMX	0,69	0,03	20,88	0,00
LMXMDM_6 <- LMX	0,81	0,02	35,92	0,00
LMXMDM_7 <- LMX	0,83	0,02	52,53	0,00
LMXMDM_8 <- LMX	0,79	0,02	34,36	0,00

	Mittelwert (Originalstichprobe)	Standard-abweichung	T-Statistik	P-Werte
LMXMDM_9 <- LMX	0,82	0,02	46,98	0,00
LMXMDM_10 <- LMX	0,69	0,03	22,87	0,00
LMXMDM_11 <- LMX	0,77	0,02	31,24	0,00
LMXMDM_12 <- LMX	0,80	0,02	46,44	0,00
OCB_1 <- OCB-Help	0,82	0,02	42,82	0,00
OCB_2 <- OCB_Help	0,77	0,02	31,47	0,00
OCB_3 <- OCB_Help	0,68	0,04	19,24	0,00
OCB_4 <- OCB_Help	0,75	0,04	19,13	0,00
OCB_5 <- OCB_Help	0,80	0,02	35,05	0,00
OCB_6 <- OCB_Help	0,73	0,03	23,76	0,00
OCB_7 <- OCB_CV	0,71	0,03	20,72	0,00
OCB_8 <- OCB_CV	0,68	0,05	14,68	0,00
OCB_9 <- OCB_CV	0,79	0,03	28,60	0,00
OCB_10 <- OCB_Sports	0,75	0,04	18,90	0,00
OCB_11 <- OCB_Sports	0,51	0,07	7,13	0,00
OCB_12 <- OCB_Sports	0,74	0,05	14,18	0,00
OCB_13 <- OCB_Sports	0,77	0,03	22,27	0,00
OCB_14 <- OCB_CV	0,76	0,03	28,76	0,00
OCQ_1 <- OC	0,73	0,03	28,58	0,00
OCQ_2 <- OC	0,80	0,02	40,74	0,00
OCQ_4 <- OC	0,55	0,04	14,46	0,00
OCQ_5 <- OC	0,77	0,03	30,70	0,00
OCQ_6 <- OC	0,85	0,01	57,68	0,00
OCQ_8 <- OC	0,77	0,03	27,65	0,00
OCQ_10 <- OC	0,70	0,03	23,51	0,00
OCQ_13 <- OC	0,71	0,04	17,79	0,00
OCQ_14 <- OC	0,73	0,03	24,78	0,00
TMX_4 <- TMX	0,50	0,05	10,57	0,00
TMX_5 <- TMX	0,73	0,03	24,54	0,00
TMX_6 <- TMX	0,74	0,03	27,23	0,00
TMX_7 <- TMX	0,68	0,03	21,54	0,00
TMX_8 <- TMX	0,77	0,02	33,05	0,00
TMX_9 <- TMX	0,78	0,02	34,97	0,00
TMX_10 <- TMX	0,83	0,02	45,48	0,00
TMX_11 <- TMX	0,83	0,02	49,44	0,00

Tabelle 48: Äußere Gewichte (Individualebene)

	Mittelwert (Originalstichprobe)	Standard-abweichung	T-Statistik	P-Werte
AZ_1 -> AZ	0,21	0,00	42,82	0,00
AZ_2 -> AZ	0,21	0,00	42,82	0,00
AZ_3 -> AZ	0,21	0,00	42,82	0,00
AZ_4 -> AZ	0,21	0,00	42,82	0,00
AZ_5 -> AZ	0,21	0,00	42,82	0,00
AZ_6 -> AZ	0,21	0,00	42,82	0,00
AZ_7 -> AZ	0,21	0,00	42,82	0,00
IPANAS_1 <- PA	0,13	0,01	21,00	0,00
IPANAS_3 <- PA	0,13	0,01	18,34	0,00
IPANAS_4 <- PA	0,11	0,01	12,63	0,00
IPANAS_5 <- NA	0,24	0,02	11,22	0,00
IPANAS_6 <- PA	0,13	0,01	14,79	0,00
IPANAS_7 <- NA	0,12	0,02	7,62	0,00
IPANAS_8 <- NA	0,12	0,01	8,27	0,00
IPANAS_9 <- NA	0,13	0,02	7,04	0,00
IPANAS_10 <- PA	0,12	0,01	14,58	0,00
IPANAS_11 <- PA	0,15	0,01	20,58	0,00
IPANAS_12 <- NA	0,22	0,02	12,26	0,00
IPANAS_13 <- PA	0,15	0,01	24,37	0,00
IPANAS_14 <- NA	0,10	0,02	6,28	0,00
IPANAS_15 <- PA	0,12	0,01	15,99	0,00
IPANAS_16 <- NA	0,14	0,02	9,39	0,00
IPANAS_17 <- PA	0,12	0,01	16,26	0,00
IPANAS_18 <- PA	0,12	0,01	17,19	0,00
IPANAS_19 <- NA	0,16	0,01	11,51	0,00
IPANAS_20 <- NA	0,15	0,01	11,44	0,00
LMXMDM_1 <- LMX	0,10	0,00	22,51	0,00
LMXMDM_2 <- LMX	0,11	0,00	27,08	0,00
LMXMDM_3 <- LMX	0,12	0,00	26,53	0,00
LMXMDM_4 <- LMX	0,09	0,01	17,05	0,00
LMXMDM_5 <- LMX	0,08	0,01	12,12	0,00
LMXMDM_6 <- LMX	0,10	0,00	21,76	0,00
LMXMDM_7 <- LMX	0,11	0,00	23,71	0,00
LMXMDM_8 <- LMX	0,10	0,00	21,57	0,00
LMXMDM_9 <- LMX	0,11	0,00	23,03	0,00

	Mittelwert (Originalstichprobe)	Standard-abweichung	T-Statistik	P-Werte
LMXMDM_10 <- LMX	0,10	0,01	16,88	0,00
LMXMDM_11 <- LMX	0,12	0,01	21,15	0,00
LMXMDM_12 <- LMX	0,12	0,01	21,11	0,00
OCB_1 <- OCB-Help	0,25	0,01	18,74	0,00
OCB_2 <- OCB_Help	0,25	0,01	18,01	0,00
OCB_3 <- OCB_Help	0,16	0,01	10,87	0,00
OCB_4 <- OCB_Help	0,19	0,02	11,49	0,00
OCB_5 <- OCB_Help	0,25	0,01	19,19	0,00
OCB_6 <- OCB_Help	0,20	0,01	16,06	0,00
OCB_7 <- OCB_CV	0,34	0,03	11,73	0,00
OCB_8 <- OCB_CV	0,24	0,03	7,83	0,00
OCB_9 <- OCB_CV	0,38	0,03	14,03	0,00
OCB_10 <- OCB_Sports	0,39	0,04	10,79	0,00
OCB_11 <- OCB_Sports	0,28	0,05	5,43	0,00
OCB_12 <- OCB_Sports	0,33	0,04	9,15	0,00
OCB_13 <- OCB_Sports	0,42	0,04	10,86	0,00
OCB_14 <- OCB_CV	0,39	0,03	13,98	0,00
OCQ_1 <- OC	0,19	0,01	19,35	0,00
OCQ_2 <- OC	0,17	0,01	20,86	0,00
OCQ_4 <- OC	0,11	0,01	9,52	0,00
OCQ_5 <- OC	0,14	0,01	18,57	0,00
OCQ_6 <- OC	0,17	0,01	23,95	0,00
OCQ_8 <- OC	0,17	0,01	18,27	0,00
OCQ_10 <- OC	0,14	0,01	16,06	0,00
OCQ_13 <- OC	0,13	0,01	12,36	0,00
OCQ_14 <- OC	0,12	0,01	13,20	0,00
TMX_4 <- TMX	0,09	0,01	6,98	0,00
TMX_5 <- TMX	0,16	0,01	16,55	0,00
TMX_6 <- TMX	0,18	0,01	18,49	0,00
TMX_7 <- TMX	0,17	0,01	15,44	0,00
TMX_8 <- TMX	0,17	0,01	19,42	0,00
TMX_9 <- TMX	0,17	0,01	17,16	0,00
TMX_10 <- TMX	0,17	0,01	19,03	0,00
TMX_11 <- TMX	0,22	0,01	21,78	0,00

Tabelle 49: Kreuzladungen (Individualebene)

	AZ	LMX	NA	OC	OCB_ CV	OCB_ Help	OCB_ Sports	PA	TMX
AZ_1	0,60	0,42	-0,35	0,29	0,21	0,37	0,33	0,31	0,56
AZ_2	0,64	0,77	-0,30	0,43	0,27	0,35	0,24	0,35	0,44
AZ_3	0,67	0,27	-0,31	0,40	0,21	0,27	0,28	0,52	0,27
AZ_4	0,67	0,33	-0,23	0,44	0,25	0,29	0,16	0,34	0,40
AZ_5	0,73	0,34	-0,20	0,43	0,21	0,20	0,18	0,34	0,29
AZ_6	0,63	0,17	-0,20	0,29	0,09	0,10	0,13	0,21	0,21
AZ_7	0,77	0,53	-0,43	0,65	0,41	0,46	0,35	0,61	0,51
IPANAS_1	0,42	0,39	-0,31	0,49	0,45	0,45	0,25	0,81	0,46
IPANAS_3	0,46	0,38	-0,32	0,49	0,42	0,41	0,25	0,78	0,47
IPANAS_4	0,42	0,35	-0,26	0,47	0,32	0,34	0,23	0,70	0,38
IPANAS_5	-0,49	-0,41	0,75	-0,37	-0,17	-0,25	-0,41	-0,31	-0,33
IPANAS_6	0,42	0,30	-0,40	0,48	0,41	0,41	0,30	0,77	0,45
IPANAS_7	-0,18	-0,18	0,60	-0,16	-0,13	-0,17	-0,30	-0,26	-0,13
IPANAS_8	-0,23	-0,19	0,73	-0,17	-0,09	-0,07	-0,28	-0,27	0,11
IPANAS_9	-0,23	-0,22	0,66	-0,16	-0,10	-0,09	-0,31	-0,23	-0,13
IPNAS_10	0,37	0,34	-0,26	0,45	0,37	0,40	0,29	0,68	0,38
IPANAS_11	0,53	0,45	-0,30	0,69	0,46	0,43	0,24	0,79	0,49
IPANAS_12	-0,40	-0,34	0,79	-0,29	-0,18	-0,27	-0,45	-0,36	-0,31
IPANAS_13	0,54	0,46	-0,35	0,63	0,45	0,47	0,34	0,86	0,52
IPANAS_14	-0,19	-0,15	0,63	-0,11	-0,06	-0,05	-0,24	-0,22	-0,13
IPANAS_15	0,41	0,40	-0,39	0,44	0,39	0,39	0,31	0,76	0,41
IPANAS_16	-0,29	-0,19	0,73	-0,17	-0,14	-0,19	-0,26	-0,28	-0,26
IPANAS_17	0,42	0,38	-0,39	0,47	0,41	0,36	0,31	0,81	0,42
IPANAS_18	0,38	0,35	-0,31	0,45	0,42	0,43	0,23	0,77	0,42
IPANAS_19	-0,26	-0,23	0,74	-0,23	-0,17	-0,20	-0,34	-0,36	-0,24
IPANAS_20	-0,28	-0,17	0,76	-0,21	-0,14	-0,19	-0,32	-0,37	-0,22
LMX_1	0,50	0,81	-0,29	0,45	0,36	0,40	0,20	0,35	0,40
LMX_2	0,54	0,85	-0,29	0,48	0,37	0,39	0,24	0,40	0,41
LMX_3	0,56	0,87	-0,33	0,51	0,39	0,41	0,26	0,43	0,45
LMX_4	0,45	0,78	-0,28	0,37	0,28	0,25	0,22	0,29	0,31
LMX_5	0,38	0,69	-0,23	0,30	0,27	0,22	0,20	0,26	0,26
LMX_6	0,49	0,81	-0,31	0,37	0,33	0,33	0,24	0,31	0,39
LMX_7	0,49	0,83	-0,27	0,48	0,33	0,37	0,32	0,38	0,40
LMX_8	0,45	0,79	-0,27	0,46	0,31	0,36	0,27	0,39	0,40

	AZ	LMX	NA	OC	OCB_ CV	OCB_ Help	OCB_ Sports	PA	TMX
LMX_9	0,50	0,82	-0,27	0,53	0,32	0,40	0,27	0,41	0,46
LMX_10	0,36	0,69	-0,24	0,42	0,45	0,47	0,19	0,42	0,44
LMX_11	0,46	0,77	-0,25	0,56	0,49	0,53	0,22	0,50	0,58
LMX_12	0,49	0,80	-0,29	0,56	0,44	0,49	0,23	0,49	0,53
OCB_1	0,34	0,39	-0,22	0,44	0,48	0,82	0,17	0,43	0,59
OCB_2	0,34	0,37	-0,18	0,48	0,50	0,77	0,19	0,46	0,54
OCB_3	0,23	0,30	-0,18	0,31	0,42	0,68	0,16	0,29	0,35
OCB_4	0,29	0,38	-0,17	0,38	0,51	0,75	0,17	0,35	0,41
OCB_5	0,41	0,44	-0,21	0,55	0,55	0,80	0,23	0,49	0,54
OCB_6	0,31	0,37	-0,19	0,38	0,50	0,73	0,16	0,35	0,43
OCB_7	0,25	0,34	-0,10	0,47	0,71	0,52	0,11	0,35	0,36
OCB_8	0,17	0,23	-0,09	0,36	0,68	0,37	0,07	0,29	0,18
OCB_9	0,29	0,40	-0,18	0,47	0,79	0,51	0,05	0,42	0,38
OCB_10	0,24	0,25	-0,36	0,18	-0,02	0,14	0,75	0,23	0,17
OCB_11	0,26	0,22	-0,23	0,24	0,10	0,11	0,51	0,21	0,18
OCB_12	0,19	0,13	-0,33	0,14	0,02	0,13	0,74	0,19	0,16
OCB_13	0,29	0,23	-0,37	0,25	0,18	0,26	0,77	0,34	0,26
OCB_14	0,29	0,35	-0,17	0,43	0,76	0,49	0,08	0,47	0,41
OCQ_1	0,48	0,52	-0,31	0,73	0,54	0,54	0,30	0,60	0,58
OCQ_2	0,52	0,47	-0,24	0,80	0,49	0,48	0,21	0,53	0,54
OCQ_4	0,33	0,34	-0,10	0,55	0,27	0,25	0,10	0,30	0,32
OCQ_5	0,44	0,43	-0,24	0,77	0,42	0,38	0,18	0,46	0,34
OCQ_6	0,52	0,49	-0,25	0,85	0,45	0,48	0,26	0,56	0,49
OCQ_8	0,53	0,49	-0,23	0,77	0,46	0,45	0,23	0,53	0,48
OCQ_10	0,44	0,43	-0,30	0,70	0,41	0,38	0,23	0,49	0,31
OCQ_13	0,41	0,34	-0,18	0,71	0,43	0,41	0,19	0,42	0,37
OCQ_14	0,43	0,31	-0,19	0,73	0,40	0,32	0,14	0,42	0,24
TMX_4	0,26	0,18	-0,01	0,23	0,19	0,28	0,05	0,23	0,50
TMX_5	0,34	0,35	-0,10	0,43	0,36	0,54	0,15	0,42	0,73
TMX_6	0,48	0,40	-0,27	0,44	0,37	0,46	0,28	0,47	0,74
TMX_7	0,46	0,37	-0,29	0,40	0,33	0,44	0,23	0,43	0,68
TMX_8	0,38	0,41	-0,26	0,44	0,34	0,47	0,20	0,44	0,77
TMX_9	0,35	0,41	-0,21	0,43	0,36	0,52	0,15	0,40	0,78
TMX_10	0,43	0,41	-0,25	0,41	0,31	0,47	0,19	0,39	0,83
TMX_11	0,57	0,56	-0,36	0,53	0,45	0,55	0,30	0,54	0,83

Tabelle 50: PLS-MGA (Pfadkoeffizienten)

	Pfadkoeff._diff |U1-U2|	Pfadkoeff._diff |U1-U3|	Pfadkoeff._diff |U1-U4|	Pfadkoeff._diff |U2-U3|	Pfadkoeff._diff |U2-U3|	Pfadkoeff._diff |U3-U4|	P-Werte U1 vs.U2	P-Werte U1 vs.U3	P-Werte U1 vs.U4	P-Werte U2 vs.U3	P-Werte U2 vs.U4	P-Werte U3 vs.U4
LMX -> AZ	0,04	0,01	0,05	0,05	0,01	0,07	0,41	0,55	0,37	0,64	0,49	0,27
LMX -> NA	0,37	0,13	0,24	0,24	0,13	0,11	0,07	0,24	0,10	0,90	0,77	0,14
LMX -> OC	0,04	0,05	0,04	0,09	0,08	0,01	0,56	0,36	0,39	0,31	0,33	0,53
LMX -> OCB_CV	0,72	0,11	0,01	0,83	0,73	0,10	0,99	0,24	0,48	0,01	0,01	0,83
LMX -> OCB_Help	0,68	0,14	0,01	0,82	0,69	0,13	0,99	0,23	0,47	0,00	0,01	0,91
LMX -> OCB_Sports	0,28	0,25	0,13	0,03	0,15	0,12	0,23	0,17	0,27	0,51	0,67	0,83
LMX -> PA	0,14	0,18	0,07	0,31	0,20	0,11	0,76	0,16	0,31	0,02	0,08	0,87
NA -> AZ	0,21	0,01	0,10	0,22	0,31	0,09	0,84	0,51	0,25	0,12	0,06	0,20
NA -> OC	0,08	0,09	0,01	0,00	0,07	0,07	0,66	0,73	0,52	0,49	0,33	0,20
NA -> OCB_CV	0,29	0,14	0,04	0,43	0,33	0,10	0,82	0,15	0,39	0,09	0,14	0,82
NA -> OCB_Help	0,58	0,00	0,12	0,58	0,46	0,12	0,90	0,49	0,79	0,09	0,16	0,88
NA -> OCB_Sports	0,29	0,23	0,20	0,06	0,09	0,03	0,16	0,09	0,15	0,62	0,65	0,59
PA -> AZ	0,08	0,16	0,05	0,08	0,04	0,12	0,64	0,84	0,58	0,70	0,42	0,14
PA -> OC	0,04	0,09	0,21	0,04	0,16	0,12	0,59	0,75	0,95	0,55	0,75	0,89
PA -> OCB_CV	0,50	0,09	0,02	0,40	0,51	0,11	0,08	0,33	0,53	0,92	0,95	0,81
PA -> OCB_Help	0,19	0,13	0,07	0,31	0,26	0,06	0,23	0,79	0,67	0,92	0,87	0,29
PA -> OCB_Sports	0,31	0,16	0,24	0,15	0,06	0,08	0,15	0,22	0,15	0,75	0,60	0,28
TMX -> AZ	0,16	0,14	0,20	0,31	0,36	0,06	0,77	0,15	0,10	0,05	0,04	0,30

	Pfadkoeff._diff |U1-U2|	Pfadkoeff._diff |U1-U3|	Pfadkoeff._diff |U1-U4|	Pfadkoeff._diff |U2-U3|	Pfadkoeff._diff |U2-U3|	Pfadkoeff._diff |U3-U4|	P-Werte U1 vs.U2	P-Werte U1 vs.U3	P-Werte U1 vs.U4	P-Werte U2 vs.U3	P-Werte U2 vs.U4	P-Werte U3 vs.U4
TMX -> NA	0,07	0,30	0,07	0,37	0,13	0,23	0,38	0,95	0,69	0,93	0,74	0,02
TMX -> OC	0,04	0,14	0,14	0,10	0,18	0,28	0,58	0,83	0,19	0,67	0,19	0,00
TMX -> OCB_CV	0,29	0,09	0,11	0,38	0,18	0,20	0,13	0,71	0,29	0,96	0,81	0,04
TMX -> OCB_Help	0,26	0,02	0,00	0,24	0,26	0,02	0,13	0,44	0,48	0,90	0,91	0,58
TMX -> OCB_Sports	0,45	0,24	0,31	0,21	0,14	0,07	0,91	0,87	0,90	0,14	0,23	0,72
TMX -> PA	0,03	0,06	0,21	0,09	0,24	0,15	0,42	0,68	0,95	0,75	0,96	0,95

Tabelle 51: MGA Parametrischer Test (Pfadkoeffizienten)

	Pfadko eff._ diff |U1-U2|	Pfadko eff._ diff |U1-U3|	Pfadko eff._ diff |U1-U4|	Pfadko eff._ diff |U2-U3|	Pfadko eff._ diff |U2-U3|	Pfadko eff._ diff |U3-U4|	P-Werte U1 vs.U2	P-Werte U1 vs.U3	P-Werte U1 vs.U4	P-Werte U2 vs.U3	P-Werte U2 vs.U4	P-Werte U3 vs.U4
LMX -> AZ	0,04	0,01	0,05	0,05	0,01	0,07	0,85	0,91	0,72	0,72	0,95	0,50
LMX -> NA	0,37	0,13	0,24	0,24	0,13	0,11	0,20	0,41	0,15	0,19	0,45	0,29
LMX -> OC	0,04	0,05	0,04	0,09	0,08	0,01	0,89	0,71	0,79	0,60	0,68	0,93
LMX -> OCB_ CV	0,72	0,11	0,01	0,83	0,73	0,10	0,01	0,43	0,97	0,00	0,00	0,33
LMX -> OCB_ Help	0,68	0,14	0,01	0,82	0,69	0,13	0,03	0,37	0,96	0,00	0,00	0,20
LMX -> OCB_ Sports	0,28	0,25	0,13	0,03	0,15	0,12	0,56	0,27	0,62	0,91	0,54	0,33
LMX -> PA	0,14	0,18	0,07	0,31	0,20	0,11	0,58	0,26	0,64	0,09	0,14	0,29
NA -> AZ	0,21	0,01	0,10	0,22	0,31	0,09	0,30	0,93	0,50	0,14	0,11	0,37
NA -> OC	0,08	0,09	0,01	0,00	0,07	0,07	0,72	0,49	0,93	0,98	0,66	0,41
NA -> OCB_ CV	0,29	0,14	0,04	0,43	0,33	0,10	0,28	0,31	0,81	0,04	0,16	0,36
NA -> OCB_ Help	0,58	0,00	0,12	0,58	0,46	0,12	0,08	0,98	0,41	0,01	0,08	0,24
NA -> OCB_ Sports	0,29	0,23	0,20	0,06	0,09	0,03	0,33	0,09	0,30	0,73	0,72	0,79
PA -> AZ	0,08	0,16	0,05	0,08	0,04	0,12	0,74	0,24	0,78	0,61	0,85	0,26
PA -> OC	0,04	0,09	0,21	0,04	0,16	0,12	0,84	0,47	0,11	0,80	0,37	0,21
PA -> OCB_ CV	0,50	0,09	0,02	0,40	0,51	0,11	0,16	0,55	0,94	0,04	0,05	0,35
PA -> OCB_ Help	0,19	0,13	0,07	0,31	0,26	0,06	0,46	0,34	0,63	0,07	0,17	0,57
PA -> OCB_ Sports	0,31	0,16	0,24	0,15	0,06	0,08	0,37	0,34	0,28	0,42	0,81	0,51

	Pfadkoeff._ diff |U1-U2|	Pfadkoeff._ diff |U1-U3|	Pfadkoeff._ diff |U1-U4|	Pfadkoeff._ diff |U2-U3|	Pfadkoeff._ diff |U2-U3|	Pfadkoeff._ diff |U3-U4|	P-Werte U1 vs.U2	P-Werte U1 vs.U3	P-Werte U1 vs.U4	P-Werte U2 vs.U3	P-Werte U2 vs.U4	P-Werte U3 vs.U4
TMX -> AZ	0,16	0,14	0,20	0,31	0,36	0,06	0,46	0,26	0,17	0,07	0,06	0,59
TMX -> NA	0,07	0,30	0,07	0,37	0,13	0,23	0,80	0,10	0,64	0,14	0,45	0,07
TMX -> OC	0,04	0,14	0,14	0,10	0,18	0,28	0,86	0,32	0,36	0,60	0,35	0,01
TMX -> OCB_ CV	0,29	0,09	0,11	0,38	0,18	0,20	0,31	0,52	0,56	0,03	0,44	0,08
TMX -> OCB_ Help	0,26	0,02	0,00	0,24	0,26	0,02	0,30	0,90	1,00	0,14	0,13	0,86
TMX -> OCB_ Sports	0,45	0,24	0,31	0,21	0,14	0,07	0,24	0,22	0,16	0,28	0,51	0,55
TMX -> PA	0,03	0,06	0,21	0,09	0,24	0,15	0,86	0,64	0,08	0,58	0,10	0,11

Tabelle 52: MGA Parametrischer Test (R^2)

	R^2_ diff |U1-U2|	R^2_ diff |U1-U3|	R^2_ diff |U1-U4|	R^2_ diff |U2-U3|	R^2_ diff |U2-U4|	R^2_ diff |U3-U4|	P-Werte U1 vs. U2	P-Werte U1 vs. U3	P-Werte U1 vs. U4	P-Werte U2 vs. U3	P-Werte U2 vs. U4	P-Werte U3 vs. U4
AZ	0,17	0,01	0,11	0,18	0,28	0,10	0,24	0,94	0,50	0,21	0,21	0,38
NA	0,42	0,09	0,08	0,51	0,34	0,16	0,02	0,25	0,40	0,00	0,01	0,00
OC	0,14	0,10	0,10	0,04	0,04	0,00	0,36	0,33	0,31	0,74	0,72	0,99
OCB_ CV	0,01	0,10	0,11	0,11	0,12	0,01	0,95	0,37	0,35	0,43	0,39	0,89
OCB_ Help	0,09	0,04	0,01	0,13	0,11	0,03	0,63	0,73	0,92	0,31	0,46	0,75
PA	0,17	0,09	0,12	0,26	0,05	0,21	0,39	0,39	0,33	0,03	0,72	0,01
OCB_ Sports	0,20	0,01	0,05	0,21	0,14	0,07	0,26	0,88	0,65	0,11	0,38	0,41

Anhang 5: Ergänzende Daten (Gruppenebene)

Tabelle 53: Faktorladungen (Gruppenebene)

	GP	LMX	T_NA	T_PA	Perf	Rank	TMX
GP_1_mean	0,889						
GP_2_mean	0,881						
GP_3_mean	0,816						
GP_4_mean	0,885						
GP_5_mean	0,888						
GP_6_mean	0,891						
GP_7_mean	0,841						
GP_8_mean	0,909						
Mittelwert von LMX		1,000					
Mittelwert von TMX							1,000
Perf_1					0,869		
Perf_2					0,669		
Perf_3					0,851		
Perf_4					0,905		
Perf_5					0,880		
Rang_stand_mean						1,000	
TPANAS_1_mean				0,920			
TPANAS_3_mean				0,915			
TPANAS_4_mean				0,707			
TPANAS_5_mean			0,716				
TPANAS_6_mean				0,885			
TPANAS_7_mean			0,743				
TPANAS_8_mean			0,775				
TPANAS_9_mean			0,797				
TPANAS_10_mean				0,860			
TPANAS_11_mean				0,829			
TPANAS_12_mean			0,855				
TPANAS_13_mean				0,895			
TPANAS_14_mean			0,772				
TPANAS_15_mean				0,859			
TPANAS_16_mean			0,832				
TPANAS_17_mean				0,916			
TPANAS_18_mean				0,899			
TPANAS_19_mean			0,791				
TPANAS_20_mean			0,863				

Tabelle 54: Kreuzladungen (Gruppenebene)

	GP	LMX	NA	PA	Perf	Rank	TMX
GP_1_mean	0,889	0,573	-0,507	0,780	0,533	-0,019	0,552
GP_2_mean	0,881	0,507	-0,446	0,701	0,515	-0,040	0,579
GP_3_mean	0,816	0,572	-0,575	0,693	0,382	0,007	0,603
GP_4_mean	0,885	0,445	-0,355	0,667	0,378	0,001	0,538
GP_5_mean	0,888	0,372	-0,314	0,579	0,357	0,097	0,428
GP_6_mean	0,891	0,593	-0,443	0,722	0,483	0,002	0,568
GP_7_mean	0,841	0,446	-0,274	0,657	0,455	-0,024	0,481
GP_8_mean	0,909	0,464	-0,326	0,678	0,448	0,072	0,504
Mittelwert von LMX	0,573	1,000	-0,504	0,742	0,530	0,006	0,651
Mittelwert von TMX	0,611	0,651	-0,521	0,714	0,495	0,187	1,000
Perf_1	0,484	0,417	-0,272	0,469	0,924	-0,006	0,293
Perf_2	0,163	0,141	-0,113	0,178	0,711	-0,003	0,097
Perf_3	0,445	0,555	-0,359	0,572	0,905	0,033	0,550
Perf_4	0,575	0,560	-0,350	0,663	0,962	0,076	0,608
Perf_5	0,448	0,482	-0,304	0,543	0,936	0,143	0,404
Rang_stand_mean	0,011	0,006	-0,042	-0,070	0,067	1,033	0,193
TPANAS_1_mean	0,729	0,739	-0,603	0,920	0,627	-0,032	0,736
TPANAS_3_mean	0,736	0,705	-0,552	0,915	0,489	-0,025	0,682
TPANAS_4_mean	0,497	0,459	-0,499	0,707	0,317	-0,105	0,473
TPANAS_5_mean	-0,357	-0,456	0,716	-0,505	-0,336	0,028	-0,365
TPANAS_6_mean	0,815	0,640	-0,561	0,885	0,539	-0,038	0,579
TPANAS_7_mean	-0,308	-0,198	0,743	-0,361	-0,161	-0,009	-0,300
TPANAS_8_mean	-0,262	-0,304	0,775	-0,355	-0,130	0,038	-0,252
TPANAS_9_mean	-0,276	-0,343	0,797	-0,439	-0,127	-0,054	-0,406
TPANAS_10_mean	0,662	0,573	-0,501	0,860	0,481	-0,082	0,580
TPANAS_11_mean	0,599	0,589	-0,414	0,829	0,520	-0,183	0,521
TPANAS_12_mean	-0,377	-0,559	0,855	-0,588	-0,355	-0,014	-0,464
TPANAS_13_mean	0,705	0,670	-0,529	0,895	0,518	-0,020	0,651
TPANAS_14_mean	-0,291	-0,231	0,772	-0,365	-0,193	-0,026	-0,243
TPANAS_15_mean	0,618	0,703	-0,489	0,859	0,540	-0,028	0,658
TPANAS_16_mean	-0,489	-0,474	0,832	-0,536	-0,338	-0,114	-0,611
TPANAS_17_mean	0,700	0,658	-0,487	0,916	0,535	-0,116	0,623
TPANAS_18_mean	0,739	0,672	-0,566	0,899	0,547	0,004	0,667
TPANAS_19_mean	-0,425	-0,424	0,791	-0,472	-0,302	-0,009	-0,410
TPANAS_20_mean	-0,433	-0,419	0,863	-0,518	-0,312	-0,079	-0,472

Literaturverzeichnis

Abu Bakar, Hassan; Sheer, Vivian C. (2013): The Mediating Role of Perceived Cooperative Communication in the Relationship between Interpersonal Exchange Relationships and Perceived Group Cohesion. In: *Management Communication Quarterly* 27 (3), S. 443-465.

Adolphs, Ralph (2009): The Social Brain: Neural Basis of Social Knowledge. In: *Annual Review of Psychology* 60 (1), S. 693-716.

Alderfer, Clayton P.; Smith, Ken K. (1982): Studying intergroup relations embedded in organizations. In: *Administrative Science Quarterly*, S. 35-65.

Alge, Bradley J.; Wiethoff, Carolyn; Klein, Howard J. (2003): When does the medium matter? Knowledge-building experiences and opportunities in decision-making teams. In: *Organizational Behavior & Human Decision Processes* 91 (1), S. 26-37.

Ali, Nazim (2009): Effects of Perceived Organizational Support and Leader Member Exchange on Organizational Citizenship Behavior. In: *Journal of Managerial Sciences* 3 (1), S. 63-71.

Angle, Harold L.; Perry, James L. (1981): An empirical assessment of organizational commitment and organizational effectiveness. In: *Administrative Science Quarterly*, S. 1-14.

Ashby, F. Gregory; Isen, Alice M. (1999): A neuropsychological theory of positive affect and its influence on cognition. In: *Psychological review* 106 (3), S. 529-550.

Ashkanasy, Neal M. (2003): Emotions in organizations: A multi-level perspective. In: Multi-Level Issues in Organizational Behavior and Strategy, Bd. 2: Emerald Group Publishing Limited (Research in Multi Level Issues), S. 9-54.

Ashkanasy, Neal M.; Cooper, Cary L. (Hg.) (2008): Research companion to emotion in organizations. Cheltenham, UK, Northampton, MA: Edward Elgar (New horizons in management).

Banks, George C.; Batchelor, John H.; Seers, Anson; O'Boyle, Ernest H.; Pollack, Jeffrey M.; Gower, Kim (2014): What does team-member exchange bring to the party? A meta-analytic review of team and leader social exchange. In: *Journal of Organizational Behavior* 35 (2), S. 273-295.

Baron, Reuben M.; Kenny, David A. (1986): The moderator–mediator variable distinction in social psychological research: Conceptual, strategic, and statistical considerations. In: *Journal of personality and social psychology* 51 (6), S. 1173-1182.

Barsade, Sigal G. (2002): The Ripple Effect: Emotional Contagion and Its Influence on Group Behavior. In: *Administrative Science Quarterly* 47 (4), S. 644-675.

Barsade, Sigal G.; Knight, Andrew P. (2015): Group affect. In: *Annu. Rev. Organ. Psychol. Organ. Behav.* 2 (1), S. 21-46.

Barsade, Sigal G.; O'Neill, Olivia A.; Waytz, Adam; Cross, Rob; Rebele, Reb; Grant, Adam et al. (2016): The Emotional Organization. Spotlight. In: *Harvard Business Review*, S. 57-87.

Bartel, Caroline A.; Saavedra, Richard (2000): The Collective Construction of Work Group Moods. In: *Administrative Science Quarterly* 45 (2), S. 197-231.

Barton, Robert A.; Dunbar, Robin I.M. (1997): Evolution of the social brain. In: *Machiavellian intelligence II: Extensions and evaluations* 2, S. 240-263.

Bauer, Joachim (2006): Prinzip Menschlichkeit. Warum wir von Natur aus kooperieren. Aktualisierte Taschenbucherstausg. 09/2008. München: Heyne.

Baumeister, Roy F.; Leary, Mark R. (1995): The need to belong. Desire for interpersonal attachments as a fundamental human motivation. In: *Psychological Bulletin* 117 (3), S. 497-529.

Becker, Robert (2016): Empathie. In: Ralf Schneider, Robert Becker und Marion Schreier (Hg.): Potenziale entdecken. Neun Inspirationen für eine ganzheitliche Persönlichkeits- und Unternehmensentwicklung. Berlin, Heidelberg: Springer Vieweg (Ebrary online), S. 65-84.

Beer, Jennifer S. (2007): The Importance of Emotion-Social Cognition Interactions for Social Functioning. In: Eddie Harmon-Jones und Piotr Winkielman (Hg.): Social neuroscience. Integrating biological and psychological explanations of social behavior. New York: Guilford Press, S. 15-30.

Berkowitz, Leonard (Hg.) (1987): Advances in Experimental Social Psychology: Academic Press.

Biemann, Torsten; Cole, Michael S.; Voelpel, Sven (2012): Within-group agreement: On the use (and misuse) of rWG and rWG(J) in leadership research and some best practice guidelines. In: *The Leadership Quarterly* 23 (1), S. 66-80.

Blau, Peter Michael (1964): Exchange and power in social life. 2. Auflage (1986). New Brunswick (U.S.A.): Transaction Publishers.

Bliemel, Friedhelm; Eggert, Andreas; Fassott, Georg; Henseler, Jörg (2005): Die PLS-Pfadmodellierung: Mehr als eine Alternative zur Kovarianzstrukturanalyse.

Boddy, Clive (2014): Corporate Psychopaths, Conflict, Employee Affective Well-Being and Counterproductive Work Behaviour. In: *Journal of Business Ethics* 121 (1), S. 107-121.

Boies, Kathleen; Howell, Jane M. (2006): Leader–member exchange in teams: An examination of the interaction between relationship differentiation and mean LMX in explaining team-level outcomes. In: *Leadership in Team-Based Organizations* 17 (3), S. 246-257.

Bower, Gordon H. (1981): Mood and memory. In: *The American psychologist* 36 (2), S. 129-148.

Boyatzis, Richard E.; Passarelli, Angela M.; Koenig, Katherine; Lowe, Mark; Mathew, Blessy; Stoller, James K.; Phillips, Michael (2012): Examination of the neural substrates activated in memories of experiences with resonant and dissonant leaders. In: *Biology of Leadership* 23 (2), S. 259-272.

Brandes, Pamela; Dharwadkar, Ravi; Wheatley, Kathleen (2004): Social Exchanges Within Organizations and Work Outcomes: The Importance of Local and Global Relationships. In: *Group & Organization Management* 29 (3), S. 276-301.

Breuer, Jochen P.; Frot, Pierre (2012): Das emotionale Unternehmen: Mental starke Organisationen entwickeln - Emotionale Viren aufspüren und behandeln. 2. Ausgabe. Springer Verlag.

Breyer, Bianka: Bluemke, Matthias. (2016): Deutsche Version der Positive and Negative Affect Schedule PANAS (GESIS Panel). In: A. Glöckner-Rist (Hg.): Zusammenstellung sozialwissenschaftlicher Items und Skalen. Bonn: GESIS.

Brothers, Leslie (1990): The social brain. A project for integrating primate behavior and neurophysiology in a new domain. In: *Concepts Neurosci* 1, S. 27-51.

Buccino, Giovanni; Binkofski, Ferdinand; Fink, Gereon R.; Fadiga, Luciano; Fogassi, Leonardo; Gallese, Vittorio et al. (2001): Action observation activates premotor and parietal areas in a somatotopic manner. An fMRI study. In: *European journal of neuroscience* 13 (2), S. 400-404.

Buhse, Willms (2014): Management by Internet. Neue Führungsmodelle für Unternehmen in Zeiten der digitalen Transformation; Unternehmen im Wandel; digitale Medien als Werkzeugkoffer für Veränderer; Vernetzung, Offenheit, Partizipation und Agilität als Werte einer neuen Unternehmenskultur. Kulmbach: Plassen-Verlag.

Cacioppo, John T.; Berntson, G. G. (2002): Social neuroscience. In: John T. Cacioppo (Hg.): Foundations in social neuroscience: MIT press.

Cacioppo, John T. (2006): Social Neuroscience. In: *The American Journal of Psychology* 119 (4), S. 664-668.

Cacioppo, John T.; Cacioppo, Stephanie (2014): Social Relationships and Health. The Toxic Effects of Perceived Social Isolation. In: *Social and personality psychology compass* 8 (2), S. 58-72.

Cahill, Larry; Babinsky, Ralf; Markowitsch, Hans J.; Mcgaugh, James L. (1995): The amygdala and emotional memory. In: *Nature* 377 (6547), S. 295-296.

Cahill, Larry; Haier, Richard J.; Fallon, James; Alkire, Michael T.; Tang, Cheuk; Keator, David et al. (1996): Amygdala activity at encoding correlated with long-term, free recall of emotional information. In: *Proceedings of the National Academy of Sciences of the United States of America* 93 (15), S. 8016-8021.

Carey, Alex (1967): The Hawthorne Studies: A Radical Criticism. In: *American Sociological Review* 32 (3), S. 403-416.

Carlson, Dawn; Zivnuska, Suzanne; Kacmar, K. Michele; Ferguson, Merideth; Whitten, Dwayne (2011): Work-Family Enrichment and Job Performance. A Constructive Replication of Affective Events Theory. In: *Journal of Occupational Health Psychology* 16 (3), S. 297-312.

Cashman, James; Dansereau, Fred, J.R.; Graen, George; Haga, William J. (1976): Organizational understructure and leadership: A longitudinal investigation of the managerial role-making process. In: *Organizational Behavior and Human Performance* 15 (2), S. 278-296.

Chi, Nai-Wen; Chung, Yen-Yi; Tsai, Wei-Chi (2011): How Do Happy Leaders Enhance Team Success? The Mediating Roles of Transformational Leadership, Group Affective Tone, and Team Processes. In: *Journal of Applied Social Psychology* 41 (6), S. 1421-1454.

Chin, Wynne; Newsted, Peter R. (2000): Structural Equation Modeling Analysis with Small Samples Using Partial Least Squares. In: Rick H. Hoyle (Hg.): Statistical strategies for small sample research. [2. Dr.]. Thousand Oaks, Calif. [u.a.]: Sage Publ, S.307-342.

Chin, Wynne W. (1998): The partial least squares approach to structural equation modeling. In: George A. Marcoulides (Hg.): Modern methods for business research: Psychology Press, S. 295-336.

Chun, Jae Uk; Cho, Kyoungmin; Sosik, John J. (2016): A multilevel study of group-focused and individual-focused transformational leadership, social exchange relationships, and performance in teams. In: *Journal of Organizational Behavior* 37 (3), S. 374-396.

Churchill Jr, Gilbert A. (1979): A paradigm for developing better measures of marketing constructs. In: *Journal of Marketing Research 16 (3)*, S. 64-73.

Christophersen, Timo; Grape, Christian (2006): Die Erfassung latenter Konstrukte mit Hilfe formativer und reflektiver Messmodelle. In: *Methodik der empirischen Forschung*, S. 115-132.

Ciompi, Luc (2016): Die emotionalen Grundlagen des Denkens. Entwurf einer fraktalen Affektlogik: Vandenhoeck & Ruprecht.

Clark, Barbara. D.; Matze, Michael G. (1999): A core of global leadership: Relational competence. In: Mobley, W. H./Gessner, M. J./Arnold, V. (Hg.): Advances in Global Leadership Volume 1.Stamford, 127-161.

Cobb, Anthony T.; Lau, Rebecca S. (2015): Trouble at the next level: Effects of differential leader–member exchange on group-level processes and justice climate. In: *Human Relations* 68 (9), S. 1437-1459.

Cogliser, Claudia C.; Schriesheim, Chester A. (2000): Exploring work unit context and leader-member exchange: a multi-level perspective. In: *Journal of Organizational Behavior* 21 (5), S. 487-511.

Cole, Michael S.; Schaninger, William S., JR.; Harris, Stanley G. (2002): The Workplace Social Exchange Network: A Multilevel, Conceptual Examination. In: *Group & Organization Management* 27 (1), S. 142-167.

Cole, Michael S.; Walter, Frank; Bruch, Heike (2008): Affective mechanisms linking dysfunctional behavior to performance in work teams: a moderated mediation study. In: *Journal of Applied Psychology* 93 (5), S. 945-958.

Collins, Amy L.; Lawrence, Sandra A.; Troth, Ashlea C.; Jordan, Peter J. (2013): Group affective tone: A review and future research directions. In: *Journal of Organizational Behavior*, S.43-S.62.

Cook, Karen S.; Cheshire, Coye; Rice, Eric R.W; Nakagawa, Sandra (2013): Social Exchange Theory. In: John DeLamater und Amanda Ward (Hg.): Handbook of Social Psychology. 2. Aufl. Dordrecht: Springer (Handbooks of Sociology and Social Research), S. 61-88.

Cortina, Jose M. (1993): What Is Coefficient Alpha? An Examination of Theory and Applications. In: *Journal of Applied Psychology* 78 (1), S. 98-104.

Cozolino, Louis (2006): The neuroscience of human relationships. Attachment and the developing social brain. New York, London: Norton (The Norton series on interpersonal neurobiology).

Cremer, David de; van Knippenberg, Daan (2002): How do leaders promote cooperation? The effects of charisma and procedural fairness. In: *Journal of Applied Psychology* 87 (5), S. 858-866.

Cronbach, Lee J. (1951): Coefficient alpha and the internal structure of tests. In: *Psychometrika* 16 (3), S. 297-334.

Cropanzano, Russel; Mitchell, Marie S. (2005): Social Exchange Theory: An Interdisciplinary Review. In: *Journal of Management*31 (6), S. 874-900.

Damasio, Antonio R. (2006): Descartes' error. Emotion, reason and the human brain. [Reprinted]. London: Vintage Books.

Damasio, Antonio R. (2014): Descartes' Irrtum. Fühlen, Denken und das menschliche Gehirn: Ullstein eBooks.

Dansereau, Fred, J.R.; Cashman, James; Graen, George (1973): Instrumentality Theory and Equity Theory as Complementary Approaches in Predicting the Relationship of Leadership and Turnover among Managers. In: *Organizational Behavior & Human Performance* 10 (2), S. 184-200.

Dansereau, Fred, J.R.; Graen, George; Haga, William J. (1975): A Vertical Dyad Linkage Approach to Leadership within Formal Organizations. A Longitudinal Investigation of the Role Making Process. In: *Organizational Behavior & Human Performance* 13 (1), S. 46-78.

Dansereau, Fred J.R. (1995): A dyadic approach to leadership: Creating and nurturing this approach under fire. In: *The Leadership Quarterly* 6 (4), S. 479-490.

Decety, Jean (2007): A Social Cognitive Neuroscience Model of Human Empathy. In: Eddie Harmon-Jones und Piotr Winkielman (Hg.): Social neuroscience. Integrating biological and psychological explanations of social behavior. New York: Guilford Press.

DeConinck, James B. (2011): The effects of leader-member exchangeand organizational identification on performance and turnover among salespeople. In: *Journal of Personal Selling & Sales Management* 31 (1), S. 21-34.

Delobbe, Nathalie; Cooper-Thomas, Helena D.; Hoe, Roxane de (2016): A new look at the psychological contract during organizational socialization. The role of newcomers' obligations at entry. In: *Journal of Organizational Behavior* 37 (6), S. 845-867.

Dierdorff, Erich C.; Bell, Suzanne T.; Belohlav, James A. (2011): The Power of "We": Effects of Psychological Collectivism on Team Performance Over Time. In: *Journal of Applied Psychology* 96 (2), S. 247-262.

Di Pellegrino, G.; Fadiga, L.; Fogassi, L.; Gallese, V.; Rizzolatti, G. (1992): Understanding motor events. A neurophysiological study. In: *Experimental brain research* 91 (1), S. 176-180.

Diener, Thomas (2006): Die Arbeitswelt neu erfinden. Symposium „Arbeitsplätze für das 21. Jahrhundert". Markt Allhau, Juni 2006. Online verfügbar unter www.fairwork.com.

Dijkstra, Theo K.; Henseler, Jörg (2015): Consistent partial least squares path modeling. In: *MIS quarterly= Management information systems quarterly* 39 (2), S. 297-316.

Dovidio, John F.; Pearson, Adam R.; Orr, Patrick (2008): Social Psychology and Neuroscience: Strange Bedfellows or a Healthy Marriage? In: *Group Processes & Intergroup Relations* 11 (2), S. 247-263.

Dreisbach, Gesine; Goschke, Thomas (2004): How positive affect modulates cognitive control. Reduced perseveration at the cost of increased distractibility. In: *Journal of Experimental Psychology-Learning Memory and Cognition* 30 (2), S. 343-352.

Dreisbach, Gesine (2008): Wie Stimmungen unser Denken beeinflussen. In: *Report Psychologie* 33 (6), S. 290-298.

Drumm, Hans-Jürgen (2001): Szenarioprognosen für ein künftiges HR-Management. In: *Personalführung* 5, S. 64-71.

Dulebohn, James H.; Bommer, William H.; Liden, Robert C.; Brouer, Robyn L.; Ferris, Gerald R. (2012): A meta-analysis of antecedents and consequences of leader-member exchange. Integrating the past with an eye toward the future. In: *Journal of Management* 38 (6), S. 1715-1759.

Dunbar, Robin I. M. (1998): The Social Brain Hypothesis. In: Evolutionary Anthropology 6, S. 178-190.

Dunbar, Robin I. M.; Shultz, S. (2007): Evolution in the social brain. In: *Science* 317 (5843), S. 1344-1347.

Dunegan, Kenneth J.; Tierney, Pamela; Duchon, Dennis (1992): Perceptions of an innovative climate. Examining the role of divisional affiliation, work group interaction, and leader/subordinate exchange. In: *IEEE Transactions on Engineering Management* 39 (3), S. 22-236.

Elfenbein, Hillary Anger (2007): Emotion in Organizations: A review in stages. Institute for Research on Labor and Employment, UC Berkeley. Berkeley (Working Paper Series).

Emerson, Richard M. (1976): Social Exchange Theory. In: *Annual Peview of Sociology* 2, S. 335-362.

Ester, Peter; Braun, Michael; Vinken, H. (2006): Eroding Work Values. In: P. Ester, Michael Braun und Peter Ph Mohler (Hg.): Globalization, value change, and generations. A cross-national and intergenerational perspective. Leiden, Boston: Brill, S. 45-63.

Farh, Crystal I. C.; Lanaj, Klodiana; Ilies, Remus (2017): Resource-Based Contingencies of When Team–Member Exchange Helps Member Performance in Teams. In: *Academy of Management Journal* 60 (3), S. 1117-1137.

Farmer, Steven M.; van Dyne, Linn; Kamdar, Dishan (2015): The Contextualized Self: How Team-Member Exchange Leads to Coworker Identification and Helping OCB. In: *Journal of Applied Psychology* 100 (2), S. 583-595.

Fehr, Beverley; Russell, James A. (1984): Concept of emotion viewed from a prototype perspective. In: *Journal of Experimental Psychology: General* 113 (3), S. 464-486.

Ferris, Gerald R.; Liden, Robert C.; Munyon, Timothy P.; Summers, James K.; Basik, Kevin J.; Buckley, Ronald M. (2009): Relationships at Work: Toward a Multidimensional Conceptualization of Dyadic Work Relationships. In: *Journal of Management* 35 (6), S. 1379-1403.

Firth, Raymond (1967): Themes in economic anthropology. London: Tavistock.

Fisher, Cynthia D.; Ashkanasy, Neal M. (2000): The emerging role of emotions in work life: An introduction. In: *Journal of Organizational Behavior* 21 (2), S. 123-129.

Fisher, Cynthia D.; Noble, Christopher S. (2004): A within-person examination of correlates of performance and emotions while working. In: *Human Performance* 17 (2), S. 145-168.

Foa, Edna B.; Foa, Uriel G. (1980): Resource theory: Interpersonal Behavior as Exchange. In: Kenneth J. Gergen (Hg.): Social Exchange: Advances in Theory and Research. Unter Mitarbeit von Martin S. Greenberg und Richard H. Willis: Plenum Press, S. 77-95.

Ford, Lucy R.; Seers, Anson (2006): Relational leadership and team climates: Pitting differentiation versus agreement. In: *Leadership Quarterly* 17 (3), S. 258-270.

Forgas, Joseph P. (1995): Mood and judgment. The affect infusion model (AIM). In: *Psychological Bulletin* 117 (1), S. 39-66.

Fornell, Claes; Larcker, David F. (1981): Evaluating structural equation models with unobservable variables and measurement error. In: *Journal of Marketing Research*18 (1), S. 39-50.

Friedman, Elliot M.; Hayney, Mary S.; Love, Gayle D.; Urry, Heather L.; Rosenkranz, Melissa A.; Davidson, Richard J. et al. (2005): Social relationships, sleep quality, and interleukin-6 in aging women. In: *Proceedings of the National Academy of Sciences of the United States of America* 102 (51), S. 18757-18762.

Frijda, Nico H. (1993): Moods, emotion episodes, and emotions. In: Michael Lewis und Jeannette M. Haviland-Jones (Hg.): Handbook of emotions. New York: Guilford Press, S. 381-403.

Gallese, Vittorio; Eagle, Morris N.; Migone, Paolo (2007): Intentional attunement. Mirror neurons and the neural underpinnings of interpersonal relations. In: *Journal of the American psychoanalytic Association* 55 (1), S. 131-175.

Gamero, Nuria; González-Romá, Vicente; Peiró, José M. (2008): The influence of intra-team conflict on work teams' affective climate: A longitudinal study. In: *Journal of Occupational and Organizational Psychology* 81 (1), S. 47-69.

George, Jennifer M. (1990): Personality, Affect, and Behavior in Groups. In: *Journal of Applied Psychology* 75 (2), S. 107-116.

George, Jennifer M. (1995): Leader Positive Mood and Group Performance: The Case of Customer Service. In: *Journal of Applied Social Psychology* 25 (9), S. 778-794.

George, Jennifer M.; James, Lawrence R. (1993): Personality, Affect, and Behavior in Groups Revisited: Comment on Aggregation, Levels of Analysis, and a Recent Application of Within and Between Analysis. In: *Journal of Applied Psychology* 78 (5), S. 798-804.

Gerlach, Gisela I.; Rödiger, Kai; Stock, Ruth Maria; Zacharias, Nicolas A. (2016): Salespersons' empathy as a missing link in the customer orientation–loyalty chain. An investigation of drivers and age differences as a contingency. In: *Journal of Personal Selling & Sales Management* 36 (3), S. 221-239.

Gerster, Florian (2008): Arbeitswelt 2030. Thesenpapier des Managerkreises der Friedrich-Ebert-Stiftung. Unter Mitarbeit von Martin Dietz, Ulrich Pfeiffer und Hilmar Schneider. 1. Aufl. Bonn: BUB.

Gerstner, Charlotte; Day, David (1997): Meta-Analytic Review of Leader-Member-Exchange Theory: Correlates and Issues. In: *Journal of Applied Psychology* 82 (6), S. 827-844.

Gibson, Cristina B. (2003): The Efficacy Advantage: Factors Related to the Formation of Group Efficacy1. In: *Journal of Applied Social Psychology* 33 (10), S. 2153-2186.

Golden, Timothy D. (2006): The role of relationships in understanding telecommuter satisfaction. In: *Journal of Organizational Behavior* 27 (3), S. 319-340.

Goleman, D.; Boyatzis, R.; MacKee, A. (2002): Emotionale Führung. 1. Aufl. München: Econ.

Goleman, Daniel (2015): Emotionale Intelligenz. 24. Aufl. München: Dt. Taschenbuch-Verl. (dtv, 36020).

González-Romá, Vicente; Hernández, Ana (2014): Climate Uniformity: Its Influence on Team Communication Quality, Task Conflict, and Team Performance. In: *Journal of Applied Psychology* 99 (6), S. 1042-1058.

Goodman, Sherryl H.; Rouse, Matthew H.; Connell, Arin M.; Broth, Michelle Robbins; Hall, Christine M.; Heyward, Devin (2011): Maternal depression and child psychopathology. A meta-analytic review. In: *Clinical child and family psychology review* 14 (1), S. 1-27.

Gouldner, Alvin W. (1960): The Norm of Reciprocity: A Preliminary Statement. In: *American Sociological Review* 25 (2), S. 161-178.

Graen, George B.; Uhl-Bien, Mary (1995): Relationship-based approach to leadership: Development of leader-member exchange (LMX) theory of leadership over 25 years: Applying a multi-level multi-domain perspective. In: *The Leadership Quarterly* 6 (2), S. 219-247.

Grawe, Klaus (2004): Neuropsychotherapie. Göttingen: Hogrefe.

Grawitch, Matthew J.; Munz, David C.; Elliott, Erin K.; Mathis, Adam (2003): Promoting creativity in temporary problem-solving groups: The effects of positive mood and autonomy in problem definition on idea-generating performance. In: *Group Dynamics: Theory, Research, and Practice* 7 (3), S. 200-213.

Grist, Matt (2009): Changing the subject. How new ways of thinking about human behaviour might change politics, policy and practice. RSA Projects. Online verfügbar unter https://www.thersa.org/globalassets/pdfs/blogs/nov28th2009changingthe-subjectpamphlet.pdf, zuletzt geprüft am 09.10.2017.

Guzzo, Richard A.; Yost, Paul R.; Campbell, Richard J.; Shea, Gregory P. (1993): Potency in groups: Articulating a construct. In: *British Journal of Social Psychology* 32 (1), S. 87-106.

Hair, Joe F.; Ringle, Christian M.; Sarstedt, Marko (2011): PLS-SEM. Indeed a Silver Bullet. In: *Journal of Marketing Theory and Practice* 19 (2), S. 139-152.

Hair, Joe F.; Sarstedt, Marko; Ringle, Christian M.; Mena, Jeannette A. (2012): An assessment of the use of partial least squares structural equation modeling in marketing research. In: *Journal of the academy of marketing science* 40 (3), S. 414-433.

Harmon-Jones, Eddie; Winkielman, Piotr (Hg.) (2007): Social neuroscience. Integrating biological and psychological explanations of social behavior. New York: Guilford Press.

Harris, T. Brad; Li, Ning; Kirkman, Bradley L. (2014): Leader–member exchange (LMX) in context: How LMX differentiation and LMX relational separation attenuate LMX's influence on OCB and turnover intention. In: *Leadership Quarterly* 25 (2), S. 314-328.

Hatfield, Elaine; Cacioppo, John T.; Rapson, Richard L. (1994): Emotional contagion. Cambridge [England],, New York, Paris: Cambridge University Press; Editions de la Maison des Sciences de l'homme.

Hauk, Olaf; Johnsrude, Ingrid; Pulvermüller, Friedemann (2004): Somatotopic Representation of Action Words in Human Motor and Premotor Cortex. In: *Neuron* 41 (2), S. 301-307.

Hawkley, Louise C.; Browne, Michael W.; Cacioppo, John T. (2005): How Can I Connect With Thee? In: *Psychological Science* 16 (10), S. 798-804.

Heaphy, Emily D.; Dutton, Jane E. (2008): Positive social Interactions and the Human Body at Work: Linking Organization and Body. In: *Academy of Management Review* 33 (1), S. 137-162.

Heine, Bernd-Oliver; Meyer, Matthias; Strangfeld, Oliver (2007): Das Konzept der stilisierten Fakten zur Messung und Bewertung wissenschaftlichen Fortschritts. (German). In: *Die Betriebswirtschaft* 67 (5), S. 583-601.

Henderson, David J.; Liden, Robert C.; Glibkowski, Brian C.; Chaudhry, Anjali (2009): LMX differentiation: A multilevel review and examination of its antecedents and outcomes. In: *The Leadership Quarterly* 20 (4), S. 517-534.

Henderson, David J.; Wayne, Sandy J.; Bommer, William H.; Shore, Lynn M.; Tetrick, Lois E. (2008): Leader-Member Exchange, Differentiation, and Psychological Contract Fulfillment: A Multilevel Examination. In: *Journal of Applied Psychology* 93 (6), S. 1208-1219.

Henseler, Jörg (2012): PLS-MGA. A non-parametric approach to partial least squares-based multi-group analysis. In: Challenges at the interface of data analysis, computer science, and optimization: Springer, S. 495-501.

Henseler, Jörg; Dijkstra, Theo K.; Sarstedt, Marko; Ringle, Christian M.; Diamantopoulos, Adamantios; Straub, Detmar W. et al. (2014): Common Beliefs and Reality About PLS. Comments on Rönkkö and Evermann (2013). In: *Organizational Research Methods* 17 (2), S. 182-209.

Henseler, Jörg; Hubona, Geoffrey; Ray, Pauline Ash (2016): Using PLS path modeling in new technology research: updated guidelines. In: *Industrial Management & Data Systems* 116 (1), S. 2-20.

Henseler, Jörg; Ringle, Christian M.; Sarstedt, Marko (2015): A new criterion for assessing discriminant validity in variance-based structural equation modeling. In: *Journal of the academy of marketing science* 43 (1), S. 115-135.

Henseler, Jörg; Ringle, Christian M.; Sinkovics, Rudolf R. (2009): The use of partial least squares path modeling in international marketing. In: New challenges to international marketing: Emerald Group Publishing Limited, S. 277-319.

Henseler, Jörg; Sarstedt, Marko (2013): Goodness-of-fit indices for partial least squares path modeling. In: *Computational Statistics* 28 (2), S. 565-580.

Herrmann, Andreas; Homburg, Christian; Klarmann, Martin (Hg.) (2014): Handbuch Marktforschung. Methoden, Anwendungen, Praxisbeispiele. 3., vollst. überarb. und erw. Aufl., Nachdr. 2014. Wiesbaden: Springer Gabler.

Herrmann, Andreas; Huber, Frank; Kressmann, Frank (2006): Varianz- und kovarianzbasierte Strukturgleichungsmodelle — Ein Leitfaden zu deren Spezifikation, Schätzung und Beurteilung. In: *Schmalenbachs Zeitschrift für betriebswirtschaftliche Forschung* 58 (1), S. 34-66.

Hickok, Gregory (2015): Warum wir verstehen, was andere fühlen. Der Mythos der Spiegelneuronen. Unter Mitarbeit von Elsbeth Ranke. München: Hanser, Carl.

Hill, Aaron; Craig Wallace, J.; Ridge, Jason; Johnson, Paul; Paul, Jeffrey; Suter, Tracy (2014): Innovation and Effectiveness of Co-Founded Ventures. A Process Model. In: *Journal of Business & Psychology* 29 (1), S. 145-159.

Hmieleski, Keith M.; Cole, Michael S.; Baron, Robert A. (2011): Shared Authentic Leadership and New Venture Performance. In: *Journal of Management* 38 (5), S. 1476-1499.

Homans, George C. (1958): Social Behavior as exchange. In: *The American Journal of Sociology* 63, S. 597–606.

Homans, George C. (1961): Social Behavior. Its Elementary Forms. New York: Harcourt, Brace & World, Inc.

Homburg, Christian; Klarmann, Martin (2006): Die Kausalanalyse in der empirischen betriebswirtschaftlichen Forschung-Problemfelder und Anwendungsempfehlungen. In: *Die Betriebswirtschaft* 66 (6), S. 727-748.

Hooper, Danica T.; Martin, Robin (2008): Beyond personal Leader–Member Exchange (LMX) quality: The effects of perceived LMX variability on employee reactions. In: *The Leadership Quarterly* 19 (1), S. 20-30.

House, James S.; Landis, Karl R.; Umberson, Debra (1988): Social relationships and health. In: *Science* 241 (4865), S. 540-545.

Hu, Jia (2012): A team-level social exchange model. The antecedents and consequences of leader-team exchange. Dissertation. University of Illinois at Chicago.

Hu, Meng-Lei Monica; Tsung-Lin Ou; Haw-Jeng Chiou; Lee-Cheng Lin (2012): Effects of social exchange and trust on knowledge sharing and service innovation. In: *Social Behavior & Personality: An International Journal* 40 (5), S. 783-800.

Hüther, Gerald (2006): Neurobiological approaches to a better understanding of human nature and human values. In: *TD: The Journal for Transdisciplinary Research in Southern Africa* 2 (2), S. 331-343.

Iacoboni, Marco; Molnar-Szakacs, Istvan; Gallese, Vittorio; Buccino, Giovanni; Mazziotta, John C.; Rizzolatti, Giacomo (2005): Grasping the Intentions of Others with One's Own Mirror Neuron System. In: *PLOS Biology* 3 (3), e79.

Ilies, Remus; Nahrgang, Jennifer D.; Morgeson, Frederick P. (2007): Leader-Member Exchange and Citizenship Behaviors: A Meta-Analysis. In: *Journal of Applied Psychology* 92 (1), S. 269-277.

Insel, Thomas R. (2003): Is social attachment an addictive disorder? In: *Physiology & behavior* 79 (3), S. 351-357.

Isen, Alice M.; Daubman, Kimberly A.; Nowicki, Gary P. (1987): Positive affect facilitates creative problem solving. In: *Journal of personality and social psychology* 52 (6), S. 1122-1131.

Isen, Alice M.; Geva, Nehemia (1987): The influence of positive affect on acceptable level of risk. The person with a large canoe has a large worry. In: *Organizational Behavior & Human Decision Processes* 39 (2), S. 145-154.

James, Lawrence R.; Demaree, Robert G.; Wolf, Gerrit (1984): Estimating within-group interrater reliability with and without response bias. In: *Journal of Applied Psychology* 69 (1), S. 85-98.

Janis, Irving Lester (1982): Groupthink. Psychological studies of policy decisions and fiascoes. 2. Auflage, 2013. Boston: Wadsworth.

Johnson, Stefanie K. (2008): I second that emotion: Effects of emotional contagion and affect at work on leader and follower outcomes. *The Leadership Quarterly*, *19*(1), 1-19.

Johnson, Thomas W.; Graen, George (1973): Organizational assimilation and role rejection. In: *Organizational Behavior and Human Performance* 10 (1), S. 72-87.

Jordan, Mark H.; Feild, Hubert S.; Armenakis, Achilles A. (2002): The Relationship of Group Process Variables and Team Performance: A Team-Level Analysis in a Field Setting. In: *Small Group Research* 33 (1), S. 121-150.

Judge, Timothy A.; Kammeyer-Mueller, John D. (2008): Affect, satisfaction, and performance. In: Neal M. Ashkanasy und Cary L. Cooper (Hg.): Research companion to emotion in organizations. Cheltenham, UK, Northampton, MA: Edward Elgar (New horizons in management), S. 136-151.

Kahneman, Daniel (2012): Thinking, fast and slow. London: Penguin Books.

Kaldor, Nicholas (1961): Capital Accumulation and Economic Growth. In: Friedrich A. Lutz und Douglas Chalmers Hague (Hg.): The Theory of capital. Proceedings of a conference held by the International Economic Association. London, New York: Macmillan; Stockton Press, S. 177-222.

Kamdar, Dishan; van Dyne, Linn (2007): The Joint Effects of Personality and Workplace Social Exchange Relationships in Predicting Task Performance and Citizenship Performance. In: *Journal of Applied Psychology* 92 (5), S. 1286-1298.

Kaplan, Robert E. (1984): Trade routes. The manager's network of relationships. In: *Organizational Dynamics* 12 (4), S. 37-52.

Kelly, Janice R.; Barsade, Sigal G. (2001): Mood and emotions in small groups and work teams. In: *Organizational Behavior and Human Decision Processes* 86 (1), S. 99-130.

Kim, Jeansok; Diamond, David (2002): The stressed hippocampus, synaptic plasticity and lost memories. In: *Nature Reviews Neuroscience* 3 (6). S. 453-462.

Klein, Howard J.; Kim, Jay S. (1998): A field study of the influence of situational constraints leader-member exchange, and goal commitment on performance. In: *Academy of Management Journal* 41 (1), S. 88-95.

Knight, Andrew P.; Eisenkraft, Noah (2015): Positive Is Usually Good, Negative Is Not Always Bad: The Effects of Group Affect on Social Integration and Task Performance. In: *Journal of Applied Psychology* 100 (4), S. 1214-1227.

Kok, Bethany E.; Coffey, Kimberly A.; Cohn, Michael A.; Catalino, Lahnna I.; Vacharkulksemsuk, Tanya; Algoe, Sara B.; Brantley, Mary; Fredrickson, Barbara L. (2013): How Positive Emotions Build Physical Health: Perceived Positive Social Connections Account for the Upward Spiral Between Positive Emotions and Vagal Tone. *Psychological Science*, *24*(7), 1123–1132.

Koob, George F.; Le Moal, Michel (1997): Drug abuse. Hedonic homeostatic dysregulation. In: *Science* 278 (5335), S. 52-58.

Kooij-de Bode, Hanneke J. M.; van Knippenberg, Daan; van Ginkel, Wendy P. (2010): Good Effects of Bad Feelings: Negative Affectivity and Group Decision-making. In: *British Journal of Management* 21 (2), S. 375-392.

Kozlowski, Steve W. J.; Ilgen, Daniel R. (2006): Enhancing the Effectiveness of Work Groups and Teams. In: *Psychological science in the public interest : a journal of the American Psychological Society* 7 (3), S. 77-124.

Krohne, Heinz; Egloff, Boris; Kohlmann, Carl-Walter; Tausch, Anja (1996): Untersuchungen mit einer deutschen Version der "Positive and Negative Affect Schedule" (PANAS). In: *Diagnostica* 42.

Kuhl, Julius (2001): Motivation und Persönlichkeit. Interaktionen psychischer Systeme. Göttingen: Hogrefe.

Kunin, Theodore (1955): The Construction of a New Type of Attitude Measure. Psychological Service of Pittsburgh.

Lagace, Rosemary R. (1990): Leader-Member Exchange: Antecedents and Consequences of the Cadre and Hired Hand. In: *Journal of Personal Selling & Sales Management* 10 (1), S. 11-19.

Lawler, Edward J. (2001): An Affect Theory of Social Exchange1. In: *American Journal of Sociology* 107 (2), S. 321-352.

Lawler, Edward J.; Thye, Shane R. (1999): Bringing Emotions into Social Exchange Theory. In: *Annual Review of Sociology* 25 (1), S. 217-244.

Lawler, Edward J.; Thye, Shane R. (2006): Social Exchange Theory of Emotions. In: Jan E. Stets und Jonathan H. Turner (Hg.): Handbook of the Sociology of Emotions. Boston, MA: Springer Science+Business Media, LLC (Handbooks of Sociology and Social Research), S. 295-320.

Lazarus, Richard S. (1982): Thoughts on the relations between emotion and cognition. In: *American Psychologist* 37 (9), S. 1019-1024.

Le Blanc, Pascale M.; González-Romá, Vicente (2012): A team level investigation of the relationship between Leader–Member Exchange (LMX) differentiation, and commitment and performance. In: *Leadership Quarterly* 23 (3), S. 534-544.

LeBreton, James M.; Senter, Jenell L. (2007): Answers to 20 Questions About Interrater Reliability and Interrater Agreement. In: *Organizational Research Methods* 11 (4), S. 815-852.

Lee, An Pei; Teng, Hsiu-Yu; Chen, Chien-Yu (2015): Workplace Relationship Quality and Employee Job Outcomes in Hotel Firms. In: *Journal of Human Resources in Hospitality & Tourism* 14 (4), S. 398-422.

Li, Alex N.; Liao, Hui (2014): How Do Leader--Member Exchange Quality and Differentiation Affect Performance in Teams? An Integrated Multilevel Dual Process Model. In: *Journal of Applied Psychology* 99 (5), S. 847-866.

Li, Yan; Ahlstrom, David; Ashkanasy, Neal (2010): A multilevel model of affect and organizational commitment. In: *Asia Pacific Journal of Management* 27 (2), S. 193-213.

Liao, Hui; Liu, Dong; Loi, Raymond (2010): Looking at Both Sides of the Social Exchange Coin: A Social Cognitive Perspective on the Joint Effects of Relationship Quality and Differentiation on Creativity. In: *Academy of Management Journal* 53 (5), S. 1090-1109.

Liden, Robert C.; Erdogan, Berrin; Wayne, Sandy J.; Sparrowe, Raymond T. (2006): Leader-member exchange, differentiation, and task interdependence: implications for individual and group performance. In: *Journal of Organizational Behavior* 27 (6), S. 723-746.

Liden, Robert C.; Graen, George (1980): Generalizability of the Vertical Dyad Linkage Model of Leadership. In: *Academy of Management Journal* 23 (3), S. 451-465.

Liden, Robert C.; Maslyn, John M. (1998): Multidimensionality of Leader-Member Exchange: An Empirical Assessment through Scale Development. In: *Journal of Management* 24 (1), S. 43-72.

Liden, Robert C.; Wayne, Sandy J.; Sparrowe, Raymond T. (2000): An Examination of the Mediating Role of Psychological Empowerment on the Relations Between the Job, Interpersonal Relationships, and Work Outcomes. In: *Journal of Applied Psychology* 85 (3), S. 407-416.

Liu, Yuwen; Keller, Robert T.; Shih, Hsi-An (2011): The impact of team-member exchange, differentiation, team commitment, and knowledge sharing on R&D project team performance. In: *R&D Management*41 (3), S. 274-287.

Lohmöller, Jan-Bernd (1989): Latent variable path modeling with partial least squares. Berlin, Heidelberg: Springer-Verlag.

Love, Mary Sue; Dustin, Susan L. (2014): An investigation of coworker relationships and psychological collectivism on employee propensity to take charge. In: *International Journal of Human Resource Management* 25 (9), S. 1208-1226.

Love, Mary Sue; Forret, Monica (2008): Exchange Relationships at Work: An Examination of the Relationship Between Team-Member Exchange and Supervisor Reports of Organizational Citizenship Behavior. In: Journal of Leadership & Organizational Studies (Sage Publications Inc.) 14 (4), S. 342-352.

Luhmann, Maike; Hawkley, Louise C.; Eid, Michael; Cacioppo, John T. (2012): Time frames and the distinction between affective and cognitive well-being. In: *Journal of research in personality* 46 (4), S. 431-441.

Ma, Li; Qu, Qing (2010): Differentiation in leader–member exchange: A hierarchical linear modeling approach. In: *Leadership Quarterly* 21 (5), S. 733-744.

MacDonald, Geoff; Leary, Mark R. (2005): Why does social exclusion hurt? The relationship between social and physical pain. In: *Psychological Bulletin* 131 (2), S. 202-223.

MacLean, Paul D. (1990): The triune brain in evolution. Role in paleocerebral functions: Springer Science & Business Media.

Magni, Massimo; Pennarola, Ferdinando (2008): Intra-organizational relationships and technology acceptance. In: International Journal of Information Management 28 (6), S. 517-523.

Maier, Günter W.; Woschée, Ralph. (2012): Organisationale Verbundenheit: Deutsche Fassung des Organizational Commitment Questionnaire (OCQ-G). Hg. v. A. Glöckner-Rist. Bonn: GESIS (Zusammenstellung sozialwissenschaftlicher Items und Skalen, ZIS Version 15.00.).

Maier, Günter W.; Woschée, Ralph. M. (2002): Die affektive Bindung an das Unternehmen: Psychometrische Überprüfung einer deutschsprachigen Fassung des Organizational Commitment Questionnaire (OCQ) von Porter und Smith (1970). In: *Zeitschrift für Arbeits- und Organisationspsychologie* 46 (46), S. 126-136.

Major, Debra A.; Kozlowski, Steve W. J.; Chao, Georgia T.; Gardner, Philip D. (1995): A Longitudinal Investigation of Newcomer Expectations, Early Socialization Outcomes, and the Moderating Effects of Role Development Factors. In: *Journal of Applied Psychology* 80 (3), S. 418-431.

Malinowski, Bronislaw (1951): Crime and custom in savage society. London: Routledge & K. Paul (International library of psychology, philosophy and scientific method). Online verfügbar unter http://catalog.hathitrust.org/Record/001879368.

Maloney, Mary M.; Johnson, Scott G.; Zellmer-Bruhn, Mary E. (2010): Assessing Group-Level Constructs Under Missing Data Conditions: A Monte Carlo Simulation. In: *Small Group Research* 41 (3), S. 281-307.

Mason, Claire M.; Griffin, Mark A. (2003): Group absenteeism and positive affective tone: a longitudinal study. In: *J. Organiz. Behav.* 24 (6), S. 667-687.

Matta, Fadel K.; Erol-Korkmaz, H. Tuğba; Johnson, Russell E.; Biçaksiz, Pinar (2014): Significant work events and counterproductive work behavior. The role of fairness, emotions, and emotion regulation. In: *Journal of Organizational Behavior* 35 (7), S. 920-944.

Mauss, Marcel (1954): The gift. Forms and functions of exchange in archaic societies. Mansfield Centre, CT: Martino Publishing, 2011.

Mignonac, Karim; Herrbach, Olivier (2004): Linking work events, affective states, and attitudes. An empirical study of managers' emotions. In: *Journal of Business & Psychology* 19 (2), S. 221-240.

Mintzberg, Henry (1973): The nature of managerial work. Englewood Cliffs, N.J: Prentice-Hall.

Molm, Linda D.; Peterson, Gretchen; Takahashi, Nobuyuki (1999): Power in Negotiated and Reciprocal Exchange. In: *American Sociological Review* 64 (6), S. 876-890.

Molm, Linda D.; Takahashi, Nobuyuki; Peterson, Gretchen (2000): Risk and Trust in Social Exchange. An Experimental Test of a Classical Proposition. In: *American Journal of Sociology* 105 (5), S. 1396-1427.

Mowday, Richard T.; Steers, Richard M.; Porter, Lyman W. (1979): The measurement of organizational commitment. In: *Journal of Vocational Behavior* 14 (2), S. 224-247.

Muñoz-Doyague, María F.; Nieto, Mariano (2012): Individual creativity performance and the quality of interpersonal relationships. In: *Industrial Management & Data Systems* 112 (1), S. 125-145.

Murphy, Susan E.; Riggio, Ronald E. (Hrsg) (2003): The future of leadership development. Psychology Press.

Murphy, Susan M.; Wayne, Sandy J.; Liden, Robert C.; Erdogan, Berrin (2003): Understanding social loafing: The role of justice perceptions and exchange relationships. In: *Human Relations* 56 (1), S. 61-84.

Naidoo, Loren; Scherbaum, Charles; Goldstein, Harold; Graen, George (2011): A Longitudinal Examination of the Effects of LMX, Ability, and Differentiation on Team Performance. In: *Journal of Business & Psychology* 26 (3), S. 347-357.

Nerdinger, Friedemann W. (o. J.): Emotionale Ansteckung. In: Dorsch Lexikon der Psychologie. Online verfügbar unter https://portal.hogrefe.com/dorsch/emotionale-ansteckung/, zuletzt geprüft am 01.03.2017.

Neuberger, Oswald (1990): Führen und geführt werden. 3., völlig überarb. Aufl. von "Führung". Stuttgart: Enke (Basistexte Personalwesen, 3).

Neuberger, Oswald; Allerbeck, Mechthild (1978): Messung und Analyse von Arbeitszufriedenheit. Erfahrungen mit dem "Arbeitsbeschreibungsbogen (ABB)". Bern: Huber (Schriften zur Arbeitspsychologie, 26).

Neumann, R.; Strack, F. (2000): "Mood contagion": the automatic transfer of mood between persons. In: *Journal of personality and social psychology* 79 (2), S. 211-223.

Newman, Daniel A.; Sin, Hock-Peng (2007): How Do Missing Data Bias Estimates of Within-Group Agreement? Sensitivity of SD WG, CVWG, rWG(J), rWG(J) *, and ICC to Systematic Nonresponse. In: *Organizational Research Methods* 12 (1), S. 113-147.

Ning Li, Alex; Liao, Hui (2014): How Do Leader--Member Exchange Quality and Differentiation Affect Performance in Teams? An Integrated Multilevel Dual Process Model. In: *Journal of Applied Psychology* 99 (5), S. 847-866.

Niklas, Claudia D.; Dormann, Christian (2005): The impact of state affect on job satisfaction. In: *European Journal of Work & Organizational Psychology* 14 (4), S. 367-388.

Nitzl, Christian (2010): Eine anwenderorientierte Einführung in die Partial Least Square (PLS)-Methode. In: *Universität Hamburg, Institut für Industrielles Management, Hamburg.*

Nitzl, Christian; Roldan, Jose L.; Cepeda, Gabriel (2016): Mediation analysis in partial least squares path modeling. Helping researchers discuss more sophisticated models. In: *Industrial Management & Data Systems* 116 (9), S. 1849-1864.

Norris, Catherine J.; Cacioppo, John T. (2007): I know how you feel. Social and emotional information processing in the brain. In: Eddie Harmon-Jones und Piotr Winkielman (Hg.): Social neuroscience. Integrating biological and psychological explanations of social behavior. New York: Guilford Press, S. 84-105.

Northouse, P. G. (2004): Leadership: Theory and practice. 3. ed. Thousand Oaks, Calif: Sage.

Nunnally, Jum C. (1978): Psychometric theory: McGraw-Hill.

Nunnally, Jum C.; Bernstein, Ira H. (1994): Psychometric theory. 3. ed. (2008), New York, NY [u.a.]: McGraw-Hill (McGraw-Hill series in psychology).

o.A. (2017): "Neuroscience". Merriam-Webster.com. Online verfügbar unter https://www.merriam-webster.com/dictionary/neuroscience, zuletzt aktualisiert am 09.10.2017.

o.A. (o.J.): „Interaktion“beim Online-Wörterbuch Wortbedeutung.info. Online verfügbar unter http://www.wortbedeutung.info/Interaktion/, zuletzt geprüft am 06.10.2017.

o.A. (o.J.): "sozial" bei Duden online. Online verfügbar unter http://www.duden.de/rechtschreibung/sozial, zuletzt geprüft am 06.10.2017.

Otto, Jürgen H..; Euler, Harald A.; Mandl, Heinz (2000): Begriffsbestimmungen. In: J. Otto, H. A. Euler und H. Mandl (Hg.): Handbuch Emotionspsychologie. Weinheim: Beltz, Psychologie Verlags Union, S. 11-18.

Organ, Dennis W. (1988):Issues in organization and management series. Organizational citizenship behavior: The good soldier syndrome. Lexington, MA, England: Lexington Books/D. C. Heath and Com.

Ouweneel, Else; Le Blanc, Pascale M.; Schaufeli, Wilmar B.; van Wijhe, Corine I. (2012): Good morning, good day. A diary study on positive emotions, hope, and work engagement. In: *Human Relations* 65 (9), S. 1129-1154.

Paparoidamis, Nicholas G.; Guenzi, Paolo (2009): An empirical investigation into the impact of relationship selling and LMX on salespeople's behaviours and sales effectiveness. In: *European Journal of Marketing* 43 (7/8), S. 1053-1075.

Parment, Anders (2009): Die Generation Y - Mitarbeiter der Zukunft. Herausforderung und Erfolgsfaktor für das Personalmanagement. 1. Aufl. Wiesbaden: Gabler.

Paul, Tina; Schyns, Birgit (2012): Mehrdimensionale Skala zur Erfassung des Leader-Member Exchange (LMX-MDM nach Liden & Maslyn, 1998) -Übersetzung. Hg. v. A. Glöckner-Rist. Bonn: GESIS (Zusammenstellung sozialwissenschaftlicher Items und Skalen, ZIS Version 15.00.).

Perlow, Leslie A.; Hadley, Constance Noonan; Eun, Eunice (2017): Stop the meeting madness. How to free up time for meaningful work. In: *Harvard Business Review* 95 (4), S. 62-69.

Peters, Theo; Ghadiri, Argang (2011): Neuroleadership - Grundlagen, Konzepte, Beispiele. Erkenntnisse der Neurowissenschaften für die Mitarbeiterführung. Wiesbaden: Gabler.

Plutchik, Robert (1994): The psychology and biology of emotion. 1. Aufl. New York, NY: HarperCollins College Publishers.

Picot, Arnold; Reichwald, Ralf; Wigand, Rolf T. (2010): Die grenzenlose Unternehmung. Information, Organisation und Management; Lehrbuch zur Unternehmensführung im Informationszeitalter. Neuaufl. Wiesbaden: Gabler.

Podsakoff, Philip M.; Mackenzie, Scott B. (1994): Organizational Citizenship Behaviors and Sales Unit Effectiveness. In: *Journal of Marketing Research (JMR)* 31 (3), S. 351-363.

Poortvliet, P. Marijn; Giebels, Ellen (2012): Self-improvement and cooperation: How exchange relationships promote mastery-approach driven individuals' job outcomes. In: *European Journal of Work & Organizational Psychology* 21 (3), S. 392-425.

Porter, Lyman W.; Smith, Frank J. (1970): The etiology of organizational commitment. Unpublished paper, University of California, Irvine.

Ramnani, Narender; Miall, R. Christopher (2004): A system in the human brain for predicting the actions of others. In: *Nature Neuroscience* 7 (1), S. 85-90.

Reinartz, Werner; Haenlein, Michael; Henseler, Jörg (2009): An empirical comparison of the efficacy of covariance-based and variance-based SEM. In: *International Journal of Research in Marketing* 26 (4), S. 332-344.

Restubog, Simon Lloyd D.; Bordia, Prashant; Tang, Robert L.; Krebs, Scott A. (2010): Investigating the Moderating Effects of Leader–Member Exchange in the Psychological Contract Breach–Employee Performance Relationship: A Test of Two Competing Perspectives. In: *British Journal of Management* 21 (2), S. 422-437.

Rhee, Seung-Yoon (2006): Shared emotions and group effectiveness: The role of broadening-and-building interactions. In: *Academy of Management Proceedings* 2006 (1), B1-B6.

Riketta, Michael (2002): Attitudinal organizational commitment and job performance: a meta□ analysis. In: *Journal of Organizational Behavior* 23 (3), S. 257-266.

Ringle, Christian. M.; Wende, Sven; Becker, Jan-Michael (2015): SmartPLS. Version SmartPLS3. Boenningstedt: SmartPLS GmbH.

Rizzolatti, Giacomo; Craighero, Laila (2004): The mirror-neuron system. In: *Annual Review of Neuroscience*27, S. 169-192.

Rizzolatti, Giacomo; Fabbri-Destro, Maddalena (2010): Mirror neurons. From discovery to autism. In: *Experimental Brain Research* 200 (3-4), S. 223-237.

Rock, David; Schwartz, Jeffrey (2007): The neuroscience of leadership. In: *Reclaiming Children and Youth* 16 (3), S. 10-17.

Rockstuhl, Thomas; Soon Ang; Dulebohn, James H.; Shore, Lynn M. (2012): Leader-Member Exchange (LMX) and Culture: A Meta-Analysis of Correlates of LMX Across 23 Countries. In: *Journal of Applied Psychology* 97 (6), S. 1097-1130.

Rönkkö, Mikko; Evermann, Joerg (2013): A critical examination of common beliefs about partial least squares path modeling. In: *Organizational Research Methods* 16 (3), S. 425-448.

Roth, Philip L.; Fred S. Switzer, III; Switzer, Deborah M. (1999): Missing Data in Multiple Item Scales: A Monte Carlo Analysis of Missing Data Techniques. In: *Organizational Research Methods* 2 (3), S. 211-232.

Rump, Jutta (2005): Wandel in der Arbeitswelt. Herausforderungen für Mensch und Organisation.

Runde, Bernd (2017): Soziale Kompetenzen. Hg. v. M. A. Wirtz (Dorsch – Lexikon der Psychologie). Online verfügbar unter Abgerufen am 02.10.2017, von https://portal.hogrefe.com/dorsch/soziale-kompetenzen/.

Salovey, Peter; Mayer, John D. (1990): Emotional Intelligence. In: *Imagination, Cognition and Personality* 9 (3), S. 185-211.

Sarstedt, Marko; Henseler, Jörg; Ringle, Christian (2011): Multi-Group Analysis in Partial Least Squares (PLS) Path Modeling. Alternative Methods and Empirical Results 22, S. 195-218.

Scheller, Torsten (2017). Auf dem Weg zur agilen Organisation: Wie Sie Ihr Unternehmen dynamischer, flexibler und leistungsfähiger gestalten. Vahlen.

Schermuly, Carsten C.; Meyer, Bertolt (2016): Good relationships at work. The effects of Leader-Member Exchange and Team-Member Exchange on psychological empowerment, emotional exhaustion, and depression. In: *Journal of Organizational Behavior* 37 (5), S. 673-691.

Schmitt, Neal (1996): Uses and abuses of coefficient alpha. In: *Psychological Assessment* 8 (4), S. 350-353.

Schneider, Benjamin (1987): The people make the place. In: *Personnel Psychology* 40 (3), S. 437-453.

Schneider, Benjamin; Bowen, David E. (1985): Employee and customer perceptions of service in banks: Replication and extension. In: *Journal of Applied Psychology* 70 (3), S. 423-433.

Schraub, Eva Maria; Michel, Alexandra; Shemla, Meir; Sonntag, Karlheinz (2014): The roles of leader emotion management and team conflict for team members' personal initiative. A multilevel perspective. In: *European Journal of Work & Organizational Psychology* 23 (2), S. 263-276.

Schreyögg, Georg (2008): Organisation. Grundlagen moderner Organisationsgestaltung mit Fallstudien. 5. Aufl. Wiesbaden: Gabler.

Schriesheim, C. A.; Castro, S. L.; Cogliser, C. C. (1999): Leader-Member Exchange (LMX) Research: a comprehensive review of theory, measurement and data-analytic practices. In: Leadership Quarterly 10 (1), S. 63-113.

Schulte-Zurhausen, Manfred (2010): Organisation. 5. Aufl. München: Vahlen.

Schyns, Birgit; Paul, Tina; Mohr, Gisela; Blank, Hartmut (2005): Comparing antecedents and consequences of leader–member exchange in a German working context to findings in the US. In: *European Journal of Work and Organizational Psychology* 14 (1), S. 1-22.

Schyns, Birgit; Maslyn, John M.; Weibler, Jürgen(2010): Understanding the relationship between span of control and subordinate consensus in leader–member exchange.In: *European Journal of Work and Organizational Psychology*19 (3), S.388-406

Scott, Susanne G.; Bruce, Reginald A. (1994): Determinants of innovative behavior: a path model of individual Innovation in the workplace. In: *The Academy of Management Journal* 37 (3), S. 580-608.

Seers, Anson (1989): Team-Member Exchange Quality: A New Construct for Role-Making Research. In: *Organizational Behavior & Human Decision Processes*43 (1), S. 118-135.

Seers, Anson; Petty, M. M.; Cashman, James F. (1995): Team-member exchange under team and traditional management. In: *Group & Organization Management* 20 (1), S. 18-38.

Sessa, Valerie I. (1996): Using perspective taking to manage conflict and affect in teams. In: *The Journal of applied behavioral science* 32 (1), S. 101-115.

Settoon, Randall P.; Bennett, Nathan; Liden, Robert C. (1996): Social exchange in organizations: Perceived organizational support, leader–member exchange, and employee reciprocity. In: *Journal of Applied Psychology* 81 (3), S. 219-227.

Sherony, Kathryn M.; Green, Stephen G. (2002): Coworker Exchange: Relationships Between Coworkers, Leader-Member Exchange, and Attitudes. In: *Journal of Applied Psychology* 87 (3), S. 542-548.

Shih, Hsi-An; Wijaya, Nikodemus Hans Setiadi (2017): Team-member exchange, voice behavior, and creative work involvement. In: *International Journal of Manpower* 38 (3), S. 417-431.

Sias, Patricia M.; Jablin, Fredric M. (1995): Differential Superior-Subordinate Relations, Perceptions of Fairness, and Coworker Communication. In: *Human Communication Research*22 (1), S. 5-38.

Siebert, Jörg (2006): Führungssysteme zwischen Stabilität und Wandel. Ein systematischer Ansatz zum Management der Führung. Wiesbaden: Deutscher Universitäts-Verlag / GWV-Fachverlage GmbH Wiesbaden (Gabler Edition Wissenschaft).

Snyder, Mark; White, Phyllis (1982): Moods and Memories. Elation, depression, and the remembering of the events of one's life. In: *Journal of Personality* 50 (2), S. 149-167.

Sparrowe, Raymond T.; Liden, Robert C. (1997): Process and Structure in Leader-Member Exchange. In: *Academy of Management Review* 22 (2), S. 522-552.

Sparrowe, Raymond T.; Liden, Robert C. (2005): Two Routes to Influence: Integrating Leader-Member Exchange and Social Network Perspectives. In: *Administrative Science Quarterly* 50 (4), S. 505-535.

Springer Gabler Verlag (Hg.): Gabler Wirtschaftslexikon. Stichwort Emotion. Online verfügbar unter http://wirtschaftslexikon.gabler.de/Archiv/57336/emotion-v7.html.

Stajkovic, Alexander D.; Dongseop Lee; Nyberg, Anthony J. (2009): Collective Efficacy, Group Potency, and Group Performance: Metaanalyses of Their Relationships, and Test of a Mediation Model. In: *Journal of Applied Psychology* 94 (3), S. 814-828.

Stevenson, William B. (1990): Formal structure and networks of interaction within organizations. In: *Social Science Research* 19 (2), S. 113-131.

Stillman, Richard Joseph (2010): Public administration. Concepts and cases. 9. Aufl. Belmont, CA: Wadsworth Cengage Learning.

Stock-Homburg, Ruth (Hg.) (2010): Personalmanagement. Theorien - Konzepte - Instrumente. 2. Aufl. Wiesbaden: Gabler.

Storch, Maja; Kuhl, Julius (2013): Die Kraft aus dem Selbst. Sieben PsychoGyms für das Unbewusste. 2., überarb. Aufl. Bern: H. Huber (Verlag Hans Huber. Psychologie Sachbuch).

Sy, Thomas; Côté, Stéphane; Saavedra, Richard (2005): The Contagious Leader: Impact of the Leader's Mood on the Mood of Group Members, Group Affective Tone, and Group Processes. In: *Journal of Applied Psychology* 90 (2), S. 295-305.

Tanghe, Jacqueline; Wisse, Barbara; van der Flier, Henk (2010): The formation of group affect and team effectiveness: The moderating role of identification. In: *British Journal of Management* 21 (2), S. 340-358.

Tettamanti, Marco; Buccino, Giovanni; Saccuman, Maria Cristina; Gallese, Vittorio; Danna, Massimo; Scifo, Paola et al. (2006): Listening to action-related sentences activates fronto-parietal motor circuits. In: *Listening* 17 (2), S. 273-281.

Thibaut, John W.; Kelley, Harold H. (1959): The Social Psychology of Groups. New York: Wiley.

Todorova, Gergana; Bear, Julia B.; Weingart, Laurie R. (2014): Can Conflict Be Energizing? A Study of Task Conflict, Positive Emotions, and Job Satisfaction. In: *Journal of Applied Psychology* 99 (3), S. 451-467.

Tomasello, Michael (2010): Origins of human communication: MIT press.

Trippel, Claudia (2012): Selbstwirksamkeit von selbststeuernden Teams und ihren unmittelbaren Vorgesetzten: Zusammenhänge mit Konflikten, Zusammenarbeit, Führung und Leistung. Dissertation. Universität Mannheim, Mannheim.

Tsai, Wei-Chi; Chi, Nai-Wen; Grandey, Alicia A.; Fung, Sy-Chi (2012): Positive group affective tone and team creativity: Negative group affective tone and team trust as boundary conditions. In: *Journal of Organizational Behavior* 33 (5), S. 638-656.

Tse, Herman H. M.; Ashkanasy, Neal M. (2008): The role of affect in vertical and lateral exchange realationships in teams. In: Neal M. Ashkanasy und Cary L. Cooper (Hg.): Research companion to emotion in organizations. Cheltenham, UK, Northampton, MA: Edward Elgar (New horizons in management), S. 499-511.

Tse, Herman H. M.; Dasborough, Marie T. (2008): A Study of Exchange and Emotions in Team Member Relationships. In: *Group & Organization Management* 33 (2), S. 194-215.

Tse, Herman H. M.; Dasborough, Marie T.; Ashkanasy, Neal M. (2008): A multi-level analysis of team climate and interpersonal exchange relationships at work. In: *Leadership Quarterly* 19 (2), S. 195-211.

Tse, Herman H.M.; Troth, Ashlea C.; Ashkanasy, Neal M.; Collins, Amy L. (in Druck): Affect and leader-member exchange in the new millennium. A state-of-art review and guiding framework. In: *The Leadership Quarterly*.

Uchino, Bert N.; Holt-Lunstad, Julianne; Uno, Darcy; Campo, Rebecca; Reblin, Maija (2007): The social neuroscience of relationships. In: *Social neuroscience: Integrating biological and psychological explanations of social behavior,* S.474-492.

Uhl-Bien, Mary (2003): Relationship development as a key ingredient for leadership development." In: *The future of leadership development*: S. 129-147.

Uhl-Bien, Mary (2006): Relational Leadership Theory Exploring the social processes of leadership and organizing. In: *Leadership Quarterly* 17 (6), S. 654-676.

Uhl-Bien, Mary; Marion, Russ; McKelvey, Bill (2007): Complexity Leadership Theory Shifting leadership from the industrial age to the knowledge era. In: *Leadership Quarterly* 18 (4), S. 298-318.

Urban, Fabian York (2008): Emotionen und Führung. Theoretische Grundlagen, empirische Befunde und praktische Konsequenzen. Univ., Diss.--Zugl.: Freiburg, 2007. 1. Aufl. Wiesbaden: Gabler Verlag / GWV Fachverlage GmbH Wiesbaden (Gabler Edition Wissenschaft).

Uvnäs-Moberg, Kerstin (1998): Oxytocin may mediate the benefits of positive social interaction and emotions. In: *Psychoneuroendocrinology* 23 (8), S. 819-835.

Uvnäs-Moberg, Kerstin; Petersson, Maria (2005): Oxytocin, ein Vermittler von Antistress, Wohlbefinden, sozialer Interaktion, Wachstum und Heilung/Oxytocin, a mediator of anti-stress, well-being, social interaction, growth and healing. In: *Zeitschrift für psychosomatische Medizin und Psychotherapie* 51 (1), S. 57-80.

Volmer, Judith (2012): Catching Leaders' Mood: Contagion Effects in Teams. In: *Administrative Sciences (2076-3387)* 2 (3), S. 203-220.

Volmer, Judith (2015): Followers' daily reactions to social conflicts with supervisors. The moderating role of core self-evaluations and procedural justice perceptions. In: *Leadership in Team-Based Organizations* 26 (5), S. 719-731.

Volmer, Judith; Niessen, Cornelia; Spurk, Daniel; Linz, Alexandra; Abele, Andrea E. (2011): Reciprocal Relationships between Leader-Member Exchange (LMX) and Job Satisfaction: A Cross-Lagged Analysis. In: *Applied Psychology: An International Review* 60 (4), S. 522-545.

Walter, Frank; Bruch, Heike (2008): The positive group affect spiral: a dynamic model of the emergence of positive affective similarity in work groups. In: *J. Organiz. Behav.* 29 (2), S. 239-261.

Warr, Peter B.; Barter, Joanna; Brownbridge, Garry (1983): On the independence of positive and negative affect.

Watson, David; Tellegen, Auke (1985): Toward a consensual structure of mood. In: *Psychological Bulletin* 98 (2), S. 219-235.

Weber, Max (1922): Wirtschaft und Gesellschaft. Grundriss der verstehenden Soziologie. Online verfügbar unter http://www.unilibrary.com/ebooks/Weber%2C%20Max%20-%20Wirtschaft%20und%20Gesellschaft.pdf.

Wech, Barbara A.; Kennedy, Karen Norman; Deeter-Schmelz, Dawn R. (2009):A multi-level analysis of customer contact teams. In: *Journal of Services Marketing* 23 (6), S. 436-448.

Wegge, Jürgen; van Dick, Rolf; Fisher, Gary K.; West, Michael A.; Dawson, Jeremy F. (2006): A Test of Basic Assumptions of Affective Events Theory (AET) in Call Centre Work. In: *British Journal of Management* 17 (3), S. 237-254.

Weiber, Rolf; Mühlhaus, Daniel (2014): Strukturgleichungsmodellierung. Eine anwendungsorientierte Einführung in die Kausalanalyse mit Hilfe von AMOS, SmartPLS und SPSS. 2., erw. und korrigierte Aufl. Berlin [u.a.]: Springer Gabler (Springer-Lehrbuch).

Weiss, Howard M.; Cropanzano, Russel (1996): Affective Events Theory: A Theoretical Discussion of the Structure, Causes and Consequences of Affective Experiences at Work. In: *Research in Organizational Behavior* 18, S. 1-74.

Werts, Charles E.; Linn, Robert L.; Jöreskog, Karl G. (1974): Intraclass reliability estimates. Testing structural assumptions. In: *Educational and Psychological measurement* 34 (1), S. 25-33.

Weymes, Ed (2003): Relationships not leadership sustain successful organisations. In: Journal *of Change Management* 3 (4), S. 319-331.

Wharton, Amy S.; Erickson, Rebecca J. (1993): Managing Emotions on the Job and at Home: Understanding the Consequences of Multiple Emotional Roles. In: *The Academy of Management Review* 18 (3), S. 457-486.

Whiten, Andrew; Byrne, Richard W. (1997): Machiavellian intelligence II. Extensions and evaluations: Cambridge University Press.

Wikaningrum, Tri (2007): Coworker exchange, leader-member exchange, and work attitudes. In: *Gadjah Mada International Journal of Business* 9 (2), S. 187-215.

Witt, L. A.; Hochwarter, Wayne A.; Hilton, Thomas F.; Hillman, Chan M. (1999): Team-Member Exchange and Commitment to a Matrix Team. In: *Journal of Social Behavior and Personality* 14 (4), S. 63-74.

Wu, Joshua B.; Tsui, Anne S.; Kinicki, Angelo J. (2010): Consequences of Differentiated Leadership in Groups. In: *Academy of Management Journal* 53 (1), S. 90-106.

Yang, Inju; Kelly, Aidan (2016): The positive outcomes of 'Socially Sharing Negative Emotions' in workteams. A conceptual exploration. In: *European Management Journal* 34 (2), S. 172-181.

Zhao, Xinshu; Lynch, John G., JR.; Chen, Qimei (2010): Reconsidering Baron and Kenny: Myths and Truths about Mediation Analysis. In: *Journal of Consumer Research* 37 (2), S. 197-206.

PERSONAL, ORGANISATION UND ARBEITSBEZIEHUNGEN

Herausgegeben von Prof. Dr. Fred G. Becker, Bielefeld, Prof. Dr. Stefan Süß, Düsseldorf, und Prof. Dr. Maike Andresen, Bamberg

Band 61
Daniel Rothfuß
Einfluss von Persönlichkeitsmerkmalen auf das Verhandlungsverhalten und -ergebnis
Lohmar – Köln 2017 • 212 S. • € 58,- (D) • ISBN 978-3-8441-0499-8

Band 62
Wögen N. Tadsen
Anreizsysteme für Professorinnen und Professoren an Universitäten – Entwicklung eines Bezugsrahmens aus verhaltenswissenschaftlicher Perspektive
Lohmar – Köln 2017 • 304 S. • € 66,- (D) • ISBN 978-3-8441-0506-3

Band 63
Vanessa Bader
Lerntransfermanagement – Eine explorative Studie zu Einsatz und Ausgestaltung der Sicherung des Lerntransfers in der innerbetrieblichen Weiterbildung
Lohmar – Köln 2017 • 292 S. • € 66,- (D) • ISBN 978-3-8441-0516-2

Band 64
Sina Fäckeler
Ganzheitliche Personalentwicklung – Eine Analyse wissenschaftlicher und subjektiver Theorien über Personalentwicklungsarbeit
Lohmar – Köln 2017 • 524 S. • € 88,- (D) • ISBN 978-3-8441-0484-4

Band 65
Marion Schreier
Der Einfluss von Austauschbeziehungen und Emotionen auf die Leistungsfähigkeit in Vertriebseinheiten
Siegburg 2019 • 292 S. • € 66,- (D) • ISBN 978-3-8441-0585-8

JOSEF EUL VERLAG